과학으로 인간 뇌를 바라보는 시각을 새롭게 바꾸고 정의하듯, 다이서로스는 논픽션의 개념을 우아하게 재해석하고 재정의한다. 대중 과학서의 독보적인 이정표가 될 이 책은 시적일 뿐 아니라 모든 것을 관통해 생각을 확장하면서도 더없이 인간적이다.

_ 대니얼 레비틴Daniel Levitin, 《정리하는 뇌》 저자

눈이 번쩍 뜨인다. 올리버 색스의 임상 연구가 떠오르기도 하고, 유발 하라리의《사피엔스》에 함축된 장대한 서사가 연상되기도 한다. 다이서로스의 글에는 언어를 향한 깊은 사랑이 담겨 있을 뿐 아니라 과학 탐구의 명징한 흐름도 놓치지 않는다.

_ 〈가디언〉

다이서로스는 뇌를 연구하는 획기적인 신기술을 개척한 눈부신 업적으로 이미 세계적으로 유명하다. 모든 인간이 지닌 내면의 감정을 심오한 현대 정신의학 및 신경과학과 유려하게 연결하는 이 매혹적인 걸작은 그가 통찰력 있는 정신과 의사인 동시에 뛰어난 작가임을 다시금 증명해 보인다.

_ 로버트 레프코위츠Robert Lefkowitz, 2012년 노벨 화학상 수상자

칼 다이서로스는 스토리텔링의 대가다. 풍부한 연민과 호기심으로 무장하고 일련의 매혹적인 사례 연구들을 통해 우리를 인간 정신의 미스터리라는 황홀한 여정으로 안내한다. 그의 우아한 글은 어렵고 단편적인 아이디어들을 최첨단 과학으로 조명해 기억에 남을 이야기로 엮어낸다. 첫 문장부터 결말까지 쉼 없이 놀라운 즐거움을 선사하는 이 책은 우리 자신의 본질이라는 경이의 세계로 들어가는 티켓이 되어 인간의 뇌가 얼마나 복잡하며 우리의 정신과 얼마나 정교하게 연결되어 있는지 감탄하게 한다.

_ 캐스린 매닉스Kathryn Mannix, 《내일 아침에는 눈을 뜰 수 없겠지만》 저자

다이서로스는 재능 있는 작가다. ⋯ 과학과 상상력을 결합하는 재능은 고통받는 환자들 이야기를 할 때 가장 명확하게 드러나고, 이로써 비로소 그의 글이 진정으로 살아난다. 《감정의 기원》은 헨리 마시의《참 괜찮은 죽음》이나 수잰 설리번의《브레인스톰》Brainstorm 같은 책들과 비견할 만하다. ⋯ 그는 독자에게 감동과 깨달음을 동시에 주는 어려운 일을 해낸다. ⋯ 최첨단 과학으로 가득 차 있으면서 독서의 아름다움을 선사하는 책이다.

_ 〈옵저버〉

응급실에서 환자들을 치료하는 정신과 의사이자 정신의학 및 생명공학 교수인 저자가 쓴 장르를 넘나드는 회고록. 인간 감정의 진화적 기원을 탐구한다.

_ 《뉴요커》

수년간 환자들과 교류하며 쌓아온 깊은 겸손이 스며 있는 필독서. 대단한 작품이다.

_ 〈사이콜로지 투데이〉

《감정의 기원》은 인간의 가장 근본적인 특성들에 대한 깊이 있는 질문을 던져 인간 감정의 기원을 조명하게 한다. 가령 우리는 왜 눈물을 흘릴까? 이런 나약함의 표현이 그 오랜 진화의 역사를 거치는 동안 어떻게 살아남았을까? 다이서로스는 가슴 아리도록 절망적인 의료 사례들을 의사의 지식과 소설가의 서사 기술을 동원해 써내려 간다. 이 책에 매료돼 손에서 놓을 수 없었다.

_ 마이브리트 모세르May-Britt Moser, 2014년 노벨 생리의학상 수상자

상상력 넘치는 서사가 막힘없이 흘러간다. 처음 책을 읽고 글을 썼을 때 느꼈던 사랑 그리고 제임스 조이스와 토니 모리슨을 연상시키는 문학적 창의력이 엿보인다. 독자들이 그의 정신과 환자들을 이해하게 할 정서적 언어를 찾고자 애쓴 다이서로스는 정신의학 지식, 과학기술, 상상력을 한데 엮어 그것을 이뤄냈고, 그 결과 그의 손끝에서 시처럼 아름다운 글이 탄생했다. 그의 서사는 늘 섬세하고 사실과 허구, 현실과 상상, 상처와 욕망이 어우러져 있다.

_ 《사이언스》

직접 환자들을 관찰한 경험을 바탕으로 조금의 과장 없이 인간의 뇌와 감정을 재기 넘치면서 감동적으로 분석한다. 정말 읽을 만한 책이다.

_ 《네이처》

내게 다이서로스는 가까운 동료 과학자다. 하지만 그의 연구실에서 나온 숨 막히도록 놀랍고 혁신적인 발견들을 보면, 그가 글까지 잘 쓴다는 사실을 알게 된다 해도 새삼 놀랄 일이 아닐 것이다. 그의 글은 우리를 인간 감정의 본질에 대한 깊이 있는 이해로 이끌고, 그 여정에서 오비디우스와 광유전학, 보르헤스와 대뇌 바닥핵을 매끄럽게 불러낸다. 《감정의 기원》은 대단한 역작이다.

_ 에이브러햄 버기즈Abraham Verghese, 《눈물의 아이들》 저자

다이서로스는 사람들이 살아가는 이야기와 신경과학을 완전히 새로운 방식으로 융합한다. 그런 까닭에 글이 전문적이면서도 서정적이고 깊은 연민이 동시에 느껴진다. 선구적인 과학자이자 중증 질환 환자들을 돌보는 정신과 의사로서 자신이 배운 것들을 공유해 우리를 인간답게 만드는 것에 관한 실마리를 제시한다. 과학을 사랑하는 사람, 뇌질환으로 고통받는 가족이나 친구를 둔 사람, 혹은 우리 대부분처럼 둘 다에 해당하는 모든 사람에게 꼭 필요한 책이다.

_ 루시 칼라니티Lucy Kalanithi, 내과 의사, 《숨결이 바람 될 때》 저자의 미망인

세포 수준에서 인간의 감정을 일으키는 것이 무엇인지 탐구하는 이 글은 탁월한 글재주로 쓰여 있다. 올리버 색스, 헨리 마시의 작품과 어깨를 나란히 할 만하다.

_ 〈북셀러〉

스탠퍼드대학교 정신의학 교수 다이서로스의 흠잡을 데 없는 데뷔작. 저자의 개인적인 경험과 임상적 지식을 절묘하게 녹여내며 인간의 마음이 어떻게 작동하는지 그리고 그것이 잘못되었을 때 무엇을 배울 수 있는지를 통찰한다. 공감이 넘쳐나는 그의 글쓰기는 신경과학과 인류애 모두를 일깨우면서 환자들의 사투를 생생하게 그려낸다. 이 책은 반드시 읽어야 한다.

_ 《퍼블리셔스 위클리》

독특하고 매혹적이다. 《감정의 기원》은 저자 인생의 세 갈래 실타래를 한 묶음으로 땋는다. 정신과 의사로서 환자들을 도와 고군분투하는 임상 경험, 생명공학 분야에서 일구어 뇌가 작동하는 방식에 대한 새로운 통찰을 불러일으킨 독창적 발명들, 그리고 마음을 사로잡는 필력을 갖췄으면서도 겸허하고 남을 배려하는 사회적 인간으로서의 삶이 그것이다. 우리 한 사람 한 사람 모두를 위해 쓰인 수작이다.

_ 퍼트리샤 처칠랜드Patricia Churchland, 《양심》 저자

읽고 나면 곧 잊히는 책이 있고 읽은 뒤에 가끔 생각나는 책이 있다. 그리고《감정의 기원》처럼 희귀한 보석 같은 책도 있다. 이런 책은 읽고 또 읽게 되고, 읽는 이의 사고방식을 영원히 바꿔놓는다. 믿을 수 없을 만큼 강렬한 책이다.

_ 수 블랙Sue Black,《남아 있는 모든 것》 저자

인간 뇌에 대한 이해가 혁명 수준으로 발전하는 시대. 이 발전의 최전선에 다이서로스가 서 있다. 이 명저는 그가 시대를 선도하는 과학자일 뿐만 아니라 훌륭한 작가이자 이야기꾼임을 보여준다. 그는 환자의 존엄을 향한 깊은 경외감을 담아 최첨단 신경과학 이야기를 예리하면서도 반짝이는 산문으로 빚어내고 있다.

_ 닐 슈빈Neil Shubin,《자연은 어떻게 발명하는가》 저자

다이서로스는 진정한 개척자다. 수상 경력에 빛나는 그의 연구는 뇌에 대한 우리의 이해를 재정의한다. … 젊은 저자가 우리의 가장 절실한 개인적 관심사와 시대를 초월한 생물학적 유산을 연결하는 실타래를 드러내는 데 전념한 결과, 놀라운 책이 탄생했다. … 다이서로스는 모든 이에게 울림을 주는 글을 쓰는 상상력과 문학적 재능을 가지고 있다.

_〈리터러리 리뷰〉

다이서로스는 의사이자 연구자로서의 경험 덕분에 과학과 의학의 한계를 인식하고 근본적인 인간적 연결의 초월적 가치를 잘 알고 있다. 삶의 가장 힘든 순간들에는 이것이 전부일지 모른다.

_〈월스트리트 저널〉

심리학과 과학을 흥미롭고 이해하기 쉽게 결합한 작품. 서정적인 문체와 공감을 불러일으키는 스토리텔링이 돋보인다.

_〈라이브러리 저널〉

감정의 기원

감정의 기원

우리의 뇌는 어떻게 감정을 만들어내는가

칼 다이서로스 지음 | 최가영 옮김

북라이프

일러두기

- 인명과 지명 등 고유명사의 표기는 국립국어원의 외래어 표기법을 따르되 일부 예외를 두었다.
- 의학용어는 '대한의사협회 의학용어위원회 의학용어6판'에 따라 표기했다.
- 본문에 숫자로 표기한 미주는 저자 주이고 옮긴이 주는 '―옮긴이'로 표기했다.
- 국내 출간된 도서는 한국어판 제목을, 미출간 도서는 번역 제목과 원서명을 병기했다.

감정의 기원

1판 1쇄 발행   2026년 1월 9일
1판 2쇄 발행   2026년 2월 10일

지은이 | 칼 다이서로스
옮긴이 | 최가영
발행인 | 홍영태
발행처 | 북라이프
등   록 | 제2011-000096호(2011년 3월 24일)
주   소 | 03991 서울시 마포구 월드컵북로6길 3 이노베이스빌딩 7층
전   화 | (02)338-9449
팩   스 | (02)338-6543
대표메일 | bb@businessbooks.co.kr
홈페이지 | http://www.businessbooks.co.kr
블로그 | http://blog.naver.com/booklife1
페이스북 | thebooklife
인스타그램 | booklife_kr
ISBN 979-11-24002-05-6 03400

* 잘못된 책은 구입하신 서점에서 바꾸어 드립니다.
* 책값은 뒤표지에 있습니다.
* 북라이프는 (주)비즈니스북스의 임프린트입니다.
* 비즈니스북스에 대한 더 많은 정보가 필요하신 분은 홈페이지를 방문해 주시기 바랍니다.

비즈니스북스는 독자 여러분의 소중한 아이디어와 원고 투고를 기다리고 있습니다.
원고가 있으신 분은 ms2@businessbooks.co.kr로 간단한 개요와 취지, 연락처 등을 보내 주세요.

나는 네게 저물녘에 본 노란 장미의 기억,

네가 태어나기 수년 전의 기억을 바친다.

나는 네게 너에 대한 설명, 너에 대한 이론,

너에 대한 진실되고 놀라운 소식들을 바친다.

나는 네게 나의 외로움, 나의 어둠, 내 심장의 굶주림을 바친다.

나는 네게 불확실함, 위험함, 패배의 뇌물을 건넨다.

— 호르헤 루이스 보르헤스, 〈두 수의 영시〉

씨실과 날실로 이루어진 세상

소리와 빛과 열기와

기억과 의지 그리고 이해를 좇아

— 제임스 조이스, 《피네간의 경야》에서

천을 짤 때는 도투마리(베를 짜기 위해 날실을 감아 놓은 틀—옮긴이)에 단단히 고정된 날실이 뻗어 내려와 전체적인 틀을 잡고, 그 사이사이를 씨실이 가로지르면서 옷감이 만들어진다. 막 마무리된 가장자리에서 허공을 향해 전진하는 날실은 탄탄하게 다져진 과거를 성긴 현재로, 나아가 아직 흔적조차 없는 미래로 연결한다.

인간의 이야기라는 직물에도 날실이 있다. 동아프리카 깊숙한 협곡에서 출발한 이 날실은 갈라진 빙하, 잘려나간 숲, 암석과 강철, 반짝이는 희귀 광물을 배경으로—수백만 년에 걸쳐 지속된 인간사의 다채로운 조각들을 이어서—장대한 연대기를 그려간다.

인간 마음은 이런 실들을 실체화해 저마다 이야기를 쌓아갈 내면의 뼈대를 구축하며 작동한다. 사람이 살면서 겪는 순간들과 경험들은 가느다란 씨실이 되어 날실과 교차한다. 그렇게 날실 기둥이 씨실로 덮여 가려지면서 우리네 이야기에 독특한 색조와 결이 생기고 정교하고도 아름다운 무늬가 뚜렷해진다.

이 책은 내면의 옷감이 해져 아픈 사람들의 이야기를 담고 있다. 속살이 드러난 마음의 날실은 많은 것을 말해준다.

감정이라는 신비를 들여다보다

이 책의 내용을 한마디로 요약하면 알쏭달쏭한 응급정신의학이라고 할 수 있다. 응급정신의학의 목적이 사람 마음속에 불을 비춰 들여다보는 것이라면, 환자들의 어지러운 심리 상태를 지면에도 솔직하게 옮겨야 마땅할 것이다. 그런 까닭에 이 책에서 환자들이 호소하는 증상은 모두 편집되지 않은 진짜다. 사생활을 보호하기 위해 자잘하고 세부적인 설정만 각색했을 뿐 각자 처한 상황의 본질이나 환자의 음색과 영혼은 꾸밈없이 반영됐다.

마찬가지로 여기서 언급되는 강력한 신경과학의 기술들 역시 전부 진짜다. 뇌를 들여다보게 해 정신의학에 신빙성을 더하는 과학기술이 때로는 SF 소설에나 등장할 법한 얘기로 들리고, 연구 결과가 마음을 심란하게 헤집더라도 말이다. 이 책에 실린 모든 내용은 내가 쓴 것을 포함해 전 세계 유수의 연구실에서 동료 심사를 통과한 논문들을 그대로 참고한 것이다.

그러나 의학과 과학만으로는 사람 마음을 설명하기에 역부족인지라 이 책에는 의사나 과학자가 아니라 환자 처지에서 하는 얘기를 옮겨적은 부분도 있다. 화자는 환자 자신이거나 제3자일 때도 있으며, 불안정한 마음이 언어 표현에 고스란히 드러나기도 한다. 누군가의 마음속 생각이나 감정이나 기억이 이런 식으로 묘사된다면 그 글은 과학도 의학도 아니다. 그것은 직접 듣지 못하고 메아리로만 느낀 목소리들과 나눈 대화를 나름대로 상상한 뒤 약간의 배려와 존경과 겸손을 버무려 재현한 창작물이다. 정신의학의 핵심은 환자들의 순탄하지 않은 현실을 최대한 그들의 처지에서 감지하고 체험하는 것이고, 이는 관찰자와 관찰 대상 모두의 왜곡된 시선을 걸러야 가능해진다. 그러나 세상을 떠난 이, 침묵하는 이, 고통받는 이, 길을 잃은 이들의 내면 가장 깊은 곳에서 들려오는 목소리가 무슨 말을 하는지는 당사자 말고는 알 길이 없다.

이때 상상의 가치는 모호하고 그 무엇도 확실하지 않다. 하지만 현대 신경과학과 정신의학만으로는 한계가 많다는 것은 확실하다. 나는 문학에서 얻는 영감이 환자를 이해하는 데에 과학만큼 중요하다고 오래전부터 생각해왔다. 때로는 뇌에 대해 그 어느 현미경 시료보다 많은 정보를 알려준다. 나는 사람 마음을 이해하는 방법으로 문학이 과학과 마찬가지로 중요하다고 믿는다. 언젠간 본격적으로 글을 쓰겠다는 평생의 꿈을 여전히 품고 있을 정도다. 비록 지금까지는 과학과 의학의 일로 분주해 수북한 잿더미 혹은 눈더미에 묻힌 작은 잉걸불 신세였지만 말이다.

정신의학과 상상과 과학기술. 서로 독립적인 이 세 가지 영역은 힘을 합쳐서 마음을 이해하는 데 필요한 개념 공간의 틀을 세울 수 있다. 셋 사이에 공통점이 별로 없다는 특징 덕분이다.

첫째 영역은 정신과 의사의 이야기다. 한 번에 한두 사람만 집중 면담하는 방식으로 임상 현장에서 쌓은 경험을 들려줄 것이다. 천이 해지면 숨어 있던 기둥 실이 드러나듯이(혹은 DNA 일부가 변이하면 손상된 유전자의 본래 기능을 추론할 수 있듯이), 망가진 마음은 망가지지 않은 마음을 설명한다. 그러므로 여기 나오는 이야기들은 환자들의 훨씬 더 깜깜하고 복잡한 속마음이 어떻게 건강한 사람의 감춰진 심적 경험과 내담자를 관찰하는 정신과 의사의 내적 경험을 드러내는지를 잘 보여준다.

또한 나는 이야기마다 인간 내면의 감정 경험에 대한 상상을 조금씩 가미했다. 오늘날 현대인이 순간순간 느끼는 감정은 물론이고 오랜 세월에 걸친 인간 두뇌의 발전 과정에서 아마도 타협 없이는 통과할 수 없었을 장애물들을 헤쳐가며 쌓아온 감정까지 말이다. 이 두 번째 이야기는 오직 생존만을 위해 탄생한 단순한 원시 신경회로에서 출발한다. 숨을 쉬는 세포, 근육을 써서 몸을 움직이는 세포, 그리고 나와 타인을 구분하는 근본적인 장벽이 되는 세포가 그것이다. 나와 바깥세상 사이에 놓인 이 태고의 첫 경계—연약하기 짝이 없는 얇은 단일 세포막인 외배엽—는 발달해 피부가 되고 뇌가 된다. 건강한 사회에서든 무질서한 사회에서든 인간이 다른 인간과의 온갖 신체적 혹은 정신적 접촉을 인지할 수 있는 것 역시 이 원시 경계선 덕분이다.

이 책은 인간관계에서 누구나 느끼는 상실감과 슬픔이라는 보편적 감정을 얘기하고, 조증 환자나 정신병 환자가 겪는 바깥 현실과의 깊은 단절을 다룬다. 나아가 내면의 자아까지 잠식하는 심각한 정신 문제까지 이른다. 우울증 환자에게 흔히 보이는 무쾌감증, 섭식장애 환자의 식욕 상실, 심지어 내가 나로 존재하지 못하는 치매 말기의 자아 소실 같은 것들이 여기 속한다. 두 번째 영역에서 우리는 주관적인 내면의 감정을 놓고 상상으로 시작해 상상으로 끝을 맺는다. 이야기의 배경이 선사시대든(감정은 화석을 남기지 않는다. 우리는 원시인들이 어떤 감정을 느꼈는지 알지 못한다. 그러므로 섣불리 진화심리학자 흉내는 내지 않을 것이다) 혹은 현대든(아직도 타인의 속마음을 직관적으로 들여다볼 방법이 존재하지 않는다) 상관없이 말이다.

그래도 과학기술의 도움을 받아 사람들의 감정을 일관성 있게 측정할 수 있는 범위에서는 우리 뇌의 심오한 작동 방식을 두고 실험적 통찰을 해볼 만하다. 이 세 번째 영역 안에서는 빠르게 발전하는 과학적 이해를 중심으로 이야기가 펼쳐지는데, 이야기에 담긴 건강한 상태와 아픈 상태 모두의 실마리는 실험과 데이터로 뒷받침된다. 이야기마다 등장하는 과학적 배경은 책 뒷부분에 주석으로 간략하게 정리되어 있다. 더 깊이 알고자 하는 일부 호기심 많은 독자가 개인적인 관심사에 따라 하나씩 찾아보기 좋을 것이다. 주석의 각 링크에는 그밖에 중요한 기여를 한 다른 문헌도 참조되어 있다(이 정보가 더 깊은 탐구를 위한 디딤돌이 되어 줄 것이다). 다만 누구나 이용할 수 있도록 오직 무료 공개 자료만 여기에 나열했다. 따라서 이 마지막 영역은 과학을 전공하지 않은 대중 그리고 이 책에 등장하는 모든 아이디어와 개념을 이해해 자기 것으로 만들고자 하는 보통 독자들에게 방향을 안내하는 과학적 중심축 역할을 할 것이다.

고로 이 책은 단순히 한 정신과 의사의 경험담이나 인간 감정에 관한 가설 혹은 최신 신경과학 기술 안내서에 그치지 않는다. 세 영역은 각각 마음속 감정이라는 신비를 여러 각도에서 조명해 한 장면에 서로 다른 해석이 나오게 하는 렌즈일 뿐이다. 이렇게 다른 성질의 관점들을 하나의 이미지로 통합하는 것은 간단한 일이 아니다. 하지만 인간으로 존재하는 것이나 사람답게 살아가는 것 역시 결코 쉽지 않다. 이 책은 고작 여전히 흐리멍덩한 해상도의 이미지만 그려내는 정도다.

이 자리를 빌려 환자들께 깊은 존경과 감사를 표하고 싶다. 그들 덕에 이런 통찰에 눈을 뜰 수 있었다. 세상에 알려졌든 알려지지 않았든 그들 내면의 고통은 우리 모두가 비슷하게 걸어가는 생의 여정이라는 길고 어둡고 간절하고 불확실하지만 때때로 애틋한 태피스트리에 깊이 새겨져 있다.

마음의 세포를 찾는 여정의 시작

이 책의 화자가 마음 가는 대로 풀어놓는 이야기를 더 잘 이해할 수 있도록 나라는 인간과 내가 걸어온 길에 대해 조금 이야기할까 한다. 누구나 그렇듯이 나는 객관적이기보다 주관적인 사람이라 내 시각과 생각이 완벽하다고는 결코 말할 수 없다. 어린 시절 상상한 나의 장래는 정신의학과는 거리가 멀었다. 하물며 특수한 생명공학 분야에까지 발을 담그게 될 줄은 꿈에도 생각하지 못했다.

내 유년 시절은 끝없는 방랑의 연속이었다. 소도시에서 대도시로, 북미 대륙 동부에서 서부로 갔다가 중부를 찍고 다시 동부로, 온 가족―부모님과 장르를 불문하고 독서를 좋아한 우리 삼 남매―이 이사 다니기를 몇 년마다 반복해야 했다. 한번은 메릴랜드에서 캘리포니아까지 차로 국토를 거의 횡단하는 여정에 아버지에게 매일 몇 시간씩 책을 읽어드렸던 게 기억난다. 나는 대부분의 여가 시간을 이야기나 시와 함께 보냈다. 심지어는 위험천만하게도 등하굣길에 자전거 손잡이에 책을 펼쳐놓은 채로 페달을 밟기도 했다. 나는 역사책과 생물학책도 읽었지만 상상을 바탕으로 한 이야기에 더 강하게 끌렸다. 내 앞길에서 날 기다리고 있던 다른 종류의 사고방식을 만나기 전까지는.

대학에 들어가서는 문예창작 과목부터 들었다. 그런데 그해 학교 친구들과 어울리는 자리에서 그리고 수업을 통해 뜻밖의 깨달음 하나를 얻었다. 생명과학에 접근하는 특별한 방식―즉 세포 하나를 이해하는 것이 고등 유기체의 복잡다단한 기전을 탐구하는 기본이라는 것―이 생물학의 가장 심오한 미스터리들을 푸는 데 효과적이라는 깨달음이었다. 이 접근방식은 오랜 세월 거의 손도 대지 못하고 있던 생물학의 미스터리 여럿을 푸는 데 큰 공을 세웠다. 가령 어떻게 단일세포가 거대한 생물체로 발전할 수 있었는지, 혈관을 따라 제각기 흘러 다니던 세포에 어떻게 면역계의 정교한 기억이 형성되고 보존되고 깨어나는지, 유전자부터 독소와 바이러스에 이르기까지 종류도 각양각색인 발암 인자들은 어떻게 단일세포 기반 논리 안에서 통합되고 설득력 있게 해석되는지 같은 것들이다.

이 모든 주제는 미시적인 기본 요소에 대한 이해를 바탕으로 크고 복잡한 전체를 연구함으로써 큰 발전을 이뤘다. 그렇다면 세포와 분자 수준으로 내려가 파고들되 전체 시스템, 그러니까 몸 전체에 대한 관점을 유지하는 게 생물학의 공통된 비밀인 것 같았다. 생각이 여기에 이르자 단순한 세포 개념을 마음—의식, 감정 그리고 언어가 불러일으키는 느낌—이라는 미스터리로 확장할 수 있겠다는 기대에 내 안에서 억제할 수 없는 순수한 기쁨이 솟구쳤다. 소설가 토니 모리슨 Toni Morrison 이 "확신과 함께 불쑥 밀려온 기대감" rogue anticipation with certainty (그의 소설 《빌러비드》에 나오는 구절—옮긴이)이라고 표현한 것처럼 돌연 눈이 밝아져 길 앞이 환히 내다보일 때 누구나 느끼는 날아갈 듯한 희열의 감정이었다.

기숙사에서 친구들—공교롭게도 모두 이론물리학을 전공하는 녀석들만 모여 있었다—과 밥을 먹으면서 수다를 떠는 동안 나는 이게 우주론자들이 천문학적 규모의 시공간에서 일어나는 현상을 증명했을 때 공통적으로 체험하는 감정이라는 것을 알게 됐다. 우주론도 비슷하게 가장 작고 가장 기본이 되는 물질과 이 물질들이 근거리에서 상호작용하게 하는 기본 힘들을 생각하는 데서 출발한다. 더구나 그 결과로 밝혀진 현상은 우주적인 동시에 개인적이었다. 감정 안에 종합과 분석에 대한 감회가 공존하는 셈이었다.

결정적으로 거의 비슷한 무렵 나는 신경망 neural network 이라는 빠르게 성장하는 컴퓨터공학의 한 분야를 알게 됐다. 신경망 안에서는 코드로 존재하는 세포와 유사한 기본 부품들을 그저 조립하는 것만으로 어떤 안내나 감독도 필요 없이 메모리 저장이 가능하고,[1] 추상적 속성은 단순해도 그런 속성들이 프로그램 작동을 통해 가상공간에서 서로 연결된다. 신경망은 그 이름에서 짐작할 수 있듯 신경생물학neuro-biology에서 싹튼 개념이지만 파급력이 어마어마했기에 얼마 뒤 딥러닝deep learning이라는 기계 지능의 혁명을 불러왔다. 오늘날 딥러닝은 세포와 유사한 기본 요소들의 집합을 활용해 인간 탐구와 정보의 거의 모든 영역을 재구성하고 있으며, 여기에는 모태인 신경생물학을 재검토하는 것도 포함된다.

이렇게 작은 부분들이 연결돼 만들어진 대규모 시스템은 거의 모든 일을 해낼 수 있다. 올바르게만 연결된다면 말이다.

곧 나는 감정처럼 신비로운 무언가를 세포 수준에서 이해하는 게 가능할지 고민하기 시작했다. 건강하거나 아픈 사람에게 무엇이 상황에 맞는 혹은 맞지 않는 강렬한 감정을 일으킬까? 더 직설적으로 묻자면, 세포 그리고 세포들의 연결 수준으로 내려간 물리적 의미에서 감정이란 도대체 뭘까? 나는 이게 우주의 기원과 그 존재 이유에 견줄 만한 우주 최대의 미스터리일지 모른다는 생각이 들었다.

분명 이 문제의 답을 찾는 데는 사람의 뇌가 중요할 터였다. 자신의 감정을 적절하게 설명할 수 있는 존재는 인간밖에 없기 때문이다. 그리고 신경외과는 사람의 뇌에 물리적으로 접근할 가장 큰 특권을 가진 곳이었다(내 생각에는 그랬다). 그렇다면 논리적으로 내게 적합한 길, 인간 뇌를 돕고 치유하고 연구할 가장 직접적인 전략을 제공하는 길은 바토 신경외과였다. 그런 까닭에 나는 대학원 공부와 전공의 과정을 이쪽으로 하리라고 결심했다.

그래도 의과대학의 마지막 해에는 모든 학생이 로테이션 실습 과정에서 정신과를 반드시 거쳐야 했다. 안 그러면 졸업할 수 없었다.

그때까지도 나는 정신과에 아무 흥미를 못 느끼고 있었다. 솔직히 애매한 과라는 생각이었다. 정신질환 진단 도구들은 객관성이 떨어진다는 점 때문이었을 수도 있고, 나도 딱 짚어내지 못하는 내 안의 다른 문제 대문이었을 수도 있다. 이유야 어쨌든 내게 정신과는 마지막 선택지였다. 반면에 혈기 왕성한 시절에 접한 신경외과는 어느 것 하나 신나지 않는 부분이 없었다. 나는 수술실이 좋았다. 아무리 정확하고 꼼꼼히 해도 펼쳐지는 생사의 드라마가 좋았고 고조된 흥분과 팽팽하게 대치하는 집중력과 긴장감을, 봉합하는 손놀림의 리듬을 사랑했다. 그래서 정신과로 가려는 마음이 들었을 때는 친구들과 가족은 물론이고 나 자신마저 깜짝 놀랐다.

그때껏 나는 뇌를 생물학적 대상으로 보는 훈련을 받았다. 사실 틀린 소리는 아니다. 뇌는 세포들이 모여서 혈액을 통해 영양분을 공급받는 하나의 생물학적 장기니까. 그러나 정신질환에서는 다리가 부러지거나 심장이 약하게 뛰는 것처럼 장기가 눈에 보이게 망가지지 않는다. 정신질환의 문제는 뇌 혈류보다는 그 뒤에 감춰진 소통 과정, 즉 내면의 목소리에 있다. 하지만 다른 환자든 나 자신이든 이 소통 기능에 생긴 문제는 달리 측정할 방법이 없다. 말을 걸어보는 것 말고는 말이다.

정신의학은 생물학, 아니 우주에서 가장 심오한 미스터리를 다루는 분야인데, 문을 열어 미스터리를 들여다보기 위해서는 내 최대의 적성이자 장기인 언어를 활용하는 수밖에 없었다. 이 연관성을 깨닫고 나니 내 앞에 놓인 길이 완전히 달라져 있었다. 그리고 인생을 바꾸는 변화들이 종종 그러듯 모든 일은 작은 사건 하나에서 시작됐다.

상상 속에서 현실을 사는 남자

정신과 실습 첫날, 나는 간호 스테이션에 앉아 논문집을 뒤적이고 있었다. 그때 밖에서 잠시 소란스러운 기척이 들리는가 싶더니 환자 하나가 원래는 잠겨 있어야 하는 문을 벌컥 열고 나타났다. 지저분한 턱수염에 눈에 띄게 마르고 키가 큰 사십 대 남자였다. 팔을 뻗으면 닿을 거리에서 그가 앉아 있는 나를 내려다봤다. 내게 시선을 고정한 채 부릅뜬 두 눈에는 두려움과 분노가 가득했다. 그가 이쪽을 향해 고함치기 시작했을 때 나는 나도 모르게 배에 힘을 주었다.

여느 도시 사람과 마찬가지로 나는 이상한 말을 하는 이들이 낯설지 않았다. 그렇다고 길 가다가 그런 사람을 마주치는 게 흔한 일이라고는 할 수 없었다. 이 환자는 정신이 몽롱하기는커녕 완전히 또렷해 보였다. 그의 경험은 탄탄하고 선명했으며, 그의 상처가 눈빛에 분명히 드러났다. 그가 느끼는 공포는 그에게 현실이었다. 그는 간신히 용기를 쥐어 짜내 아마도 자신에게 남은 유일한 것일 떨리는 목소리로 자신만의 위협에 맞서고 있었다.

그의 열변은 고뇌 속에서도 창의적이었다. 한 마디 한 마디가 일반적인 뜻이 아니라 소통을 목적으로 독자적으로 해석한 자신만의 의미를 담고 있었다. 문법적으로도 미학적으로도 오직 그만이 이해할 수 있는 독특한 형태였다. 생면부지 남인데도 내가 그를 모욕했다고 믿는 듯 그는 나를 정면으로 공격했다. 다만 행동은 문법과 문맥을 완전히 벗어나 감정을 그대로 드러내는 소리들로 나를 책망하고 있었다. 그의 입에서 내가 오래전 읽었던 제임스 조이스 James Joyce의 소설에 나오는 단어 하나가 튀어나왔다. '텔미테일'telmetale(Tell me a tale이라는 뜻─옮긴이)이었다. 그렇다면 지금 그가 하는 얘기는 나무줄기나 돌이 아니라 사람의 살갗이나 머리뼈 아래 더 깊숙이 존재하는 것에 관한 정신과 병동판《피네간의 경야》인 셈이었다. 나는 계속해서 떠드는 그를 입을 벌린 채 바라보며 열심히 머리를 굴렸다. 그의 이야기는 과학과 예술을 떠올리게 했지만 둘이 서로 다른 주제가 아니라 같은 분야인 것처럼 융합되어 있었다. 새벽이 조용하지만 필연적으로 찾아와 태양이 통제할 수 없는 열기를 발산하며 떠오르는 것 같았다. 그의 이야기는 충격적이었고 모든 것을 하나로 통합해 중요하게 만들었다. 무엇보다 지식 탐구에 매진해 살아온 나의 나날들을 처음으로 완전한 하나로 묶어주었다.

이 남자가 조현정동장애 schizoaffective disorder라는 병을 앓고 있다는 것은 나중에 들어 알았다. 조현정동장애는 감정이 파괴적으로 휘몰아쳐 현실을 붕괴시키는 병으로 우울증, 조증, 정신병의 굵직굵직한 증상이 다 나타난다. 한편 나는 결국 이 정의에 아무 의미가 없다는 것도 깨닫게 됐다. 정신과에서는 질병 분류가 치료 대상의 증상을 고를 뿐

질병 자체의 치료에는 아무 영향력도 없는 데다 병의 배경을 조금도 설명하지 못하기 때문이다. 이 병이 진짜 물리적으로 존재하는 건지, 왜 하필 저 사람이 저 병에 걸렸는지, 저렇게 기이하고 안타까운 정신 상태가 어떻게 한 사람에게 삶의 일부가 되었는지처럼 기본적인 질문에 명쾌하게 답할 수 있는 이는 아무도 없었다.

감정을 비추어 보는 광유전학

우리 인간은 희망이 없어 보이는 도전 앞에서도 설명을 찾으려 기를 쓴다. 내 경우, 그 일이 있고 나서 모든 게 달라졌다. 배운 것이 늘어날수록 본능을 외면하기가 힘들어진 나는 결국 그해 말 정신과로 가기로 마음을 굳혔다. 그렇게 정신과에서 4년을 더 수련하고 전문의 자격을 딴 뒤에는 모교에 새로 생긴 생명공학부에 내 연구실을 냈다. 의과대학 학부 시절을 보내기도 한 실리콘밸리 심장부의 이 캠퍼스에서 나는 환자들을 치료하는 틈틈이 뇌 연구에 도움이 될 도구들을 개발할 작정이었다. 밑져도 새로운 시각에 눈을 뜰 수는 있을 것 같았다.

　사람의 뇌는 복잡해 보이지만 다른 모든 신체 부위와 마찬가지로 세포 덩어리에 지나지 않는다. 그래도 뇌세포는 참 아름답다. 전기신호 전달에 특화된 800억 신경세포_{neuron}는 사방팔방 갈라진 가지들이 고스란히 드러난 겨울나무처럼 생겼다. 신경세포는 하나하나 다른 세포들과의 화학적 접선지 역할을 하는 수만 개의 시냅스_{synapse}를 형성한다. 뇌세포들은 전류가 통과하면서 쉼 없이 깜빡이는데, 전기전도 섬유에 지질막을 둘러 절연 처리한 구조로 된 축삭돌기에도 이 박자에 맞춰 전기신호가 흐르고, 축삭돌기들은 모여서 뇌의 백질을 구성한다. 각 전기신호는 지속 시간이 고작 1밀리초에다 피코암페어(1조 분의 1암페어) 단위로만 측정된다. 전기와 화학의 교차점인 뇌는 인간 정신이 할 수 있는 모든 것의 시발점이다. 기억하는 것도 생각하는 것도 감정을 느끼는 것도 뇌세포가 있기에 가능하다. 그런 뇌세포를 우리는 연구하고 이해하고 변화시킨다.

발달생물학, 면역학, 종양학 등등 여타 생물학 분과들이 부상할 때 그랬던 것처럼, 신경과학이 온전한 뇌 안의 세포 작용을 깊이 파헤치려면 먼저 전에 없던 신기술이 나와야 했다. 2005년까지만 해도 특정 뇌세포 안의 전기활성을 정확하게 측정할 방법이 없었다. 그런 까닭에 세포 수준의 전기생리학을 연구하는 신경과학은 거의 관찰만 하는 수준에 머물러 있었다. 세포에 전극을 갖다 대고 동물이 움직이는 동안 발화하는 전기활성을 듣는 식이다. 이것도 나름 큰 가치를 지닌 접근 방법이긴 했다. 그러나 연구자가 특정 세포의 전기신호를 켜거나 꺼서 세포 수준의 활성 패턴이 뇌의 기능과 행동—감각, 인지, 동작—에 얼마나 중요한지 알아보는 것은 불가능하다. 그러다 내 연구실에서 2004년부터 개발된 초창기 기술 중 하나—광유전학optogenetics—가 이 한계를 넘기 시작했다. 특정 세포의 전기활성을 유도하거나 억제하는 도전에 뛰어든 것이다.

광유전학은 외래 물질—특별한 종류의 유전자—을 생물학에서 상상할 수 있는 가장 먼 거리로, 그러니까 한 주요 계의 세포에서 완전히 다른 계의 세포로 옮기는 것에서 시작한다. 이때 수송되는 유전자는 작은 DNA 조각이다. 여기에는 세포에 단백질(세포 안에서 정해진 임무를 수행하도록 설계된 작은 생체분자) 합성을 지시하는 명령이 담겨 있다. 광유전학에서는 박테리아나 단세포 조류藻類 같은 다양한 미생물의 유전자를 빌려와[2] 이 외래 물질을 생쥐나 물고기 같은 우리 소중한 척추동물 친구에 전달한다. 이상한 소리로 들리겠지만, 정해진 규칙만 잘 지키면 빌린 유전자(옵신opsin이라는 미생물 유전자다)를 척추동물의 신경세포에 이식했을 때 빛을 전류로 바꾸는 신기한 단백질이 곧장 만들어지기 시작한다.

원래 이 단백질은 미생물 숙주가 햇빛을 전기정보나 전기에너지로 변환하기 위해 사용하는 물질이다. 자유롭게 떠다니는 조류의 세포는 조도를 감지해 생존에 적합한 곳으로 흘러가야 하고, (몇몇 고대 박테리아는) 빛으로부터 에너지를 추출해야 하기 때문이다. 반면에 대부분의 동물 신경세포는 빛에 아무 반응도 보이지 않는다. 전부 컴컴한 머리뼈 안에 갇혀 있으니 그럴 까닭이 없는 것이다. 광유전학 기술—이질적인 미생물 단백질을 수많은 뇌세포 가운데 극소수 신경세포에만 골라서 심는 유전학의 잔재주—을 적용하면 미생물 단백질을 선물받은 뇌세포를 이웃 뇌세포들과 완전히 다른 세포로 만들 수 있다. 조작된 신경세포들은 과학자가 밖에서 쏘는 빛에 유일하게 반응할 줄 아는 뇌세포가 된다. 그 결과가 오늘날의 광유전학이다.

신경계를 흐르는 정보는 기본적으로 전기의 형태를 띤다. 그렇기 때문에 만약 실험동물에게 레이저 빛(얇은 광섬유를 통해 빛을 직접적으로 쏘거나 뇌의 한 지점에 작은 홀로그래피 영상을 투사해 띄운다)을 쏘면 빛을 감지할 수 있게 조작된 뇌세포들의 전기신호 흐름이 달라지고, 그 결과 동물의 행동에 놀랍도록 특이한 변화가 생긴다. 이 방식으로 우리는 감각과 기억 같은 신비한 뇌 기능이 어느 표적 세포로부터 시작되는지 알아낼 수 있다. 개별 세포들의 국지적 활성을 뇌 전체의 해석과 연결시킨다는 점에서 광유전학 실험은 신경과학 연구에 유용함이 이미 증명됐다. 진정한 의미의 인과 실험은 막 시작된 참이다. 오직 온전하게 살아 있는 뇌의 세포만이 행동의 바탕이 되는 복잡한 기능(그리고 이상 기능)을 실행할 수 있기 때문이다. 단어들이 오직 문장 안에서만 스통 수단으로서 의미를 갖는 것처럼 말이다.

이런 인과 실험은 주로 생쥐, 쥐, 물고기로 실시한다. 인간종으로 넘어와 규모가 대폭 커졌을 뿐 많은 신경계 구조가 인간의 것과 겹치는 동물들이다. 이 척추동물들은 인간과 비슷하게 감각을 느끼고 결정을 내리고 기억하고 행동한다. 그러는 동안 우리가 제대로만 관찰한다면 이 친구들은 인간에게도 있는 뇌 구조의 내부 메커니즘을 솔직하게 보여준다. 연구에 기여하는 것은 새로운 뇌 조사 기법도 마찬가지다. 이 신기술은 인간종이 가지의 끝자리 하나를 차지하고 있는 생명 가계도에서 지구 생명의 날실이 시작되는 거의 첫 출발점에 자리한 한 생물종으로부터 이미 오래전 진화가 만든 소박한 작품 하나(채널로돕신 유전자―옮긴이)를 빌려와 사람 몸에서도 작동하도록 끌어들였다.

한편 우리 팀이 개발한 후속 기술 하나도 빼놓을 수 없다. 마찬가지로 살아 있는 뇌를 세포 수준에서 풀이한다는 원칙에 충실한 이 기술은 일명 히드로겔 조직화학 hydrogel-tissue chemistry 이라 불린다(2013년에

CLARITY라는 약칭으로 처음 공개된 이후 다양한 응용 버전이 나왔다). 이 기술의 핵심은 화학반응으로 세포 안을 투명한 히드로겔―연수軟水(칼슘 이온이나 마그네슘 이온의 함유량이 낮은 물―옮긴이) 기반의 중합체―상태로 만드는 것이다.[3] 그러면 세포와 체조직이 투명해 보이는 마법이 일어나는데, 이 물성 변화는 원래는 어둑어둑하고 불투명한 뇌 같은 조직을 온전한 구조 그대로 빛이 자유롭게 투과하는 상태로 만든다. 그러면 뇌세포들과 그 속에 든 생체분자들의 모습을 고해상도 영상으로 시각화할 수 있다. 삼차원 조직 안에 얌전히 보존된 모든 주요 요소[4]는 어릴 적 자주 먹던 군것질거리, 즉 투명해서 안에 콕콕 박힌 과일 조각이 훤히 보이던 젤라틴 젤리를 떠올리게 한다.

광유전학과 히드로겔 조직화학을 잇는 공통된 의의는 마침내 우리가 뇌를 살아 있는 상태 그대로 관찰하고, 건강할 때든 아플 때든 기능을 발동시키는 요소들을 조직을 해체하지 않고도 연구할 수 있다는 것이다. 이제 우리는 모든 과학 연구의 기본인 정밀 분석을 온전한 시스템 안에서 실시할 수 있다. 이런 기술들이 다양한 보조 기법들과 함께 불러일으킨 기대는 과학계를 넘어 모두를 흥분시키고 뇌 신경회로를 이해하기 위한 국가 및 세계 규모의 협의체 조직을 견인했다.[5]

현미경, 유전학, 단백질공학 등 여타 분야의 종합적인 기술 발전과 더불어 이와 같은 혁신을 통해 오늘날 과학계는 어떻게 세포가 뇌의 기능과 행동을 일으키는지에 관한 통찰을 크게 넓혀가고 있다.[6] 뇌 앞부분에 있는 세포가 두려움이나 보상 추구 같은 강렬한 감정을 지배하는 뇌 심부 영역과 교감하게 하는 특정한 축삭 연결(수많은 씨실과 교차하며 뇌라는 직물을 엮는 날실과 같다)을 뇌 곳곳에서 찾아낸 게 그런 예다. 이 덕에 감정과 욕구가 충동적 행동으로 이어지지 않도록 자제할 수 있다. 이런 성과는 뇌 안에서 출발점과 궤적으로 정의되는 특정 신경연결을 최근 정밀하게 제어할 수 있게 된 덕에 가능했다.[7] 다시 말해 살아 있는 동물이 복잡한 행동을 할 때 머릿속에서 일어나는 생각과 감정을 실시간으로 통제한 것이다.

뇌 심부에서 뻗어 나오는 이런 축삭돌기들은 뇌의 상태를 정의하고 감정 표현을 조율한다. 그렇게 속속들이 드러난 물리 구조 수준에서 우리 내면의 상태를 근원적으로 이해함으로써, 우리는 지나온 인간 진화사를 명료하게 바라보게 된다. 이와 같은 통찰은 이런 물리 구조들이 생명 발생 초기와 영아기에 유전자의 작동으로 인해 형성된다는 사실에서 비롯되었다. 그리고 유전자는 오랜 진화 과정을 거쳐 인간의 뇌를 지금과 같은 모습으로 빚어냈다. 그러므로 어떤 의미에서 우리의 마음속 실은 우리 안의 모든 공간뿐만 아니라 우리가 살아온 모든 시간대를 투영한다고 할 수 있다. 생존이 지상최대 과제였던 선사시대의 우리 조상에게로 그 뿌리가 거슬러 올라가는 인류의 유산인 셈이다.

이런 과거와의 연결성이 신기할 것은 없다. 카를 융Carl Jung 이 개인의 무의식이 먼 조상과 이어진다면서 언급한 '집단무의식적' 소통 따위와는 아무 관련도 없다. 그저 조상으로부터 물려받은 물리적 유산인 뇌세포 구조에서 실질적 반응이 비롯된다는 뜻이기 때문이다. 개인차가 다소 있긴 해도 오늘날 모든 사람이 가지고 있고 연구 중인 이런 신경연결의 원시 형태를 우연히 창조한 원시 조상은 아마도 남들보다 더 효율적으로 살아남아 번식한 존재였을 것이다. 그래서 현대를 사는 우리와 여러 포유동물로 하여금 지금 이런 뇌 구조를 갖게끔 몰아간 유전자를 대대손손 전파했을 것이다. 그런 고로 현재의 우리는 조상들이 되는 대로가 아니라 그럴 만한 시점에 그들에게 크게 의미 있던 방식으로 느꼈을 감정을 똑같이 느낀다.

　그들의 그런 마음 상태는 약간의 행운을 곁들인 불굴의 생존 의지를 통해 우리에게 계승됐고, 다양한 감정과 결함을 가진 인류를 탄생시켰다.

인간에 관한 거의 모든 것을 향해

현대 신경과학은 과학으로 인간의 약점을 논하고 정신적 고통을 누그러뜨리는 미래를 약속한다. 뇌 신경회로에서 새로 찾은 인과 정보(어떤 반응을 일으키는 진짜 원인이 무엇인지를 세포 수준의 정밀도에서 설명하는 정보)를 토대로 뇌를 자극하는 치료법을 고안하고, 정신질환과 관련 있는 유전자가 뇌 회로에서 하는 역할을 알아내는 등 신경과학의 최근 행보는 세간의 따가운 시선 속에서 오래도록 고통 받아온 환자들에게 흥분과 희망을 안긴다. 이처럼 과학의 발전은 임상적 사고에 지대한 영향을 미친다. 이는 특별히 새로울 것은 없어도 여전히 감탄을 자아내는 기초과학 연구의 진수이기도 하다. 하지만 한편으로는 임상 경험이 내 과학적 사고의 기틀이 되었다는 점에서 그 반대도 성립하는 것 같다. 즉 정신의학이 보답하듯 신경과학 발전의 가속화를 돕는다는 소리다. 정신이 아픈 사람들을 상대하며 쌓는 경험 그리고 생쥐와 물고기의 뇌를 관찰해 얻는 아이디어가 서로 보강한다고 생각하면 왠지 가슴이 두근두근한다. 신경과학과 정신의학은 근원적 수준에서 연결되어 힘을 모으고 서로를 북돋는다.

지난 15년 동안 이루어진 발전을 되짚어볼 때 처음에는 나도 정신의학과 접점이 전혀 없는 사람이었다는 점이 우습기 그지없다. 그렇기에 지난날 정신병동에서 예상치 못한 첫 만남을 가졌을 때 받은 충격—그함과 공포 그리고 무서운 현실을 타인의 눈을 통해 간접 경험할 때의 무력함—이 더더욱 컸던 것이리라. 만약 그때 내가 어찌어찌 마음의 준비가 되어 있었다면 어땠을까? 그래서 대부분의 사람은 재수 없게 소란에 휩싸였다고만 여길 그런 특수한 상황에 능숙하게 대처해 뭔가를 깨우치고 얻어갈 수 있었다면? 개인적인 영감은 과학적 발견과 마찬가지로 뜻밖의 방향에서 찾아올 수 있다. 그런 까닭에 나는 당시의 일로 내 진로가 바뀐 것이 선입견의 위험성을 경고하는 일종의 우화라고 생각한다. 인간에 관한 거의 모든 것을 진정으로 이해하려면 직접 사람들과 부딪치지 않으면 안 된다.

함축된 교훈을 하나 더 들자면, 광유전학 이야기는 정치 논리가 지배하는 이 사회에 순수과학의 가치를 일깨운다는 것이다. 현대의 우리가 광유전학을 발명하고 감정과 정신질환을 더 깊이 이해하게 된 것은 100년도 더 전에 해조류나 박테리아를 가지고 수행한 역사적 연구들이 없었다면 불가능했을 일이다. 그 길이 이런 성과로 이어지리라고 처음부터 예견할 수는 없겠지만 말이다. 광유전학 이야기는 과학의 실천이 실용성만 중시하거나 연구자의 시선이 질병 상태에만 집중해서는 안 된다는 것을 강조한다. 이것은 지금껏 여러 과학 분과의 진보 과정에서 거듭 증명됐고 앞으로도 그럴 진리다. 우리가 연구를 특정 방향으로 유인할수록(가령 유망한 치료법 후보를 겨냥한 대형 프로젝트에 공공 연구 기금을 몰아주는 게 그런 예다) 과학의 발전은 외려 지체될 공산이 크다. 그렇게 되면 미지의 영역이 계속 그림자에 가려져 과학과 인간에 대한 이해와 인류 건강이 나아갈 길을 본질적으로 바꿀 아이디어들이 영원히 드러나지 않을 것이다. 의학과 과학 그리고 우리 모두가 세상을 헤쳐가는 우리의 궤적을 발견하고 따라갈 때 예상치 못한 방향에서 튀어나오는 새 아이디어와 거기서 받는 충격은 중요할 뿐만 아니라 꼭 필요한 요소다.

요즘 나는 종종 그때 그 조현정동장애 환자가 어떻게 지낼지 궁금해진다. 그래서 내게 처음으로 심장이 내려앉을 만큼 큰 깨달음을 준 그와 나란히 앉아서 두런두런 얘기를 나누는 장면을 상상하곤 한다. 이미 시간이 너무 많이 흘렀지만 말이다. 비현실적으로 보이는 것에 대한 수용도는 조현병 스펙트럼schizophrenia spectrum이라는 병의 정수라 할 만하다. 그렇기에 어쩌면 그는 자신이 하필 그날 병동 복도를 지나간 일이 정신의학과 신경과학 발전의 밑거름이 됐다는 사실에 조금도 놀라지 않을지 모른다. 솔직히 만약 우리가 다시 대화를 나눈다면 그땐 그에게도 내게도 분명한 사실 하나를 재확인하는 시간이 될 것이다. 바로 그의 정신적 고통이 얼마나 심하든 어떤 면에선 그의 날실이 우리 모두의 실 가닥과 나란히 전개되고 삶의 경험이라는 인류 공통의 태피스트리에 완벽하게 어우러져 녹아든다는 사실이다. 이 태피스트리 안에서 그는 더 이상 아픈 환자가 아니고 남들과 똑같은 한 인간일 뿐이다.

차례

눈물을 흘리지 못하는 남자

별들을 잇는 선은 곧고 날렵하네
밤은 하늘을 향해 우는 자들의 요람이 아니고
우는 자들의 말은 깊은 바닷속에서 물결치니
선은 너무 어둡고 너무 날카롭네

여기에선 마음이 단순해지기에
달도, 빛나는 은빛 잎사귀도 없네
육신은 형체가 보이지 않고
눈으로 검은 눈꺼풀을 살필 뿐

—월리스 스티븐스, 〈탤러푸사의 별〉

마테오의 이야기는 추상화하지 않고는 떠올리기가 힘들었다. 마음속에서 간이침대처럼 납작하게 펼친 다음 다른 환자들의 이야기 사이에 끼워넣는 것이다. 그래야 그가 전복된 차 안에서 얼마나 오래 안전벨트에 매달려 있었는지, 옆에서 가족이 죽어가는 모습을 보며 얼마나 큰 무력감을 느꼈는지 생각하지 않을 수 있었다. 그래서 나는 모든 게 찰나의 일이었다고 되뇌었고 지금도 여전히 그렇게 한다.

아니면 마테오 자신이 그랬던 것처럼 마음속 공간의 차원을 줄여 인간적인 면들을 납작한 평면으로 축소하는 방법도 있었다. 그런 다음 마테오의 이야기를 내가 보고 들은 비슷한 이야기들과 한데 묶으면 각각의 개성이 사라지고 한 덩어리로 변했다. 쏟아지는 눈물에 흠

빽 젖어 죄다 들러붙은 지 오래된 신문 더미처럼. 이렇게 하면 열 명의 고통이든 만 명의 고통이든 하나의 대상으로 압축되니 마주하기가 수월했다. "제가 왜 울지 못하는지 모르겠어요." 이 한마디로 시작해 마테오가 들려준 모든 얘기를 나는 이야기 다발에 합쳤다. 그러고 나면 사람 사는 세상의 흔하디흔한 결말 그 이상도 이하도 아니었다.

의과대학에는 의사의 마음을 보호하는 정해진 지침 같은 게 없다. 절망적인 상황에 무방비로 노출되는 의사와 간호사, 군인, 심리치료사는 모두 감정 관리 방법을 스스로 터득한다. 극한의 고난이 넘쳐나는 최전방에서 일하면서 자신이 살기 위해서다. 안전장치 없이는 끝까지 견딜 수 없는 이유는 고통의 크기 때문만이 아니다. 이런 고통은 기약이 없기에 며칠이고 몇 년이고 사람을 무자비하게 몰아세워 나락으로 떨어뜨리기 때문이기도 하다.

소중한 이를 잃은 누군가에게 깊이 공감하고 마음으로 타자의 표상을 온전히 인식하려고 노력하는 것은 인간의 본능이다. 그러면서 우리는 비극이란 무언인지 진심으로 이해하게 된다. 그러나 고통이 너무 지독할 때는 공감 능력은 좀 아껴두고 시야를 좁혀 환자의 인생이라는 직물에서 한 지점에만 주목하는 게 낫다. 마음의 날실과 씨실이 교차하며 창조된 경험의 특별한 형태와 색깔 하나에 집중하는 것이다.

마음의 시야를 활짝 열어도 되지만 완벽한 감정이입이 비극을 이해하는 데 도움이 되지는 않는다는 것을 알아야 한다. 게다가 감정의 깊이는 괴로워하는 상대방에게 정교함을 요하는 작업을 해야 할 때 별 도움이 되지 않는다. 그게 정확해야 하는 요추천자 시술이든 말로 표현되지 않는 감정을 끌어내려는 고난도 정신과 면담이든 말이다. 우리의 시야는 종종 아무 경고 없이 확장되곤 한다. 운전해 집으로 돌아가던 길에서도, 어린 자식이 갑자기 울음을 터뜨릴 때도 그럴 수 있다. 그러면 그때껏 시야에서 벗어나 있던 마음속 실 가닥의 궤적이 눈에 확 들어온다. 환자가 가진 모든 삶의 목표와 꿈이 출발점과 매듭에서 시작돼 여러 경로와 관계를 거치며 변하다가 비극의 순간을 맞닥뜨리는 전체 모습이 다 보인다.

모든 비극은 저마다 특별하게 아프고 당사자는 앞으로 또 어떤 역경을 겪게 되든 하나하나를 다 마음에 담는다. 교통사고로 모든 것을 잃고 당연자실한 아비든 어린 자식의 뇌종양 선고를 듣고 말문이 막힌 어미든 똑같다. 그래서 마음의 준비가 필요하다. 어리거나 병아리 의사라서(때로는 나름대로 자리 잡은 의사라도) 접한 사례가 적을 때는 단 한 번의 경험이 폭풍처럼 몰아쳐 의사 내면의 자아를 집어삼킬 수 있다. 인간 존재의 표상에 내게 소중한 이의 직조된 이미지가 겹쳐 보이고, 그렇게 느끼는 순간 내 안의 일부가 점령당하는 것이다. 자아 안의 감춰진 공간인 이곳은 원래 불을 밝혀두고 태피스트리를 안전하게 걸어 보관하는 은밀한 내실 같은 곳이다. 우리가 성채라면 내성內城 같은 곳이다.

세상은 의사에게 희망 이상의 것을 요구한다

나는 준비를 더 단단히 해야 했다. 나의 내성이 위험하다는 경고 신호조차 없던 터였다. 의과대학을 졸업한 이후로는 그때까지 환자에게 감정을 이입해 내 마음을 크게 다친 적이 없었다. 정신과 고참 레지던트가 되어 당직 중에 호출을 받고 마테오가 기다리는 응급실로 내려간 그날까지 단 한 번도. 물론 옛날에는 지금과 완전히 달랐다. 아직 감정 처리 능력도 형편없었고, 대학생 때의 정서 수준 거의 그대로였다. 졸업 전의 나는 정신적으로 훨씬 연약했다. 성년이 되어 의학의 전당에는 입성했어도 아직 어떤 지시나 처방도 내릴 수 없었고, 속세에서는 혼자 아이를 키우면서 전문 의학용어를 익히는 것만으로 바빴다.

마테오를 만나기 여러 해 전 내 마음에 상처를 남긴 최초의 사건이 일어났을 때 나는 어린이병원 정형외과에서 실습을 하고 있었다. 원래 야간근무는 그리 분주한 편이 아니었는데, 이날 저녁 나는 낭성섬유증 환자를 입원시키고 가족으로부터 병력을 청취하라는 첫째 임무—밤새 줄줄이 이어질 사건들의 서막이었다—를 받았다. 환자는 세 살배기 쌍둥이였고, 호흡곤란으로 실려 온 아이들은 숨쉬기를 힘들어하고 있었다.

이 가족은 병원에서 유명 인사였다. 아이들 부모는 병원에 와본 게 한두 번이 아니어서, 거의 내 질문이 끝나자마자 대답하는 수준으로 치료 절차에 주저 없이 동의해주었다. 그들이 진행 중인 이혼 수속 속도만큼이나 신속했다.

부부는 쌍둥이가 태어나고서야 두 사람에게 숨겨진 결함이 있음을 알게 됐다고 한다. 낭성섬유증 환자의 가족 중에는 부모가 아무 증상 없이 돌연변이 유전자를 한 짝씩 보유하는 경우가 많다. 포유류는 거의 모든 유전자를 한 쌍으로 갖고 있는데, 보통은 둘 중 하나가 망가져도 겉으로 드러나는 악영향이 없고 정상적인 나머지 한 짝으로 건강하게 살아간다.

이처럼 부부가 낭성섬유증 유전자의 건강한 보인자保因者일 경우 내내 그 사실을 모르다가 유전자 두 짝 모두 망가져 훨씬 큰 문제를 가진 아기를 낳고서야 알게 된다. 아주 간단한 산수다. 게다가 그날 나는 두 사람이 언뜻 단순하고 실용적으로 보이는 결정을 내렸다는 사실을 알게 됐다. 아직 젊을 때 갈라서서 각자 보인자가 아닌 다른 사람을 만나 건강한 가정을 새로 꾸리겠다는 것이다. 하지만 부부가 집단유전학의 냉정한 이치에 맞서거나 말거나, 나는 양쪽에서 두 아이가 고통스러운 비명을 지르는 아수라장 가운데서 내 할 일부터 해야 했다. 그래서 침착하게 사실 정보를 정리하고, 소음 속에서 환자 병력을 수집하고, 입원 수속을 마쳤다.

자정 무렵, 병원이 간신히 평온함을 되찾는 듯했다. 그러나 한 환자가 등장하면서 응급실이 다시 한번 들썩였다. 뇌줄기brainstem 이상 소견을 보이는 네 살배기 여자아이 앤디였다.

그 순간부터 벌어진 일들은 이후 몇 년간 내리 나를 따라다녔다. 상당히 깊은, 어쩌면 내가 인식한 것보다도 훨씬 깊은 상처를 계속 내면서. 처음에 내가 한 일은 앤디의 입원 절차를 돕는 것이었다. 뒷머리를 하나로 높게 묶은 아이는 귀엽고 천진난만했다. 병동 침대에서 무릎을 꿇고 앉아 자기 주위로 인형을 늘어놓으며 잘 놀았다. 다만 시선이 좀 이상했는데 한쪽 눈동자만 살짝 가운데로 몰려 있었다. 부모는 아이의 문제를 거의 모르고 지나칠 뻔했다. 얼마 전 집에서 캐치볼을 하는데 평소보다 늦게까지 밖에서 논다는 사실에 들뜬 아이의 기분에 비하면 사소한 흠이었기 때문이다. 저물녘에 딸아이에게서 물체 하나가 둘로 보이는 복시複視 증세가 살짝 보였고, 그렇게 잠시 걱정하다 마는 듯했다.

나는 이 어린 환자 건으로 입원병동 의국에 집합한 관계자 중에서 가장 덜 중요한 사람이었는데도 순식간에 아이에게 깊이 몰입했다. 회의가 진행되는 내내 벽에 기대선 채 의자에 앉거나 자세를 바꿔 저린 다리를 풀 생각도 못 했을 정도다. 눈앞의 상황은 내게 너무나 큰 정서적 영향을 미치고 있었다. 나는 날이 거의 밝을 때까지 제자리에서 한 발짝도 움직일 수 없었다.

아이 부모는 뇌줄기를 찍은 기다란 직사각형 회색 필름을 함께 가져왔다. 쳐다보기도 싫었겠지만 그들은 이 사진 때문에 먼 교외에서 병원까지 달려왔다. 창문 한 칸 없는 의국에 모두 모일 때까지 부도가 갖고 있던 스캔 필름은 이제 라이트박스에 꽂혀 있었다. 역광 위로 흐르는 회색빛 진혼곡처럼. 너무 울어 눈이 빨갛게 충혈된 앤디의 부모는 내 반대편에 앉았다. 사람들로 꽉 찬 방에 그들만의 공간이 따로 존재하는 것 같았다. 밤늦게 호출을 받고 달려온 주치의―소아신경종양학과 전임의―가 상체를 앞으로 약간 내밀며 내 바로 왼편에 앉았다. 시간이 너무 늦어 시술이든 의학적 결정이든 할 수 있는 게 하나도 없었지만 환자 가족에게 기본 신체검사 결과와 필름 판독 소견을 설명하기 위해서였다.

그날 밤 주치의의 유일한 도구는 말이었다. 그는 허리 한 번 펴지 못한 채 몇 시간이나 말을 이어갔다. 나나 다른 팀원에게 눈길 주는 일 한 번 없이 그의 말이 그 많은 사람 가운데 딱 두 사람, 아이의 엄마와 아빠만을 향했다.

복시가 있다는 것은 누가 봐도 확실했다. 스캔 영상이 증거였다. 다리뇌po₁에 짙은 그림자가 드리워져 있었던 것이다.

머리뼈 바닥에 자리한 뇌줄기에는 다리뇌라는 세포와 신경섬유가 뭉쳐진 돌기가 존재한다. 뇌를 머리뼈 아래로 뻗어 내려가는 척추신경과 연결해 인간을 인간답게 만드는 작지만 아주 중요한 곳이다. 만약 다리뇌 안의 신경섬유 통로에 이상이 생기면, 의사는 컴퓨터단층촬영Computed Tomography, CT이나 자기공명영상Magnetic Resonance Imaging, MRI을 찍지 않아도 알아챌 수 있다. 환자의 눈이 말해주기 때문이다.

앤디의 눈은 사시였지만 심하지 않고 한쪽만 중앙을 향해 안으로 돌아가 있었다. 왼쪽 안구 옆면에 있는 작은 근육 하나—눈의 초점을 측면으로 돌리고 시선이 좌우로 날아다니는 야구공을 쫓게 하는 근육인 외측직근lateral rectus—가 제대로 기능하지 못해서 생긴 현상이었다. 이 가느다란 한 줄기 근육이 뇌의 명령을 접수하지 못하고 있었다. 전용 연락 채널인 신경이 침묵에 빠진 것이다.

이 6번 뇌신경—머리뼈에서 나오는 12개 신경 중 여섯 번째 신경이다—은 외전신경abducens이라고 하는데, 특이하게 이름과 반대로 경로가 직선이라는 점에 꽂혀 좋아하는 의대생이 많다(보통 뇌신경들은 구불구불 돌고 여러 갈래로 갈라지고 서로 가로지른다). 단순한 생김새의 6번 외전신경은 근육 하나를 전담한다. 오직 안구를 바깥쪽으로 돌리는 일만 하는 외측직근이다. 외전신경은 뇌줄기의 한쪽 측면에 자리하면서 신경가닥이 다리뇌 중심부를 지나다닌다. 단 하나의 임무를 위해.

하지만 이날 밤에는 외전신경이 다른 일을 하고 있었다. 뇌줄기에 심상치 않은 문제가 있다는 소식을 올려보내는 것이다. 뇌줄기 이상은 검사 영상을 보면 확실히 알 수 있었는데, 다리뇌 중간에 컴컴한 음영 부분이 있었다. 다리뇌 한쪽 면을 지나는 신경가닥이 제대로 작동하지 않았고, 그런 까닭에 두 눈이 함께 움직이지 않아 동일한 피사체를 함께 바라보지 못한 것이었다.

정상적으로 일어나는 두 눈의 협응은 참 아름답다. 우리 같은 영장류의 두 눈동자가 힘을 합해 세상을 마주하는 것이니까. 우리 두 눈은 모두 뇌로부터 저녁 어스름 언덕에서 아빠가 던져준 공을 따라가라는 지시를 똑같이 받는다. 그런데 두 안구는 모양과 각도가 미묘하게 다르고 서로 이어져 있지도 않다. 그렇기에 둘이 한 몸처럼 움직이려면 완벽한 조율이 필요하다. 이게 안 되면 같은 장면이 겹쳐 보이는 복시가 생긴다.

복시는 특히 생명공학자들의 관심을 끄는 주제다. 설계의 필요성이라는 패러다임 측면에서다. 생물학에서 두 눈의 동시성과 대칭성은 신뢰, 진실, 건강을 함의한다. 한 쌍의 센서인 두 눈이 시간의 가장 날카로운 모서리 위에서 균형을 이룬다. 하지만 생물계에서는 소통 실패가 늘 일어난다. 잡음도 변동도 카오스도 그래서 존재하는 것이고, 심지어 속는 게 이득일 때도 있으니까. 그렇기에 모든 시스템에는 점검하고 보정하는 피드백이 필요하다. 사람이 의식하지도 못하는 갓난 아기 때는 복시가 그렇게 되돌아온 오류 신호 역할을 한다. 그러면 우리 뇌는 오류를 수정한 뒤에 업데이트된 지침을 뇌신경에 실어 안구 근육으로 내려보낸다. 이런 식으로 시야 겹침 현상이 사라지고, 세상이 하나로 보이게 될 때까지 정성스레 조율 작업을 반복한다.

앤디에게도 세상은 온전한 하나였다. 시야 겹침이 다시 시작될 때까지는. 하필 오늘 밤, 하필 이렇게 어린아이에게 말도 안 되는 일이 벌어진 것이다. 두 센서 중 하나가 미묘한 실수를 저지르면서 머리 속 침입자의 정체가 드러나고 병의 존재가 밝혀진다. 다리뇌를 통과하는 신경섬유의 고장은 갈수록 심해지고 영상의 그림자는 더 넓게 퍼진다. 요주의 신경은 다른 뇌신경일 리가 없다. 12개의 뇌신경 중 여섯 번째인 외전신경이 분명하다. 뇌줄기암 brainstem cancer 에서 침입자의 희미한 발소리를 귀신같이 포착하고 바로 경고신호를 보내는 것은 늘 6번 뇌신경이다.

그날 밤 주치의는 말을 아끼며 확진을 내리지 않았다. 하지만 의대 강의를 열심히 듣고 병원 실습도 성실히 한 덕에 죽음의 카운트다운이 시작됐다는 것을 나조차 알 정도였다. 아이는 광범위 내인성 다리뇌신경아교종 diffuse intrinsic pontine glioma, DIPG 이었고, 앞으로 반년에서 아홉 달밖에 못 살 터였다. 부모도 정확한 숫자까지는 아니지만 대충 예감한 눈치였다. 그들은 앞으로 지금까지와는 전혀 다른 현실이 펼쳐지리라는 것을 느끼고 있었다. 섬유질 암 덩어리가 두 사람의 마음을 잠식한 탓에 모든 생각과 감각이 뭉뚱그려지고 호흡과 생명 유지의 본능단 남은 듯했다. 목소리는 건조하고 목구멍에서 억지로 끌려나온 것처럼 뻑뻑했다.

그날 아이 부모는 짐작하지 못했겠지만 나는 이제부터 얼마나 더 심한 일이 닥칠지 알고 있었다. 내게는 이 죽음의 과정이 어떨지 불 보듯 훤했다. 앤디는 몇 달 내로 말을 못 하고 움직일 수도 없게 될 것이 뻔했다. 지금처럼 반짝반짝 빛나는 맑은 두 눈은 마비 때문에 항상 부릅뜬 채일 것이다. 소녀는 끝없는 악몽에 갇힐 터였다. 뇌의 다리가 무너지는 바람에.

너무나 급작스럽게 모든 게 변했다. 아이의 복시 때문에 동네 병원에 딱 한 번 간 것뿐인데 말이다. 하필 내 첫째 아이도 곧 네 살이 되는 앤디와 비슷한 또래였기에 이 사실을 잠시라도 생각하는 것은 내게 큰 고역이었다. 그날 밤, 머릿속에 아들이 떠오를 때마다 내 안의 어떤 장치가 겁에 질려 재빨리 생각을 차단해버렸다. 육중한 문이 쾅 하고 닫히는 느낌이었다. 보지 않고 공감하지 않는다. 이게 무식하고 어설픈 방어책이라는 것을 그때도 알았지만 일시적으로는 효과가 있었다.

며칠 지나지 않아 새로운 종류의 슬픔이 나를 찾아왔다. 앤디를 보면 내 아들이 떠오르는 데서 딱 끝나게 마음의 문을 빛 한 줄기 겨우 들어올 만큼만 열어두는 데 익숙해졌을 때쯤이었다. 더욱이 남 일 같지 않았던 아이 부모의 심경 너머를 볼 수 있게 되자 이젠 울분에 찬 눈물이 나오려 했다. 병의 존재 자체에 대한 분노, DIPG가 우리 세상의 일부라는 현실에 대한 무력한 분노의 표출이었다. 이 악당을 물리칠 방법이 반드시 있어야 했다. 앤디에게도 희망이 있어야 했다.

그러자 내 마음 깊은 곳에서 뜻밖의 생각이 피어났다. 앤디가 씨를 뿌리고 분노가 거름을 주어 무럭무럭 자란 이 생각은 다른 이들은 이런 식으로 살아남을 수 있겠지만 난 아니라는 것이었다. 평생 이런 식이라면 의료계에서 오래 버티지 못할 것 같았다. 나는 생각했다. 평화로운 연구실로 가자. 내 장기인 순수과학으로 후퇴하자. 아이들이 죽지 않는 곳으로.

슬픔과 분노와 거짓 희망과 도피 충동이 뒤섞여 휘몰아치던 폭풍도 시간이 흐르니 힘이 빠져 점점 세가 약해졌다. 생각과 감정이 북받칠 겨를도 없이 새로운 상황과 일과들이 쉼 없이 쏟아졌다. 완벽하진 않지만 나는 치유되고 있었고, 감염된 곳이 고름이 나며 아물 듯 마음의 상처에도 서서히 딱지가 앉았다. 그러다 언젠가부터는 더 이상 희망을 품지 않게 됐다. 내 머릿속에는 세상이 내게 희망 이상의 것을 요구한다는 생각뿐이었다.

앤디를 위해 할 수 있는 것은 아무것도 없었다. DIPG의 경우, 호흡과 운동 기능을 손상하지 않고 다리뇌의 신경섬유에 안전하게 접근하는 수술법은 존재하지 않았다. 화학요법이나 방사선요법은 효과가 너무 짧았다. 내게는 이 아이를 지킬 능력이 그 부모만큼이나 없었다. 암세포는 뇌줄기의 그림자 뒤에 숨어서 허깨비처럼 정체를 꽁꽁 감추고 있었다. 두피와 머리뼈 아래, 라틴어로 '사랑하는 어머니'라는 뜻의 얇은 연막_{pia mater}에 폭 감싸인 뇌 틈새에서.

희망을 버리자 눈물도 말랐다. 나는 바깥세상에 집중해 소소하게 이어지는 일과들에 나를 맡겼다. 그러다 소아과 실습이 끝났고 다시는 앤디를 볼 기회가 없었다. 여전히 견디기 힘들어도 그냥 버텼다. 아이의 마지막을 전해 들었지만 직접 보지는 못했다. 앤디는 지금도 내 마음속에 머물러 있다.

뇌의 음악을 비추는 빛

나는 요즘도 이 감정이 불쑥불쑥 튀어나왔다가 눈물이 터지기 직전에 사라지곤 한다. 이 감정은 언제든 튀어나올 채비를 하고 늘 거기에 있다. 다만 한층 섬세하고 복잡해졌을 뿐이다. 세상이 변했고 나도 달라졌으니 당연하다. 내 안 깊은 곳에는 앤디와 교감하고 아이를 응원하던 많은 이들의 표상이 남아 있다.

나의 이 기억은 오늘날 과학 발전에 힘입어 새롭게 개발된 광유전학 기술에 녹아들었다. 광유전학을 이용해 나는 뇌의 내부 기전을 들여다보고, 내면의 감정 상태가 세포 수준에서 어떻게 구축되는지 탐구하고, 각 구성 요소가 얼마나 중요한지 시험할 수 있었다. 광유전학에서는 유기체 설계의 일부분을 다른 생명체 안에서 재현시켜 그 안에 자리 잡고 숙주와 하나로 통합되게 한다. 이식된 새 부분, 즉 유전자는 행동규범을 제공함으로써 숙주의 행동에 영향을 미친다. 어떤 통찰이나 색다른 경험이 그러는 것처럼.

생물학에서는 한 유기체가 경계를 넘어 다른 유기체의 영역으로 넘어가는 일이 흔하다. 이런 변이는 저절로 일어나기도 하고 때로는 누군가의 계획으로 일어나기도 한다. 그 선봉에 선 것은 아마도 하나의 단세포였을 것이다. 단세포는 얇은 지질막 안에 오직 생명의 보편적 정수―유전 프로그램이자 살아 있는 산성 분자인 DNA―만 담은 구조로 되어 있다. 허술하기 짝이 없는 구명보트를 타고 국경을 넘자니 이토록 가장 가벼운 모습으로 태어난 것이다. 경계를 넘는 이동은 지구상 모든 생명의 이야기이며 곳곳에서 일어난다. 특히 양측 사이의 거리가 멀고 장벽이 높을수록 양측 모두에게 기회가 크다.

인간을 비롯한 지구상의 모든 동식물은 다른 세계에서 넘어온 이 여행자들에게 목숨을 빚지고 있다. 고세균archaebacteria이라 불리는 이 원시 미생물종은 산소를 이용해 에너지를 생산하는 신비한 기술을 함께 가져와 20억 년 넘게 거슬러 올라가는 머나먼 우리 선조 세포에 심었다.[1] 이 여행자들은 수탈하고 파괴하고자 벽을 깨고 들어온 침입자였을까? 아니면 오히려 우리 선조들이 사냥에 성공한 덕에 작지만 성능 좋은 산소 연소기인 미생물을 꿀꺽 삼켜 제 몸에 흡수한 것일까?

결국 관건은 결과적 위치이지 이동의 목적이 아니다. 한 생물종이 경계를 넘어갔다는 사실이 중요하다는 얘기다. 이동은 양쪽 모두에게 위험하다. 그러나 큰 생물체가 작은 생물체를 파괴하는 대신 보전하고 그들로부터 무언가를 배울 때는 위험천만한 탈출이 새로운 생물종의 탄생으로 이어질 수 있다. 인간 생물종도 바로 이렇게 호흡 기능을 획득했고 말이다.

하루아침에 동거인이 된 두 생물종은 서로의 한계와 기이한 성질을 받아들이면서 최대한 함께 진화하지 않으면 안 됐다. 둘의 연합이 만나자마자 서로에게 재앙이 되지 않는 한 적응할 시간은 충분했다. 새로운 운명공동체는 수억 년의 세월 동안 그 자체로 스스로 생겨난 규칙이자 처음 두 파트너를 따로따로 발생시킨 원동력인 다윈의 자연선택 규칙을 따르며 진화해나갔다.

공생 관계에서도 서로의 문화는 보존될 수 있다. 작은 산소 연소기는 각 세포 안에서 에너지 공장인 미토콘드리아mitochondria가 됐다. 하지만 DNA 코드가 우리와 다른 언어로 짜여 있을 정도로 워낙 역사가 오래된지라 수십 억 년을 동거하면서도 그들만의 모국어를 그대로 간직하고 있다. 한편 고미생물이 생존이라는 공통의 목적을 위해 우리 문화를 수용한 부분도 여럿 있다. 게다가 저쪽의 방식을 받아들인 것은 우리도 마찬가지다. 이제는 저쪽이 우리를 필요로 하는 만큼이나 우리에게도 저들이 필요하다. 오늘날 고미생물은 우리의 일부가 됐고, 둘이 별개이던 시절로는 절대 돌아갈 수 없을 것이다.

미생물이 동물계 혹은 식물계로 가는 이와 같은 미시적 이동은 지구 전체에 중요한 현상이다. 이런 이동은 태양에서 식물을 거쳐 동물의 순서로 가는 이 행성의 에너지 흐름 전체를 뒤바꿔 지구의 풍경을 완전히 변화시킬 수 있다. 그런 이동은 이미 여러 번 일어났고 일부는 지금까지 진행되고 있다. 성공률이 극히 낮더라도 우주는 장장 수십 억 년을 그렇게 존재해왔고 이 정도 세월이면 희박한 가능성도 확실한 일이 된다.

하지만 지난 15년 사이, 광유전학이라는 지름길을 발견한 인간의 손에 의해 미생물 DNA가 동물세포 안으로 다시 이동하고 있다.[2] 목적지는 사람 몸이 아닌 실험동물의 세포이고, 목표는 우연한 만남에 기대 생물계에 확산하는 게 아니라 과학자의 연구를 돕는 것이다. 과학자는 이 정보 전달을 가속화해 광대한 유전 공간과 개념 공간에 퍼뜨리고 생명나무의 가지들 사이에 다리를 놓는다.

오늘날 우리는 신비로운 뇌의 작동이 어떻게 세포에 흐르는 전기신호로부터 비롯되는지 알고 싶어 한다. 그래서 되는 대로 휘두르는 진화의 손 대신 직접 나서서 뇌세포를 높은 정밀도로 제어하고자 한다. 굳이 10억 년 동안 기다릴 필요 없이, 원시 DNA 데이터가 고스란히 보존되어 있는 어떤 자연계 미생물의 특정 유전자를 포유류 신경세포에 직접 심는다. 이렇게 하는 것은 이 특유의 미생물이 자랑하는 독특한 연금술을 이용하기 위함이다. 그러면 산소가 아닌 빛을 에너지와 정보르 변환할 수 있는데, 미생물이 보유한 특별한 유전자—미생물 옵신이라고 한다—가 빛을 이온으로 바꿔 세포막 표면에 흐르게 하기에 가능한 일이다. 이때 전하를 띤 입자의 움직임, 즉 이온의 흐름은 신경세포의 활성화와 비활성화를 조절하는 천연 신호가 된다.

원래 대부분의 신경세포는 이런 식으로 빛에 반응하지 않는다. 그러나 외래 유전자 딱 하나만 있으면 애기가 달라진다. 바로 미생물 옵신opsin이다. 여기에 실험하기를 좋아하는 인간들이 보충한 몇 가지 준비물—옵신을 특정 유형의 세포에 집어넣는 유전학 실험 도구(이렇게 조작된 세포는 다른 면들에는 변화가 없고 빛에 반응하는 성질만 새로 생긴다)와 레이저 빛을 발사하는 특수 장비(광섬유나 홀로그램을 통해 특정 세포 구조에만 빛을 비춘다)—이 더해져 광유전학이 탄생하게 됐다.

이 기술이 있으면 마치 지휘자가 오케스트라로부터 음악을 이끌어내듯 멀리서 조명을 켜 복잡한 생명 기능들을 바삐 수행 중인 동물의 신경세포에 전기신호를 직접적으로 일으킬 수 있다. 감지, 인식, 행동

등의 뇌 기능이 음악이라면, 뇌세포는 100만 분의 10미터 크기에 그 수는 (포유류의 경우) 수백만 내지 수십억에 달하는 오케스트라 단원이다. 광유전학은 빛을 이용해 신경회로의 활성을 지휘하고 자연계의 음악을 울려 퍼뜨린다. 여러 종류의 뇌세포 하나하나로부터 기원해 형태와 기능을 갖추게 된 어느 동물이 그 설계에 따라 연주하는 음악을 말이다.

광유전학은 어린 소녀 앤디와 청년 마테오를 단조 코드의 두 음을 연결하듯 하나로 이어주었다. 두 사람이 나를 찾아와 도움을 청한 것은 심적 부조화 문제 때문이었다. 부조화의 성격은 서로 달랐지만 둘 다 원인은 포유류 뇌 안에서도 가장 오래전에 형성된 저 안쪽 부위의 아주 작은 지점에 생긴 병이었다.

미래를 잃어버린다는 것

"오늘 무슨 일로 왔냐고요?" 마테오가 물었다. 그가 안경을 벗어 간이 침대 위에 조심스레 내려놓았다. "제가 왜 못 우는지 모르겠어서요." 무릎에 올린 두 손바닥을 한 쪽씩 지그시 내려다보는 모습에서 그가 공허함에 혼란스러워하는 게 보였다. 그러다 고개를 들고는 나를 바라보며 천천히 얘기를 시작했다. 단어들이 중력 때문에 어쩔 수 없이 느릿느릿 밀려 나오는 것처럼.

그는 형제들의 손에 응급실로 끌려온 참이었다. 세 형제는 복도 끝에 있는 자그마한 대기 공간을 꽉 채운 채 마테오를 기다리고 있었다. 진료실로 들어서면서 내가 받은 첫인상은 어린아이 같다는 것이었다

원래도 스물여섯밖에 안 됐지만 실제 나이보다 어려 보이는 외모 때문이었다. 뽀얀 피부에 짙은 갈색 눈동자를 두꺼운 검은 테 안경으로 감춘 그는 8번 진료실에 홀로 앉아 있었다. 겉모습만으로는 가방을 잃어버려 상심했거나 숙제가 걱정인 듯한 분위기였다. 하지만 이 첫인상은 바로 다음 순간 와장창 깨졌다.

한창 신혼이던 8주 전, 임신 중인 아내가 교통사고로 차 안에서 숨을 거뒀다고 마테오가 말했다. 한밤중에 어두컴컴한 시골 고속도로를 운전해 가다가 바로 곁에서 아내가 세상을 떠나버렸다고 했다. 캘리포니아 멘도시노로 주말여행을 가 민박에서 묵고 돌아오는 길이었는데, 작고 하얀 밴 한 대가 돌연 차선을 가로지르며 달려온 것이다.

밴은 불쑥 나타났고, 그는 브레이크를 제때 밟지 못했다. 죽음의 그림자가 밀려들었다. 그래도 그는 젖 먹던 힘을 짜냈다. 운전대를 왼쪽으로 획 틀자 두 사람을 태운 차가 뒤집히면서 중앙선에 걸치게 떨어졌다. 그의 시야에 마치 이 순간을 위해 50년을 조용히 기다려왔다는 듯 몸을 잔뜩 기울인 작은 나무 한 그루가 들어왔다. 부부는 그렇게 한 시간을 거꾸로 매달려 있었다. 마테오는 별로 다치지 않았지만 이미 세상을 떠난 아내 옆에서 옴짝달싹할 수 없었다. 젊은 부부의 몸이 안전벨트에 매달린 채 흔들렸다. 아내가 배를 감싸 안았지만 배 속의 아기는 엄마와 함께 차갑게 식어갔다.

지금 그는 두 팔을 힘없이 늘어뜨린 채 벽을 응시하고 있었다. 두 달이 지났지만 공포는 여전히 생생했고 동시에 지독히도 외로웠다. '제가 왜 못 우는지 모르겠어요.' 한 시간 동안 나는 주로 그의 얘기를 들어주면서 중간중간 지금까지의 인생, 직업, 바르셀로나에서 이민 오게 된 사연 등을 물었다. 그는 건축가였고 체스를 몹시 좋아했다. 야외 결혼식장에서 신부가 입장하는 모습을 보고는 울음을 터뜨렸고, 아내가 임신 소식을 알렸을 때 또 한 번 감동의 눈물을 흘렸다.

예전의 그는 자아와 감정을 솔직하게 드러내는 남자였다. 그런데 지금 그의 세상은 쪼그라들어 있었다. 심지어는 말투도 무미건조했다. 마치 어떤 시공간 개념도 없이 저만치 떨어져 한 방향만 보는 사람 같았다. 앞으로의 계획을 묻자 아무것도 없다는 대답이 돌아왔다. 그는 고작 몇 분 후의 미래도 내다보지 못했다. 그에게 미래는 아무 특색도 없고 보이지도 않고 볼 수도 없는 하얀 벽이나 마찬가지였다.

미래가 텅 빈 대신 마테오는 끔찍이도 고통스러운 과거에 머물러 있었다. 마음속 실 한 가닥이 그를 옭아맨 셈이었다. 그의 뇌는 그보다 몇 년 더 전의 한순간에 고정된 채 꽤 똑똑한 포유류인 너구리를 차로 치어 죽인 기억만 반복해서 재생하고 있었다. 역시 고속도로에서 벌어진 사건으로, 당시 그는 어스름한 새벽녘 280번 고속도로를 혼자 달리던 중이었다. 추월차선 저 앞에서 온몸이 얼어붙은 채 이쪽을 돌아보는 너구리 한 마리를 발견했지만 그는 운전대를 꺾지 않았다. 일단은 차의 덩치를 믿었고, 이 속도에서 방향을 트는 게 얼마나 위험한지를 잘 알았다. 그래서 그냥 직진하는 게 여러모로 최선이라고 생각했다. 무엇보다 자기 목숨이 달려 있고 결정권을 쥔 것도 자신이 아닌가. 충격은 부딪히는 순간 잠시뿐이었다. 따뜻하게 불 피운 집에서는 가족들이 음식을 차려놓고 그를 기다리고 있었다. 지금은 온데간데없고, 앞으로도 다시 보지 못할 장면이었다. 차는 끝까지 도로를 달려 마테오를—그때도 마테오만을—집으로 데려다주었다.

그는 뭐가 어떻게 된 건지 이해해보려고 노력했다. 과거의 판단이 나중 일에 얼마나 큰 영향을 줬을까? 그는 자신의 지난 행동들을 돌려보고 또 돌려봤다. 운전대를 더 과감하게 틀었어야 했나? 그랬다면 아내를 구할 수 있었을까? 지난 일을 해체해 조각들을 이리저리 옮긴 다음 다시 이어 붙이기를 반복하는 일에 몰두했지만 명쾌한 답은 나오지 않았다. 결국 그는 자신을 체스판 위에 홀로 남겨두었다. 그는 수가 막혀 갈 곳을 잃은 외로운 왕이었다. 땅을 치며 울부짖고 싶었다. 신에게 자신이 왜 아직 살아 있느냐고 묻고 싶었다. '제가 왜 못 우는지 모르겠어요.'

마음에 도전하는 과학

신부를 잃은 신랑은 덤덤하고, 일면식도 없던 젊은 의사는 수도꼭지가 된다. 이처럼 눈물 때문에 놀라는 의외의 상황들은 몹시도 복잡하고 주관적이어서 과학으로 풀 수 없는 수수께끼처럼 보일 것이다. 수수께끼 해결에 도전하는 과학자가 있더라도 마음을 단순화할 방법부터 찾는다. 감정의 주관적인 면들을 잘라내고 수치화할 수 있는 요소들만 남기는 것이다. 하지만 온전한 마음과 마음의 정수는 본디 주관적인 것 아닌가.

이 수수께끼가 막다른 골목을 뜻하지는 않는다. 현대 학문 대부분은 얼마만큼이든 정파 세력의 배척을 받던 발생 초기의 시절을 거쳐 지금에 이르렀다. 새로운 아이디어는 으레 한동안 변두리로 밀려나기 마련이지만 그게 무엇이든 일관성 있게 계측되는 지표가 있다면 결국은 어엿한 정설로 우뚝 선다. 최근에 극적인 지위 상승을 겪은 과학 이론 중에 좋은 예가 하나 있다. 오늘날 우리는 현생인류인 호모 사피엔스_{Homo sapiens}가 선사시대 유라시아 대륙에서 수천 년 동안 공생한 네안데르탈인과 종간 교배를 했다는 사실을 확실하게 안다. 하지만 몇십 년 전만 해도 이것은 이런저런 추측과 공상적인 소설에서나 거론된 논제였다. 의혹이 명백한 사실 증거 앞에 무릎을 꿇은 것은 아주 최근의 일이다. 이제 우리는 두 호모 속의 이종교배 사실뿐만 아니라 현재 유라시아 인구의 유전체 가운데 정확히 얼마만큼—약 2퍼센트—이 이 결합에서 나왔는지까지[3] 알고 있다. 소설에서 과학으로의 격상은 새로운 분석 기법, 더 정확히는 새로 생긴 과학 분과 하나의 공이 컸다. 바로 고유전학_{paleogenetics}이다. 고유전학은 뼈 화석을 이용해 DNA 서열을 분석하는 기술과 몇몇 선구적 유전학 연구팀이 기본 장착한 인류에 대한 호기심이 함께 일군 결실이다.

나는 누구이고 우리는 어디서 왔는가라는 질문은 이제 이 2퍼센트 인구의 분석치를 곁들여 더 잘 설명된다. 그러나 밝혀야 할 정보는 여전히 많다. (그중 일부는 DNA 분석으로 알아낼 수 있다.) 아프리카와 유라시아의 혼혈인들에게 구체적으로 어떤 드라마와 비극이 벌어진 걸까? 고작 1,400대밖에 올라가지 않는 선조 격인 이들은 약 4,000년 전 어떻게 멸종하게 됐을까? 마지막 보루인 이베리아 연안의 눅눅한 동굴 안에서[4] 외로이 살던 최후의 네안데르탈인이 마지막으로 가느다란 숨을 들이쉰 뒤 영원히 침묵하게 된 건 무엇 때문이었을까?

모순되게도, 이렇게 질문과 답을 짝짓고 '2퍼센트'처럼 구체적인 숫자를 너놓은들 인류의 오랜 미스터리가 줄어들지는 않는다. 과학 지식은 인간의 상상력을 확장시키므로 자연계에 대해 한층 깊어진 이해에서 피어난 판타지가 더 멀리 뻗어가는 까닭이다. 최근에는 자연과학이 정확히 이 궤도에 들어섰다. 분노와 희망, 정신적 고통 같은 인간 심리―태풍, 새벽, 서서히 다가오는 황혼 같은 빛과 날씨가 그러듯 멋대로 찾아오기에 각자 개인적 경험으로만 인식해왔던 마음―에 관한 연구까지 포함해서다.

우리는 왜 불안한가?

과학 연구는 거의 항상 계측으로 시작되며, 주관적 경험인 사람의 마음 상태라도 정량적 특징을 가질 수 있다. 광유전학이 증명했듯, 이런 특징들은 포유류의 뇌라는 삼차원 직물의 실 가닥인 축삭돌기의 궤적을 따라 물리적 형태를 띠게 된다. 이 방식으로 초반에 나온 성과 중 하나가 불안 연구였다.

불안은 복잡한 심리 상태다. 불안장애anxiety disorder 는 자기 성찰을 통해 알게 되는 요소들을 특징으로 한다. 신체 기능의 변화(심장이 빠르게 뛰는 것, 숨이 가빠지는 것), 행동 변화(임박한 위협 요소가 없는데도 근심을 떨치지 못하고 위험한 상황을 피하기 위해 전전긍긍함) 그리고 마지막으로 주관적인 특징인 부정적이거나 혐오하는 마음(불쾌감이라고도 표현됨) 같은 것들이다.

이렇게 특징들이 제각각인 것은 그만큼 다양한 뇌세포에 의해 생기기 때문인 게 틀림없다. 광유전학은—다른 여러 과학기술과 힘을 합쳐—이처럼 복잡하고 현대인 대부분에게 친숙한 불안 심리가 어떻게 뇌세포 유형들과 뇌 전반의 연결 관계 수준에서 합체되고 해체되는지를 밝혀 보였다. 그 결과, 불안의 각 특징(호흡 속도, 위험회피 성향, 불쾌감)마다 진원지로 추측되는 서로 다른 축삭 가닥을 발견했고 광유전학을 이용해 각각을 따로따로 분석하고 제어할 수 있었다. 구체적인 방법은 이랬다.

뇌 깊숙이 있는 어느 한 지점을 상상해보자. 이곳은 수많은 신경가닥의 하나뿐인 정박지다. 여기서 시작된 각 신경가닥은 수많은 실 가닥이 직조기의 한쪽 끝에서 다른 쪽 끝으로 뻗어나가듯 뇌 곳곳의 서로 다른 목표 지점을 향해 내달린다. 불안 중추에서 출발해 앞 신경세포의 축삭돌기를 거쳐 뒤 신경세포의 축삭돌기로 이어지며 바깥쪽으로 나가는 신경연결도 별반 다르지 않다. 여기서 중앙관제소 역할을 하는 곳은 편도체라는 구조이고, 더 정확히는 편도체가 확장된 부분의 분계선조침대핵bed nucleus of the stria terminalis, BNST이다.[5]

이 뇌신경의 날실들은 전진하고 도약하면서 불안장애를 이루는 요소들에 필요한 세포만 쏙쏙 골라 깊이 침투한다. 그중에는 앤디의 그림자가 숨었던 다리뇌로 가는 것도 있다.

복잡한 뇌신경망 구조 속에서 이런저런 특정 날실이 진짜로 중요하다는 것을 우리는 어떻게 알까? 바로 여기서 미생물 유전자가 등장한다. 미생물 유전자를 이용해 각 신경가닥에 새로운 규칙을 부여하는 것이다. 머리뼈 아래 칠흑같이 어두운 공간으로 우리와 다른 존재의 생소한 행동 규범을 하달한다. 그래서 신경을 한 회선 한 회선 빛에 반응하도록 가르친다.

이 작업을 위해 우리는 단세포 녹조류의 유전자 하나를 빌려 썼다. 이 유전자는 빛을 받으면 활성화되는 채널로돕신channelrhodopsin 이라는 단백질의 합성 방법이 담긴 DNA 지침서다. 채널로돕신은 양전하를 띤 이온을 세포 안으로 들여보내는데, 이것이 신경세포를 흥분시켜 신경신호가 널리 퍼지게 한다. 우리는 이 유전자를 생쥐의 BNST 안에 주입했다. 다른 DNA를 포유류 신경세포에 꽂는 게 특기인 바이러스 안에 잘 숨겨서. 이렇게 하면 BNST의 세포들은 자신도 모르게 녹조류 미생물의 유전자를 갖게 되고, DNA 청사진의 조립 매뉴얼 지침을 성실히 따라서 녹조류의 채널로돕신을 만들기 시작한다. DNA는 모든 지구 생명체에게 통용되는 유전자 경전이기 때문이다.

만약 이때 생쥐에게 푸른 빛을 비추면 BNST 세포에 활동전위가 발화되어 신경세포의 전기신호가 치솟을 것이다. (조준만 제대로 한다면 레이저 빛이 BNST를 환하게 밝히기에 머리카락 한 올 굵기의 광섬유로도 충분하다.) 이것은 인간이 손을 보태 녹조류가 생쥐에게 가르치는 완전히 새로운 능력이고 새로운 언어다. 하지만 불안 실험에서 우리는 아직 조명을 켜지 않는다. 새 언어가 풍성해지도록 좀 더 기다린다.

여러 주가 지나, 채널로돕신 단백질(우리는 생성 장소와 이동 경로를 추적할 수 있도록 여기에 노란색 형광 단백질을 붙였다)이 BNST뿐만 아니라 거기서 뻗어 나온 축삭돌기들에도 가득해진다. 축삭돌기도 어쨌든 그곳 세포의 일부분이기 때문이다. BNST의 신경세포에는 저마다 밖으로 나가는 축삭돌기가 달려 있고, 서로 다른 종류의 세포는 뇌 안의 서로 다른 목적지로 신경가닥을 뻗는다. 그래서 몇 주 뒤에는 채널로돕신의 노란색 형광 자국이 BNST에서 암흑으로 덮인 비밀스러운 중간지대를 지나 태양빛처럼 사방으로 퍼진다. 그렇게 이 불안 중추가 말을 걸고 메시지를 전하려 애쓰는 모든 영역이 노란색 빛으로 물든다.

드디어 새 능력이 훨씬 탄탄해졌다. 이젠 광섬유를 꼭 BNST까지 꽂지 않아도 된다.[6] 지금은 광섬유로 쏜 빛이 바깥층, 그러니까 BNST의 목적지에만 닿아도 아주 특별한 일이 일어난다. 형광 자국이 끝나는 각 목적지—가령, 다리뇌—마다 오직 BNST에서 온 축삭돌기들이 모인 지점만 빛에 민감한 성질을 갖게 됐기 때문이다. 다시 말해 목적지—이 예시에서는 뇌줄기 밑바닥 컴컴한 그늘에 존재하는 다리뇌—에 쏜 빛은 BNST 안에 존재하는 오직 한 종류 뇌세포만 직접적으로 활성화시킨다. 그래서 BNST를 시작으로 축삭돌기에서 축삭돌기를 거쳐 다리뇌까지 신경신호가 전달되게 한다. 마침내 어지럽게 뒤얽힌 섬유 뭉치 속에서 기점과 종점에 의해 고유하게 정의되는 단 하나의 실 가닥을 빛으로 직접 제어하게 됐다.

이 실험을 생쥐를 가지고 했을 때는 BNST에서 다리뇌—앤디의 외전신경이 시작된 곳이자 팔곁핵 parabrachial nucleus 이라는 호흡 관련 중추 일부분의 발원지—로 가는 신경회선으로 호흡 속도 변화를 제어할 수 있었지만 다른 영향은 없었다. 이 신경경로에 광유전학적 자극을 주면 불안장애 환자에게서 목격되듯 생쥐의 호흡 속도가 변했으나,

재미있게도 불안의 다른 특징들에는 아무 변화도 없어서 생쥐의 위험회피 행동이 달라지거나 하지 않았다.

대신, 위험회피 행동은 다른 신경가닥을 통해 조절됐다. BNST에서 가쪽시상하부lateral hypothalamus라는 곳—다리뇌만큼 깊이 들어가지는 않는다—으로 가는 회선이다. 이 경로의 신경세포들을 광유전학으로 활성화하면 다른 면에서는 어떤 변화도 없이—가령, 호흡 속도가 달라지지 않는다—생쥐가 개방된 공간을 기피하는 정도가 달라졌다(포식자에게 쫓기는 생쥐에게 광장 한복판처럼 위험한 장소는 없다). 이처럼 불안의 두 번째 특징이 다른 종류 세포를 통해 설명되고 정의됐으며, 우리는 심리 상태의 구성 요소들이 저마다의 궤적으로 물리적 공간을 차지하고 있다는 것을 알아가기 시작했다.

그렇다면 불안의 세 번째 요소인 불쾌감은 어땠을까? 심리학에서는 불쾌감을 '부정적 감정가'negative valence(대상에 반발하는 심리적 성질—옮긴이)라고 부른다. 그 반대는 '긍정적 감정가'positive valence(대상에 끌리는 심리적 성질—옮긴이)로, 순식간에 불안감에서 해방될 때처럼 단순히 아무런 부정적 느낌도 없는 것 이상으로 좋은 감정 상태를 뜻한다. 이 요소는 처음에는 평가하기 어려워 보인다. 생쥐는 말로 표현할 줄 모르는 데다 사람이라도 정확하고 믿음직한 설명을 내놓는 게 쉽지 않으니 말이다. 하지만 아무리 주관적인 특징이고 생쥐의 속내일지라도 그런 감정조차 외부에서 측정할 방법이 존재한다.

'장소 선호도'place preference 테스트라는 실험이 있다. 이 실험에서는 실험동물을 비슷한 구조의 방 두 개를 자유롭게 왔다 갔다 하게 한다.

사람이 새집에서 똑같이 생긴 두 방을 마음껏 구경하는 것처럼 말이
다. 이 상황에서 만약 둘 중 한 방에 들어갈 때마다 (실제가 아닌데도 진
짜로 진한 키스를 하는 듯한 기분이 들든지 해서) 갑자기 기분이 확 좋아지
고 방을 나오자마자 이 기분이 싹 사라진다면, 그가 이 방에 최대한 오
래 머무르자고 얼마나 빨리 결심할지 상상해보라. 계측 가능한 하나
의 지표—기분 좋아지는 방을 선택하는 것—는 실험 대상의 감춰진
속내를 관찰자에게 드러내 보인다. 물론 관찰자는 그게 정확히 어떤
감정이라고 확언하지 못한다. 긍정적 감정가를 갖는 기분이라는 것만
알 뿐, 자세한 해석은 여기에 몇 가지 추가검사를 더 해야 내놓을 수
있다. 대략적으로 파악 가능한 것은 부정적 감정가도 마찬가지다. 만
약 피실험자의 마음에 인 감정이 (사랑하는 가족을 하루아침에 참담하게
잃었을 때의 기분처럼) 부정적인 쪽이라면 선호도 대신 기피도를 측정
하면 된다.

이 방식으로 동물의 감정가를 연구하는데, 이때 광유전학을 이용하
면 특정 뇌세포와 특정 신경회로의 영향까지 동시에 확인할 수 있다.
동물에 적용할 수 있는 장소 선호도 테스트[7]를 준비하고 비슷한 상자
두 개가 놓인 공간에 생쥐를 풀어놓는다. 처음에는 아무 자극도 주지
않는다. 그러다가 생쥐 뇌에 레이저 장치를 심어 얇은 광섬유를 통해
머리 속에 불이 자동으로 켜지게 한다. 단, 생쥐가 두 상자 중 하나(왼
쪽 상자라고 치자)에 들어갔을 때만이라는 조건이다. 만약 그 순간 발동
된 특정 광유전학 표적—즉 조작 후 빛에 민감해진 특정 신경가닥—
의 활성에 반발을 일으키거나 부정적인 성질이 있다면, 생쥐는 곧 왼

쪽 상자에 들어가기를 기피하기 시작한다. 우리가 그러듯 이제 생쥐는 나쁜 기억이 있는 그곳에 다시는 가고 싶어 하지 않는다. 반대로 만약 이 신경가닥이 긍정적인 기분과 연결된다면, 생쥐는 선호 감정이 빛 조준을 통해 드러난 쪽 상자에서 더 많은 시간을 보낼 것이다.

깊숙한 BNST에서 뻗어 나온 어느 뇌신경 가닥이 불안장애의 이 특징을 지배하는 것일까? 아마도 인간 감정의 주관성과 관련 있을 긍정적인 혹은 부정적인 감정가라는 중요한 특징을? 놀랍게도 출발점은 BNST로 똑같지만 이 행동을 좌우하는 것은 다리뇌로 가는 회선도, 가쪽시상하부로 가는 회선도 아니다. 감정가를 결정하는 것은 BNST에서 출발해 다리뇌와 비슷하게 깊지만 살짝 위에 있는 또 다른 지점, 즉 배쪽뒤판부 ventral tegmental area, VTA로 뻗어 가는 세 번째 경로다. 배쪽뒤판부에는 도파민이라는 신경전달물질을 분비하는 신경세포들이 모여 있는데, 이 세포 집단은 다양한 역할과 기능을 아우르지만 전체적으로는 보상과 동기부여에 긴밀하게 관여한다.

먼저 소개한 다리뇌 경로와 가쪽시상하부 경로의 활성은 생쥐의 방 선택어 눈곱만큼도 중요하지 않아 보인다. 이들 신경경로를 빛으로 자극하면 호흡이나 위험회피 행동이 달라지지만 긍정적이거나 부정적인 기분에는 변화가 없다. 장소 선호도 테스트로 확인되는 범위에선 그렇다. 그뿐만 아니라 배쪽뒤판부로 가는 세 번째 신경가닥 역시 호흡 속도나 위험회피 행동에는 아무 영향 없이 오직 생쥐의 장소 선호도만 좌우한다(다시 말해 이 회로가 사람에게 주관성을 갖게 할 수 있다는 뜻이다). 이처럼 하나의 복잡한 심리 상태는 독립적인 여러 특징 요소로 분해되고,[8] 각각의 요소는 뇌 전반에서 각자의 목적지로 투사되는 각각의 물리적 회선(즉 출발지와 목적지로 정의되는 신경가닥 다발)을 통해 조절된다.

얼마 지나지 않아 이 접근 방식이 비단 불안 연구만이 아니라 포유류 행동 전반에 적용 가능하다는 것이 밝혀졌다. 포유류의 고급 기능인 섬세한 새끼 돌봄 행동조차 전체를 구성하는 부분들로 해체되고 뇌신경 분포도가 그려졌다.[9] 불안 연구가 공개되고 5년 뒤 다른 연구팀이 내놓은 성과인데, 사용된 광유전학 기법과 신경 분포 분석 전략은 동일하다. 물론 불안은 아직도 많은 부분이 미스터리로 남아 있다. 예를 들어 긍정적이거나 부정적인 마음의 가치가 어느 정도인지. 거기에 가치가 있긴 한지는 케케묵은 수수께끼 중 하나지만 불안이라는 인간 심리의 뇌신경 분포도는 (유력한 힌트를 던지긴 해도) 이 수수께끼를 풀이해주지 않는다. 다만 장소 선호도 경로와 위험 회피 경로가 깔끔하게 구분된다는 점은 거짓말처럼 단순한 질문 하나를 던진다. 바로 어째서 기분이 나쁠까(혹은 좋을까)라는 것이다. 만약 어떤 행동이 이미 생존에 유리하게 조율되어 적절하게 통제되고 있다면, 그래서 가쪽시상하부로 뻗은 신경회선의 지시에 따라 피해야 할 위험은 알아서 멀리하고 있다면, 배쪽뒤판부로 연결된 회선을 통해 선호도 내지 주관적 감정을 갖게 하는 게 다 무슨 소용일까?

사람들은 자연선택에 의한 진화가 세상에서 벌어지는 일들을 결정한다고 다시 말해 감정이 아니라 행동이 동물의 생존과 번식을 좌우한다고 생각한다. 그렇다면 행동이 일어난 뒤에는 동물이 어떤 감정을 느끼는지, 우리 인간의 마음이 어떤지는 하나도 중요하지 않을 것이다. 긍정적이거나 부정적인 기분 변화가 전혀 없이 생존 때문이든 BNST-가쪽시상하부 신경회로가 작동해서든 생쥐가 위험한 개방 공간을 이미 잘 피한다면, 배쪽뒤판부 경로가 따로 갈라져 나와 기분에 영향을 주는 까닭은 뭘까? 아무리 봐도 불쾌감은 쓸데없는 감정 같은데 말이다. 게다가 불쾌감은 사람을 시도 때도 없이 괴롭히는 원흉이다. 불안이나 우울증같이 정신과에서 다루는 임상 장애의 대부분이 결국 부정적인 주관적 성향에서 비롯되지 않는가.

어쩌면 세 번째 회로의 존재 이유는 우리의 삶이 직접 비교할 수 없을 정도로 판이한 카테고리들 사이에서 선택을 요구하기 때문인지 모른다. 좋거나 나쁘다고 느끼는 주관적인 기분은 아마도 뇌 내부 경제를 위한 일종의 공통 지불 수단일 것이다. 음식과 잠에서부터 섹스와 인생 자체까지 다양한 목표를 추구하는 과정에서 느끼는 긍정성과 부정성을 하나의 화폐로 환산해주는 것이다. 이 환산 시스템은 카테고리를 넘나들어 어려운 결정을 내리고 선택을 행동으로 옮기게 한다. 그것도 개체와 종족의 생존 욕구에 가장 적합하고 신속한 방식으로. 만약 이런 시스템이 없다면 시시각각 변하는 어지러운 세상에서 엉뚱한 결정을 내리게 된다. 움직여야 할 때 멈추고 가만히 있어야 할 때 움직이는 것이다.

이와 같은 환산율이 행동의 진화를 일으키는 원동력이 아닐까 싶다. 뇌가 다양한 감정에 (주관성이라는 공통 통화 단위로) 할당한 상대적 가치가 어느 한 생물체 혹은 인간이 내리는 최종적인—그야말로 실존적인—판단을 필연적으로 결정한다는 점에서다. 그러나 이런 환전 메커니즘은 유연하기도 하다. 개체의 일평생과 진화가 일어나는 동안 가치가 달라지면 환산율도 따라서 변해야 하기 때문이다. 한편 이 유연성은 물리적 형태를 띨 수 있다. 배쪽뒤판부처럼 감정가에 관여하는 영역으로 가는 신경가닥의 강도가 달라지는 게 증거다.

불안에 대한 광유전학 기반의 연구는 주관적 가치(긍정적이거나 부정적인 기분)와 외적 계측 지표들(호흡이나 우는 것)을 소름 끼치는 정확도로 두뇌 상태에 더하고 뺄 수 있다는 깨달음을 주었다. 하지만 이 이치를 깨우친 것은 내 인생에 마테오가 등장했다가 떠나고서 한참 뒤의 일이다. 그날 응급실에 있던 나는 사람 마음을 그토록 정밀하게 분해할 수 있다는 것을 까맣게 모르고 있었다. 그렇게 분해된 요소 중 하나가 물리적 형태(즉 뇌 이곳에서 저곳으로 전기활성을 전달하는 신경회선)를 갖고 있기 때문에 마테오에게 그런 증세가 생겼다는 것 역시 짐작조차 하지 못했다. 맞은편에 앉아 있는 이 남자가 슬픔과 관련된 다른 감정 요소들은 다 정상인데 어째서 울지만 못하는지 나는 감도 잡지 못했다.

눈물, 인류의 오랜 비밀

인간 감정을 둘러싼 많은 비밀은 오늘날에도 여전히 과학의 손이 닿지 않는 곳에 숨겨져 있다. 그래서 혹자에게는 사랑이나 의식 혹은 울음을 연구하는 게 시간 낭비라 여겨질 수 있다. 그럴 만도 하다. 객관적이고 정량적인 도구(네안데르탈인의 선사시대 생활을 들여다보는 고유전학과 뇌 기능의 새로운 원리를 발견하는 광유전학 같은 것들)가 존재하지 않는다면, 진실은 인간의 이해를 벗어날 터이기 때문이다.

울음 얘기를 하자면, 한 동물종 개체들이 일관된 상황에서 정확한 타이밍에 눈물샘과 이어지는 통로 같은 곳을 통해 액체를 흘려보낼 때 생물학자는 거기에 진화적 이유가 있으며, 이 현상이 과학으로 인정하기에 충분히 객관적이라고 간주한다. 그런데 만약 주관적인 내면 상태인 강렬한 감정이 일 때 이 분비선의 성능이 함께 달라진다면, 주관적인 요소와 객관적인 요소가 뒤섞여 있다는 특징이 과학자와 정신과 의사 그리고 인간의 몸과 마음을 연구하는 모든 이의 호기심을 자극할 것이다.

울음은 정신의학에서 중요한 현상이다. 정신과 환자는 극한의 감정에 빠지고 의사들은 환자의 말과 상황 인식과 표현을 토대로 그런 감정을 분석한다. 때로는 진정성이 떨어지는 눈물을 목격하기도 한다. 반은 진심이고 반은 만들어낸 눈물부터 완벽하게 의도적으로 꾸며낸 거짓 눈물까지, 속이는 수위도 다양하다. 그럼에도 감정적 울음에 관해서 알려진 과학적 사실은 거의 없다.

감정적 울음은 동물을 가지고는 연구하는 게 불가능하다. 우리에게는 흔한 순수한 감정적 눈물은 다른 어디서도, 심지어 가장 가까운 유인원 친척에게서도 찾아볼 수 없는 인간 특유의 현상이며 그 원인 역시 베일에 싸여 있다. 눈물은 연민을 이끌어내는 효과가 탁월하다.[10] 사람 얼굴에서 눈물이 흐르도록 조작한 디지털 이미지가 보는 사람에게 다른 어느 표정 요소를 바꿨을 때보다도 큰 공감을 일으키고 상대를 돕고 싶어지게 만든다는 실험 결과는 유명하다. 그렇다고 인간이 친척뻘인 침팬지나 보노보보다 사교적인 동물인 것은 아니다. 하지만 오직 인간만이 눈물의 미스터리를 이용해 울 줄 알고 보는 사람 없이 도 홀로 눈물짓는다.

인간은 자신의 속마음을 이처럼 요상한 외적 신호를 통해 드러내 보인다. 보는 사람이 있든 없든, 특별한 의지나 목적이 없어도 눈물을 흘려 그저 내 감정을 불특정 다수와 나 자신에게 알리는 것이다. 그런 데 이 재능을 박탈당한 게 인간의 유인원 친척만은 아니다. 같은 호모 사피엔스 중에도 감정적 눈물을 흘리지 못해 모두로부터 한 발짝 떨 어져 있는 동족이 적지 않다. 아무래도 이 괴리는 일방적인 듯하다. 이 특별한 언어가 몸에서 생성되지 않는 사람도 타인의 눈물을 이해하고 반응할 줄 알기 때문이다. 다만 작은 소통 기술 하나가 부족한 탓에 치 르는 대가가 너무 크다.[11] 살아온 경험 때문인지 타고난 성향 때문인 지는 불분명하지만 눈물이 없는 사람들은 사람에 대한 애착이 적은 경향이 있다고 하니 말이다.

감정적 눈물이라는 불수의적 신호가 일부 인간과 다른 영장류들에 게 결여되어 있다는 사실은 진화의 혁신이 불완전하게 마무리됐다는 방증일지 모른다. 이 눈물의 가치가 여태 보편화되지 않았기 때문일 수도 있고, 감정적 눈물이 최근의 실험이라서 인간 종족 전체에 완전 히 퍼지기 전에 사고 혹은 실패가 일어났기 때문일 수도 있다. 진화의 혁신은 처음에는 모두 우연히 일어난다. 감정적 울음도 시작은 신경 회로가 우연히 다시 짜이다 생긴 사고에서 비롯했을 것이다. 어느 뇌

신경이나 그렇듯 BNST에서 출발하는 모든 신경가닥은 제직기의 실잡이가 실 가닥의 진로를 정해주듯 탄탄한 각종 경로 설정 분자들에 의해 특정 방향으로 자라도록 인도된다. 이 분자들은 뇌 안에서 초미니 이정표 역할을 해 느릿느릿 자라나는 신경다발을 옆 구역으로 보내거나 너무 멀리 간 가닥을 돌아오게 하거나 중앙선을 건너 다른 신체 부위로 넘어가게 한다. 생물학의 모든 현상이 그런 것처럼 이 모두는 수백만 년 동안 누적된 우연한 돌연변이의 결과물이며 신경회선이 새 기능을 획득하는 것 역시 우연히 일어난 돌연변이 덕분이다.

이때 돌연변이는 어느 단계에든 하나만 생겨도 충분하다. 경로 설정 분자의 배치를 결정하는 어느 유전자에든 돌연변이가 일어나면 뇌 여기저기로 뻗어가는 기다란 신경가닥의 경로가 재설정된다. 그렇게 뇌의 감정 중추 영역에서 나오는 신경섬유가 방향을 살짝 틀고 결국 색다른 방식으로 감정을 표현하는 새로운 종류의 인간이 탄생한다.

이 혁신에는 완전히 새로운 소통 채널을 열었다는 데 의미가 있을 것 같다. 게다가 진화의 혁신을 실현하는 데 실질적으로 필요한 생물학적 변화가 아주 작다는 점에서 놀랍도록 뛰어난 효율이다. 고작 이정표 하나만 지워서 신경다발이 진로상에서 몇 발만 더 나가게 하면 됐으니까 말이다. 진화의 여느 사례와 다를 바 없이 주전선수는 이미 그 자리에 존재하고 있었다. 필요한 것은 새로운 규칙을 가르쳐서 새 역할을 맡기는 것뿐이었다. 감정적 울음을 말하자면, 주전인 신경회로—그러니까 앞뇌의 BNST에서 안쪽 뇌줄기의 팔곁핵으로 쑥 들어가면서 원래는 호흡 조절을 담당하던 회로—가 조금만 경로를 바꿔 다른 목적지에 도착하도록 재편성되어 생긴 기능이었다.

팔곁핵 근처에는 두 가지 뇌신경의 발원지가 있다. 앤디의 암이 짓 누르던 6번 뇌신경뿐만 아니라 얼굴신경facial nerve 이라고도 불리는 바로 옆 7번 뇌신경도 여기서 시작된다. 기본적으로 세포들의 집합인 6번 신경과 7번 신경 그리고 팔곁핵은 뇌와 척수를 잇는 다리뇌 한중간의 협소한 장소에서 아웅다웅 지낸다.[12] 눈물 기능이 새 표적으로 삼은 것은 이 셋 중 7번 뇌신경이었다. 7번 뇌신경은 감정 표현의 대가다. 6번 외전신경보다 훨씬 정교하고 다재다능한 7번 뇌신경은 수많은 얼굴신경 및 피부 센서들과 다량의 정보를 바삐 주고받는다. 이 얼굴 신경은 온갖 표정을 총괄하지만 눈물 창고인 눈물샘도 지배한다.

눈물 분비 기능이 생긴 것은 본래 이물질을 배출하기 위해서였을 것이다. 시야에서 알짱대는 먼지들을 깔끔하게 치우려고 말이다. 그 런데 이제는 소리 소문 없이 일어난 미묘한 노선 재배열 때문에 감정 이 북받칠 때마다 절로 눈물이 쏟아진다. 보통은 호흡중추—팔곁핵 과 그 주변—로 가는 다른 신경섬유들의 협동 작품인 특유의 들썩들 썩 흐느끼는 동작을 동반한다. 돌연변이를 장착한 최초의 인간이 눈 물을 흘리거나 흐느껴 울었을 때 그 광경을 생전 처음 목격한 주변 사 람들—친구, 가족, 경쟁자 등등—은 어땠을까? 눈빛을 통한 의사소 통은 중요하게 쓰인 지 오래다. 마주한 두 사람은 늘 상대방의 눈에 집 중한다. 눈에는 많은 정보가 담겨 있고 언제든 들여다볼 수 있기 때문 이다. 그런데 울음이라는 진화의 혁신이 우연히도 신호 전송 효과 면 에서 최대 요충지에 자리를 잡은 것이었다. 그러나 막상 당시에는 저 사람이 왜 우는지 아무도 이해하지 못했을 뿐 아니라 눈물을 보고 감정이 동하지도 않았을 것이다. 그저 눈에 띄는 기이한 감정 신호를 모두 신기하게 구경했을 터다. 생존이나 번식과 관련해 눈물에 담긴 깊은 의미와 가치는 세월이 흐르면서 차차 생겨났을 것이다.

만약 울음에 어떤 진화적 중요성이 있다면, 그 단서는 감정적 울음이 시작된 시기에 있을지 모른다. 인간에게 거의 불수의적인 반응인 눈물은 미소를 짓거나 얼굴을 찌푸리는 것보다 더 의식적으로 통제하기가 어려운 신호다. 울음은 마치 대체로 정직한 저널리스트처럼 특정 종류의 감정을 모종의 이유로 세상에 보도한다. 연구자들은 사회적 의사소통 측면에서 눈물의 가치에 집중하지만, 감정적 울음이라는 것도 있고 이런 울음 역시 중요하다고 여겨진다. 경우에 따라서는 묵은 욕구를 일부나마 해소해주어 생산적이기까지 하다.

진짜 감정이 드러날 때의 모든 위험성(그리고 복잡한 사회적 환경에서 살아가는 존재가 가짜 감정을 성공적으로 타인에게 전달할 때 얻는 모든 이득)을 고려하면 이 감정 신호가 거의 통제 불가능하다는 특징은 언뜻 장점보다는 단점처럼 보인다. 개체가 기로에 설 때마다 최대한 지양해야 하는 선택지, 취하기보단 버려야 하는 기능이라고 말이다. 흥미로운 부분은 신호의 대상이 자기 자신이든 아니면 남이든 이 신호가 결국 불수의적인 반응으로 정착했다는 것, 그래서 거의 항상 진실되다는 점이다.

울음은 여전히 변모하는 중일까? 진화의 선택압 아래 인간의 자유의지에서 완전히 벗어나거나 굴복하는 쪽으로? 불수의적이라는 눈물의 성질이 자율적 통제에서 나오는 이점들보다 유용해지지 않는 한, 언젠가 인간이 미소만큼 간단하게 울음도 통제하는 날이 올지도 모른다. 일단 현재는 진실을 전달하는 이 신호가 우리 인간종 모두에게 친숙해진 상태다. 오늘날 울음은 쉽게 가장할 수 있는 미소 같은 표정보다 큰 영향을 미치도록 인간 관찰자들에게 프로그래밍되어 있다. 그런 까닭에 울음은 타인에 대한 영향력을 강화하고 진정으로 간절히 필요할 때 동포들로부터 더 탄탄한 동맹과 지지를 끌어낸다.

이 경우 우리 종 일원들 사이에 '울음'과 우는 사람을 봤을 때의 '반응'이라는 두 가지 감정적 행동의 동반 진화가 일어날 수 있다. 그렇게 되면 울음은 하나의 암호가 된다. 개인적으로도 집단에도 중요하면서 여느 생물학 현상처럼 여전히 조작 가능한 모두의 내부 언어가 된다. 속임수는 늘 어느 정도 남는 장사다. 그러나 만약 속임수가 아주 드물게 일어난다면 울음과 울음에 대한 반응이라는 기제가 진실 보도 채널로서 가치를 가질 수 있다.

인간이 복잡한 사회적 인지력을 갖춘 고등한 존재로 거듭나고 그래서 감정을 속이고 부정하고 감정 표현을 강한 의지로 통제할 수 있게 된 이래로, 이 소통 채널은 개개인에게도 인간종 전체에게도 유익하게 쓰였을 것이다. 만약 모든 감정이 조작이라면 어떤 감정 신호도 의미가 없어지고 사회적 소통은 가치를 잃기 때문이다. 그렇기에 진실과 속임수 사이에는 끝없는 군비경쟁이 이어진다. 인지적 제어가 (통제력을 얻은 개개인에게 이득을 안겨주어) 새 감정 신호에 완벽한 지배권을 갖게 되면 (그래서 인간종에게 그 신호가 호소하던 진실성의 가치가 크게 떨어지던) 경쟁을 잠시 멈춘다. 그러다 100만 년 뒤 길을 잘못 든 축삭돌기 한 가닥이 다른 뇌세포 구역에 느닷없이 꽂히는 순간 군비경쟁이 다시 열기를 띠는 식이다. 이때 신경섬유의 새 목적지가 피부 표면의 생리학을 지배하는 중추라면 그 결과는 얼굴을 붉히는 것일지 평평 우는 것일지 혹은 다른 어떤 것일지 아무도 모른다.

감정적 울음은 인류의 보편적인 현상이다. 따라서 우리는 유전체가 유라시아 계통 후손에게 집중되어 있는 네안데르탈인이 이 특징을 물려준 게 아니라고 확신할 수 있다. 네안데르탈인에게도 이 특징이 있었는지는 확실치 않다. 만약 우는 능력이 현생인류와 네안데르탈인의 공통 조상으로부터 내려온 것이라면 아마 있었을 것이다. 네안데르탈인은 안정적인 공동체 생활을 하면서 문화와 전통을 가지고 있었고 종족이 쇠락하는 시기에도 짬을 내 벽화를 남기고 사랑하는 자식을 땅에 묻어 애도했다. 내 상상에 불과하지만, 세상 마지막 날까지 그들은 우리와 똑같이 눈물을 흘렸다.

머릿속 희망의 경제학

마테오는 자살 위험성은 없었지만 주요 우울증 진단이 내려질 수 있었다. 나는 그날 밤 이 소견을 메모해두었다. 성급한 판단처럼 보일지 몰라도, 그는 우울증을 정의하는 증상들 중 당장의 미래조차 바라보지 못하는 심각한 절망감을 보였기 때문이다. 그가 할 수 있는 것은 앞날에 대한 아무 희망 없이 과거를 돌아보는 것뿐이었다.

그 밤, 그는 가족을 생각하면서도 눈물 한 방울 흘리지 않았다. 적어도 나는 그가 우는 모습을 보지 못했고, 그도 내게 눈물이 났다는 얘기를 한 적 없었다. 이 점과 사람들이 보통 우는 이유들을 고려하니, 슬플 때 나오는 눈물과 더 신비한 기쁨의 눈물이 기묘한 일체감으로 연결된다는 생각이 들었다. 사람이 희망과 나약함을 동시에 느끼면 눈물을 흘리지 않는가. 나는 이런 내 생각이나 마테오에게 울면서 갈구할 희망이 남아 있지 않다는 사실을 차트에 적고 싶은 것을 간신히 참았다.

대부분의 사람은 시세에 따른 기대치보다 아주 조금 많은 소득을 얻었을 때처럼 자아와 세상에 대한 관념을 완전히 갈아엎을 정도는 아닌 소소한 물질적 개선에는 울음을 터뜨리지 않는다. 그러나 결혼식장에서 온정과 희망을 갑작스레 느끼거나 어린아이의 깊은 공감 능력을 뜻밖에 목격하면 기쁨에 겨워 운다. 아마도 냉혹한 세상살이 속에서 미래의 희망이 순간 반짝 보이기 때문이리라. 우리는 결혼식에서 혹은 생명 탄생의 순간에 눈물을 흘린다. 사랑과 생명의 유약함을 사무치게 잘 알면서도 진심 어린 염원을 보기 때문이다. 나는 이런 기쁨이 영원하기를, 그렇게 될 수 있도록 우리 사는 세상이 친절한 곳이기를, 이런 감정이 대대손손 계승되기를 소망한다. 하지만 소망대로 되지 못할지도 모른다는 것 역시 잘 안다.

이런 눈물은 일종의 불안심리라고 할 수 있다. 아무리 동기가 기쁨이라 해도 머지않은 앞길에 위협이 기다리고 있다는 것을 머리로 알고 피부로도 느끼는 것이다.

한편 기뻐서 나오는 눈물과 대척점에서 진정한 부정적 가치를 갖는 슬픔의 눈물을 살펴보면, 이미 알고 있던 위험 요소 때문에 생긴 약간의 손해를 이유로 울고불고하는 사람은 없다. 어른의 눈에서 이런 눈물이 흐르려면 암울하지만 피할 수 없는 현실에 대한 불시의 깨달음이 있어야 한다. 희망이 산산이 부서져서 세계관이 흔들리고 인생의 모든 갈림길이 표시된 지도(지도는 희망이다)를 처음부터 다시 그려야 하는 상황에 배신감이 들 정도의 충격을 받아야만 진심으로 슬픔에 겨워 울게 된다. 그러나 설령 그 이유가 부정적 감정일지라도 우리가 흘리는 눈물에는 희망이 존재할지 모른다. 형편이 달라지긴 했어도 희망은 희망인 것이다. 이때 우리는 미래를 향한 가냘픈 희망을 저도 모르게 진심에서 드러내 선전한다. 우리의 세계관이 변하고 있다는 사실을, 이것이 지금 이 순간 실현되는 일임을 우리는 동족과 공동체에 그리고 가족과 자신에게 귀띔한다.

정말로 진화는 희망을 소중히 여길까? 희망은 추상적 개념이니만큼 신중한 조율이 필요한 일용품이다. 살아 있는 모든 존재는 합리적인 행동을 부추길 정도로만 딱 맞게 계량해 희망을 사용해야 한다. 터무니없는 희망은 유해하다. 심하면 생명을 앗아갈 수도 있다. 모든 유기체는 항상 의문을 가져야 한다. 언제 나서서 싸우고 언제 옆으로 물러나 체력을 아끼면서 폭풍이 지나가기를 기다려야 할까? 궐기하는 것과 침묵하는 것, 싸우는 것과 몸을 사리는 것, 우는 것과 울지 않는 것 사이의 선택은 생명체라면 피할 수 없는 지상 과제이다. 현실이 내게 얼마나 혹독할지 계산기를 두드린 뒤에 만약 넘지 못할 곤경이라고 판단되면 투쟁을 포기하고 후퇴해야 마땅하다. 희망을 통제하는 신경회로는 언제나 작동해야 하고, 그냥도 아니고 잘 돌아가야 한다. 그런데 영장류의 라이프스타일이 워낙 머리가 지끈거리도록 치열하다 보니—뇌 혼자서 인간이 섭취하는 열량의 4분의 1을 소모한다— 후퇴를 지시하는 원시 신경회로가 인간종에게 대대손손 계승되었을지 모른다. 때때로 희망 자체를 포기하도록, 근육도 아니고 뇌를 사치스럽게 차지하고 있는 허영을 버리도록 말이다.

원시시대부터 지금껏 보존되어온 신경회로들은 인류 진화 과정 내내 이 희망 통제 능력이 자리 잡도록 일찌감치 돕고 있었다. 냉혈동물인 어류조차 적을 만났을 때 맞서기보다 피하는 소극적 선택을 하는 게 그 증거다. 2019년 조그만 열대어인 제브라피시의 뇌세포 하나하나를 샅샅이 훑는 연구가 수행됐다.[13] (제브라피시는 척추와 뇌의 기본 구조가 사람과 거의 같은 척추동물 친구다. 하지만 뇌가 훨씬 작고 투명해 살아 움직이는 동안에도 빛을 비춰 뇌세포의 동태를 살펴볼 수 있다.) 관찰 결과, 물고기 뇌에 있는 고삐habenula와 솔기raphé라는 두 구조가 위기 상황 때 능동 대응에서 수동 대응으로의 태세 전환 기능을 함께 담당하고 있었다. (수동 대응 모드에서는 장애물을 돌파하려고 애쓰지 않는다.)

그런데 광유전학으로 확인한 바 고삐의 신경이 활성화하면 소극적으로 대응(위기 상황 동안 말 그대로 거의 움직이지 않음)하는 경향이 우세해졌다. 반면에 솔기(세로토닌serotonin이라는 신경물질의 최대 생산지)의 활성이 커지면 능동적으로 대처(문제에 적극적으로 관여함)하는 경향이 커졌다. 연구에서는 광유전학 기술로 고삐 구조를 자극하거나 억제함으로써 물고기가 온 힘을 다해 위협에 맞서는 단순한 성향을 순식간에 확 끌어올리거나 확 낮출 수 있었다. 한편 광유전학을 이용해 솔기 구조를 제어했을 때는 고삐 조작 실험과 정반대 방향의 결과가 관찰됐다.

광유전학을 비롯한 여러 분석 기술은 이미 여러 해 전에 포유류의 뇌에도 동일한 두 구조가 존재할 거라는 견해를 제안한 바 있었다.[14] 행동 전환 기제가 제브라피시와 기본적으로 똑같고 효과의 방향성도 정확히 일치하는 구조들이었다. 그런 가운데 아주 먼 친척인 제브라피시로부터 위와 같은 실험 결과를 목격한 지금, 우리는 한 가지를 자신 있게 말할 수 있다. 좋은 결과가 거의 나올 수 없는 상황에서는 행동을 억누르는 반응의 생물학적 토대가 원시시대부터 이어져온 강력한 본능이라는 것을, 그렇기에 틀림없이 생존에 중요한 기전일 거라는 것을 말이다.

덩치가 작은 동물은 틈새나 굴에 들어가 꼼짝하지 않고 숨어 있는 식으로 적에게 수동적으로 대응한다. 예를 들면 예쁜꼬마선충Caenorhabditis elegans이라는 아주 작은 벌레조차 신경세포 302개를 모두 가동해 먹이를 채집하러 나가는 것과 둥지에 가만히 있는 것의 상대적 가치를 비교 계산할 줄 안다.[15] 하물며 커다란 뇌는 행동과 결과의 훨씬 더 많은 선택지를 떠올리고 곱씹어 이리 재고 저리 재면서 먼 미래의 가능성까지 내다본 튼실한 의사결정 분지도를 그린다. 행동의 가치와 생각의 가치를 과감하게 감가減價하는 소극적 사고는 분명 필요한 요소다. 희망은 집중력과 감정이라는 예산에서 자원을 끌어다 쓴다. 그러니 희망이 전혀 보이지 않을 땐 버티고 맞서 싸우는 데에 들 에너지를 아끼고 눈물샘을 잠가 두는 게 상책이다.

인간이 인간에게 할 수 있는 것

그날 밤 마테오를 도울 방법을 찾는 것은 쉽지 않았다. 응급실은 바빴고 그에게 내어줄 빈 침대가 하나도 없었다. 자살 징조도 없고 자신도 병원에 있고 싶어 하지 않으니 정신과 폐쇄병동에 입원시킬 수는 없었다. 하지만 개방병동은 하필 만실이었다. 다른 병원으로 옮기는 대안도 있었다. 그러나 나는 마테오와 형제들을 불러 상의한 끝에 상담이든 약물치료든 시작하게 한 다음 외래 예약을 잡고 일단은 귀가 조치하기로 결정했다. 대신에 그냥 그 자리에서 동트기 전 잠깐 간단한 심리상담을 하기로 했다.

신경정신과에서는 일거리가 아무리 밀려들어도 여건이 허락한다면 어떻게든 시간을 쪼개서 기본 상담이라도 하는 게 보통이다. 정신과 의사에게는 이게 거의 본능이라 그날 밤의 8번 진료실처럼 답답하고 불편한 장소도 마다하지 않는다. 이걸 참으려면 외과 의사에게 데스를 못 잡게 할 때만큼 힘이 든다. 우리는 모두 스스로 씌운 굴레 안에서 살아가고 행동하는 존재인 것이다.

어떤 정신과 치료도 제대로 된 기반 없이는 효과를 발휘하지 못한다. 탄탄하게 받쳐줄 기둥이 될 만한 실이 있어야만 그 위로 새 무늬를 입힐 수 있다. 그래서 정신과 의사가 직감적으로 가장 먼저 하는 일은 눈앞의 환자에게 치유가 되는 요소들—생물학적·사회적·심리적 실가닥—을 연결짓기 시작하는 것이다. 이때 절대 서두르지 않는다. 무언가를 탄탄하고 안정적으로 지으려면 시간이 필요하다는 것을 잘 알기 때문이다. 우리는 다시 볼 일 없을지 모를 환자에게도 이렇게 한다. 그 밤 마테오가 딱 그랬다. 이제 그는 가족과 외래팀에게 맡겨질 예정이었고 나는 내 일상으로 돌아가 익숙한 병원 업무를 계속할 터였다. 마테오가 다시 그의 궤도를 걸으면 이 우주에서 우리의 길이 또 교차할 일은 없었다.

하지만 이날의 대화가 엄청나게 특별했다는 것을 나는 한 시간쯤 뒤 깨닫는다. 근무를 마치고 운전해 집으로 돌아가는 길이었다. 두 눈에서 눈물이 흐르기 시작했고 눈물에 신호등 불빛이 번지면서 어떤 큰 그림이 보였다. 그것은 다른 인간, 다른 환자들에 관한 그림이기도 했다.

그날 밤 나는 마테오에게는 평소보다 많은 시간을 들였는데, 내가 그의 지옥 같은 상황에 준비가 되어 있지 않았기 때문이다. 그 정도 환자를 만나본 적은 예전에 딱 한 번 있었고 그때도 주체할 수 없는 눈물 때문에 나 자신도 치료를 받아야 했다. 마음속에서 시간을 뛰어넘은 다리가 놓였다. 이런 눈물은 똑같이 무방비 상태에서 앤디에게 똑같이 감정을 이입했던 때 이후 처음이었다. 떠난 지 오래인 어린 소녀 앤디가 뇌종양으로 입원한 몇 해 전에는 내가 힘이 될 수 있는 게 하나도 없었다.

하지만 이번에는 내가 뭔가 할 수 있을 거라는 생각이 들었다. 대단치 않은 작은 일이라도. 그게 무엇이든 한 인간이 한 인간을 위해 뭔가를 하라고 그 순간 그곳에 불려왔음을 깨닫는 것. 그게 중요했다. 그런 건 아무것도 아닌 게 아니다.

절망의 과학에서 희망의 과학으로

수년 뒤 광유전학과 불안장애 관련 BNST 연구가 성과를 내고 앤디와 마테오 사이의 훨씬 더 깊은 연관성이 드러났다. 의사 경력을 통틀어 내게 가장 어려운 두 사례여서 그 어느 때보다 이 악물고 애써야 했던 두 사람에게는 흥미로운 공통점이 있었다. 내가 당직을 서던 밤에 두 사람을 병원으로 데려온 진범은 신경계 깊숙이 사실상 같은 지점에서 제 기능을 못 하고 있던 신경섬유였다. 이 지점은 뇌 바닥 중에서도 안쪽인 다리뇌에 있는데, 다리뇌는 안구운동과 눈물, 호흡을 조절하는 곳이다. 두 환자는 이 다리뇌 안에서 이웃 사이인 6번 신경과 7번 신경이 각각 고장 나 불협화음을 내고 있었다.

이 사실이 얼마나 중요한지는 아직 정의할 수 없다. 내가 아는 것은 이 부위가 뇌 깊숙한 곳에 있으며 역사가 오래되었다는 것뿐이다.

박물학자 로렌 아이슬리 Loren Eiseley 는 "상징은 일단 정의되면 인간이 상징에 기대하는 바를 채워주지 못한다."라고 썼다. 아이슬리는 자연을 관찰하고 자연의 이미지가 상징이 되어 그에게 불러일으킨 아이디어들을 기록했다. 한겨울에도 전구의 열기를 쫓아 가로등 램프 근처에 거미줄을 치고 꿋꿋이 살아남는 거미처럼 말이다. 그는 '전구 하나에 의탁해 겨울의 가차 없는 위력에 맞서는 거미의 도전은 허사로 돌아갈 것이고 아무 희망 없다'는 것을 거의 확신하면서도 거미의 모습에 감동을 받았다. "공허와의 살을 에는 마지막 전투에 나설 이들에게 전해야 할 깨달음이 여기에 있었다. … ‘혹한의 시기에는 진짜를 대신할 작은 태양을 찾으라’는 것이다.” 매서운 추위를 꿋꿋이 버티는 작은 생명체가 상징하는 희망은 아이슬리의 마음을 움직였고, 오늘날 여러 과학자와 예술가에게도 비슷한 울림을 준다. 희망은 사람을 감동시켜 울게 하는 것들의 정수와 맞닿아 있다.

마테오에게는 기꺼이 눈물 흘릴 희망이 남아 있지 않았다. 아내도 아기도 그를 떠나버렸다. 그가 울지 못하는 것은 자신의 앞날이 보이지 않는다는 뜻이기도 했다. 하지만 언젠가는 그가 어떤 식으로든 다시 사랑할 수 있으리라는 것을 나는 알았다. 아니, 안다고 생각했다. 희망은 죽은 게 아니었다. 그가 보지 못할 뿐이었다. 그런 까닭에 나는 울고 그는 그러지 않은 것이었다.

희망의 진정한 종말은 오직 멸종의 형태로만 찾아온다. 최후의 지성적 생물체가 고독한 안식에 드는 때가 그 순간이다. 이 결말은 인류 역사에서 이미 수차례 실현되었다. 중간중간 가지가 뚝 끊긴 지구 생물 가계도가 그 증거다. 네안데르탈인을 비롯한 고대 인류 역시 마지막 날 최후의 순간 우리로서는 모든 게 은유인 그 비극을 겪었다.

멸종은 정상적인 현상이다. 모든 포유류는 평균적으로 100만 년 정도 계승되고[16] 최후의 날이 가까울 즈음에는 큰 고비를 여러 번 넘긴다. 현생인류는 약속된 시간에서 고작 5분의 1을 지나왔지만, 유전체 분석에 근거해 추측할 때 알 수 없는 위기를 이미 여러 번 겪었다. 아마 그때마다 세계 곳곳에서 번식 집단의 유효 크기가 수천 명으로 급감했을 것이다.[17]

이런 집단적 사건은 가치가 모호한 기이한 형질이 유행하게 된 이유를 이해할 단서를 제공한다. 울음 같은 알쏭달쏭한 행동을 별 득이 되지 않는데도 집단이 기꺼이 받아들인 것처럼 말이다. 한 동물종이 개체 수가 급격히 줄어드는 병목 현상을 겪으면 극소수만이 생존해 계속 살아가거나 다른 지역으로 이주한다. 이때 생존자—혹은 이주자—가 우연히 지니고 있던 형질은 그것이 생존에 중요하든 아니든 일정 시간이 흐른 뒤 널리 퍼지게 된다. 어쩌면 감정적 울음도 그런 경우일지 모른다. 만약 그렇다면 수많은 동물종 가운데 인간만 고유하게 이 특징을 갖고 있는 까닭이 설명된다.

한편으로는 인간 사회가 점점 더 커지고 복잡해지는 과정에서 이 진실 채널이 다른 어떤 유연종보다 인간에게 더 필요했을 거라는 추측도 가능하다. 처음에는 울음이 뇌줄기로 투영된 신경회로의 단순 오류였더라도, 우리 선조들이 손가락과 뇌를 사용해 서로 집을 지어주고 막대한 비용을 들여 지속 가능한 공동체를 건설하는 동안 이 오류를 일으킨 문제의 유전자 변이가 유용하게 쓰였을 수 있다. 어쩌면 동아프리카에서 어울려 살아가며 현생인류의 모태가 된 이 원시인 집단이 울상을 짓거나 우는 소리를 내는 마지막 속임수에 완벽하게 능숙해지자 눈물이라는 새로운 기술이 필요해진 것일지도 모른다. 집을 지을 때는 단단한 지반이 필요하고 사회를 세울 때는 단단한 진실이 필요한 것이다.

머리뼈가 큼직하고 현생인류와 거의 똑같지만 좀 더 우락부락한 모습의 네안데르탈인은 장례를 치러 죽은 자를 매장하고 피붙이를 아낄 줄 알았던 생물 가계도의 끊긴 가지다. 그들 가운데 마지막 한 사람이 오래되지 않은 과거에 훗날 지브롤터 해협으로 불릴 곳 인근의 동굴에서 숨을 거뒀다. 동굴은 "최초의 활잡이, 위대한 예술가, 잠시도 가만히 있지 못하는 살벌한 혈족"이라고 아이슬리가 말한 존재(호모 사피엔스―옮긴이)를 피해 마지막으로 숨은 은신처였다. 네안데르탈인은 결혼식이나 생명 탄생의 순간에 눈물을 흘렸을지도 모른다. 그러나 부족 최후의 아기가 필사적으로 어미 가슴팍 이곳저곳을 더듬지만 끝까지 젖을 찾지 못하는 모습을 지켜볼 때 굶주린 마지막 네안데르탈인은 더 이상 희망이 없다고, 의문을 품거나 두려워할 미래조차 남지 않았다고 확신했을 것이다. 아무 답도 주지 않는 달을 올려다본들 눈물 한 방울 나왔을 리 없다. 짭조름한 바닷물이 다 빠지고 바닥을 드러낸 바다처럼.

어느 정년퇴직자의 변신

명이 긴 수사슴에게서 뿔이 돋아나기 시작했다. 목은 길게 늘어나고 귀는 길고 뾰족해졌다. 팔은 다리가 되고 손은 발굽이 되었으며, 피부는 얼룩덜룩한 가죽으로 변했다. 사냥꾼의 마음은 공포로 가득 찼다. 그는 황급히 달아나기 시작했고, 자신이 그토록 빨리 달릴 수 있다는 사실에 놀랐다. 마침내 잔잔한 물웅덩이에 비친 제 모습을 보고는 "아아!" 하고 외치려 했으나 말이 나오지 않았다. 그는 낮게 신음했다. 그것이 그가 낼 수 있는 유일한 소리였다. 자신의 것 같지 않은 낯선 얼굴 위로 눈물이 흘러내렸다. 그대로인 것은 그의 마음뿐이었다. 이제 어쩌지? 어디로 가야 할까? 궁으로 갈까, 아니면 숲속에서 숨어 지낼까?

숲속에 숨자니 무서웠고 돌아가자니 창피했다. 그렇게 망설이고 있을 때 그는 자신의 사냥개들을 보았다. 블랙풋, 체이서, 헝그리, 허리케인, 가젤, 레인저, 점박이, 복실이, 날개발, 계곡, 늑대개, 암캐 하피와 반쯤 자란 두 새끼, 암호랑이, 헌터, 홀쭉이, 턱주가리, 검댕이, 검은 주둥이에 흰 무늬가 있는 울프, 산사나이, 파워, 킬러, 회오리, 흰둥이, 검둥이, 강탈자가 그에게 달려왔다. 이 아르카디아, 크레타, 스파르타산産 사냥개들 외에도 몰려온 개들의 이름을 다 대자면 시간이 한참 걸릴 것이다.

피 냄새에 흥분한 개 떼는 벼랑과 낭떠러지를 지나 길도 없는 바위를 넘어 짖어대며 뒤쫓아왔다. 예전에 사냥감을 쫓아 질주하던 바로 그 장소에서 이제 악타이온은 자신이 부리던 짐승들에게 쫓기고 있었다. 그는 울부짖고 싶었다. "나야, 악타이온! 주인도 못 알아보느냐?"
그러나 소리는 나오지 않았고 아무도 그의 외침을 들을 수 없었다.

—오비디우스, 《변신 이야기》 제3권 중 〈악타이온 이야기〉

이미지는 뿌리를 내리고 자라날 수 있다. 767기 한 대가 항구를 끼고 선 불타는 철탑 쪽으로 천천히 날아간다.[1] 비행기 안에는 두 살배기 딸을 데리고 탄 젊은 아빠가 있다. 믿기지 않는 진실을 알게 된 순간, 그의 심장은 튀어나올 것처럼 요동치지만 아이는 혼란 속에서도 평온하다. 괴물은 없다고 아빠가 아이를 안심시켰기 때문이다. 그는 딸의 머리를 감싸 당겨 안는다. 증발 직전 고요한 교감의 순간, 뼛속에 사무치는 한기 속에서 아이는 연약한 한 점의 온기다.

부녀는 비행기가 두 번째 탑을 향해 돌진하는 동안 서로에게서 은혜를 구한다. 이 말 없는 이미지가 현실화되어 전 세계에 퍼진다. 그러다 그리스 키클라데스 제도를 항해하던 알렉산더라는 남자의 고옥한 마음에 씨를 뿌린다. 이미지는 순식간에 싹을 틔우고 형태를 갖춘다. 마음이라는 토양에 널리 자리를 잡고 그의 모든 생각을 게걸스레 물들인다.

예순일곱, 자원입대를 신청하다

알렉산더의 인생 규칙은 그 9월이 오기 전 일찍이 다시 쓰인 상태였다. 그러니 수십 년째 쉬고 있던 그의 마음은 세상이 달라졌을 때 이미 변할 준비가 되어 있었을 것이다. 2001년 늦여름, 해안 도시 샌프란시스코는 해가 점점 짧아져 오후에는 선선한 기운이 들고 나뭇잎들이 진홍색으로 물들기 시작했다. 그즈음 예순일곱의 알렉산더는 수십 년 간 근무한 보험회사를 퇴직했다. 꽤 유능한 직원이었지만 실리콘밸리의 속도를 따라가기에는 무리였다. 이제 그의 활동 영역은 20년 전 해안가 삼나무 숲속 안개 자욱한 골짜기에 아내와 함께 지은 집에 그쳤다. 서까래를 높이 올린 집은 아들 셋에 손주들까지 함께 살 수 있을 만큼 컸다. 그는 등이 살짝 굽었지만 듬직한 체격의 남자였고 나이가 들수록 점점 과묵해졌다.

9월 11일 이후 여섯 주가 지난 어느 날 응급실로 실려 오기까지 그는 살면서 경고 징후를 보인 적이 한 번도 없었고 가족들도 의심 가는 점을 찾지 못했다. 그러나 그의 세계는 그때 이미 산산조각 나 있었다. 비행기 폭발 탓이 아니었다. 평생 겪은 어떤 일과도 비교할 수 없을 만큼 포악하고 격렬한 조증 때문이었다. 이번이 첫 발작이었다. 급작스러운 스트레스 혹은 충격적인 트라우마 혹은 기타 미지의 요인에 맞닥뜨린 뒤 현실과의 연결고리가 뚝 끊어졌고, 그 결과로 인간으로서 위엄을 유지해주던 밧줄이 풀려버렸다. 조증이나 조현병이 처음 발작해 고삐가 풀리면—이건 매우 위험하다—아주 딴사람이 된다.

해일이 은밀하게 시작된 9월, 알렉산더는 아내와 함께 에게해의 유적지들을 여행하며 정년퇴직자의 여유를 만끽하고 있었다. 그런데 두 달이 채 안 되어 그가 경찰과 가족의 동행하에 우리 병원 응급실로 들어왔을 때는 사람이 달라져 있었다. 병원 수속이 휘몰아치듯 끝나고서 내가 처음 발견한 것은 그에게 눈에 띄는 문제가 없다는 사실이었다. 그날이 초면이었던 내 눈에 알렉산더는 그저 침상 옆에서 다리를 꼬고 앉아 신문을 뚫어져라 읽고 있는 꼬장꼬장한 남자일 뿐이었다.

그의 병은 알쏭달쏭 수수께끼투성이였다. 이 사람을 변화시킨 이유가 뭔지 짐작하기 어려웠다. 뇌 사진에서는 진단에 참고할 만한 단서 하나 나오지 않았다. 증상에 점수를 매기는 평가 척도를 활용할 수도 있지만, 그런 숫자들은 말의 다른 형태일 뿐이다. 그래서 우리는 말을 수집한다. 정신과 의사에게는 이게 재산이다. 단어가 모이면 구절이 되고, 구절이 모이면 유기적인 진술이 된다.

우리는 모든 관계자에게 진술을 받았다. 환자, 복도에서 지켜보는 경찰, 대기실에서 기다리는 가족 등 처지는 모두 달랐지만 모두 맞는 해석을 찾을 수 있도록 노력하고 있었다. 알렉산더에게는 과거 조증 경험도, 가족력도 없었다. 그렇다면 왜 그에게 이런 일이 생겼을까? 그것도 하필 지금? 그는 조국의 심장부를 강타한 그날의 사건을 누구보다도 격렬하게 경험하고 있었다.

아무리 희생자들에게 깊이 공감해 괴롭고 마음 아프다고 해도 이렇게 극적인 결과를 가져올 동기로는 부족했다. 의식 있는 존재에게 죽음은 마음 안 좋은 일이고 지금껏 늘 그래왔다. 그런 상황에서 상상 밖의 결과는 누구에게나 생길 수 있지만 조증은 드문 경우다. 그런데 어째선지 그런 조증이 알렉산더를 찾아온 것이었다. 한 박자 늦게.

알렉산더는 테러 후 일주일 동안은 꽤 침착하게 지냈다. 주변 사람들이 호소하는 충격과 슬픔에 몇 마디로 동의하는 게 다였다. 대신 희생자들의 소식을 두루 읽었다. 그러다 그로서는 평생 누려보지 못한 관계인 한 부녀의 사연에 꽂혔다. 한번 뇌리에 박힌 장면은 갈수록 생생해졌고, 그는 자신이 상상한 부녀의 마지막 순간을 식구들에게 얘기했다. 그러는 동안 그의 뇌 지도는 비밀스러운 재편을 시작하고 있었다. 불가해한 방식으로 새 시냅스들이 만들어졌고, 옛 신경 분지들은 가지치기되어 잘려 나갔다. 원고를 덮어쓰듯 뇌의 전기활성 패턴도 조금씩 바뀌었다. 그의 뇌는 조용히 새로운 언어를 익혔고, 고작 일주일 만에 제 뜻을 새 언어로 표현하기 시작했다.

첫 번째 증세는 몸으로 나타났다. 그는 거의 잠을 자지 않고 매일 스물두 시간을 또렷한 정신으로 깨어 있는데도 항상 활기가 넘쳤다. 평생 수다와는 거리가 멀었던 그였지만 지금은 턱 끝까지 차오르는 단어들을 폭포처럼 토해내지 않고는 견딜 수 없었다. 홍수같이 쏟아내긴 했어도 처음에는 그런 말들이 모두 그의 평소 발언과 잘 이어졌다. 하지만 곧 얘기의 내용마저 변했다. 그는 유머러스하면서 카리스마 넘치는 성격이 됐고, 사람들을 독려하는 현명한 조언을 자주 하기 시작했다. 변화는 말본새를 넘어 몸 전체로 확산되었다. 마치 청춘으로 돌아간 것처럼 며칠 만에 식욕이 폭발하고 성욕이 왕성해졌다. 그는 더 이상 들판에서 한가롭게 풀이나 뜯는 늙은 소가 아니었다. 피부의 감각과 수용체가 완전히 되살아나 언제든 세상과 연결되고 뛰어들 준비가 된 새로운 유기체였다. 삶은 정교하고 강렬하고 매혹적이었다.

다음은 목표와 실행 계획 차례였다. 적당한 흥분과 은근한 스릴을 불러일으키는 대담한 계획들이 우후죽순 떠올랐다. 그는 트레일러 연결 고리가 달려 있고 뒷좌석이 있는 닷지램 픽업트럭을 새로 뽑았다. 그는 밤새도록 달렸고, 종일 책을 읽었으며, 전쟁 이론을 연구하며 군대와 예비군의 이동에 관한 보고서를 썼다. 그의 행보에는 자기 희생이라는 명확한 주제가 있었고 점점 강해졌다. 그는 자원입대하고 싶다는 편지를 해군에 보냈다. 어느 날 저녁에는 안개 자욱한 삼나무 숲에서 혼자 레펠 훈련을 하기도 했다. 그는 평생 갇혀 있던 고치를 찢고 나와 제왕나비로 변신하고 있었다.

그의 변신은 어느 정도는 매력적으로 보였다. 하지만 얼마 지나지 않아 선과 악, 죽음과 구원에 대한 생각에 집착하기 시작했다. 그날의 사건이 있기 전만 해도 그는 신실한 루터교 신자답게 소박하지만 부족함 없이 평화로운 나날을 보냈다. 울타리 밖의 세상과 연결될 일은 거의 없었다. 그랬던 그가 이제는 신에게 말을 걸고 있었다. 차분하게 시작된 이야기는 이성을 잃은 열변으로 그리고 다시 고함으로 이어졌다. 그런 기도 사이사이 군중을 위한 설교를 들을 때면 행복에 겨워하다가도 펑펑 울기를 반복하면서 안절부절못했다.

입원하기 전날은 자정이 가까운 한밤중에 사냥용 엽총을 들고 집을 뛰쳐나갔다고 했다. 마당에서 그를 막으려고 하는 아들네 식구에게는 나뭇가지와 나무껍질을 집어 던졌다. 경찰은 두 시간 뒤 그를 찾아냈다. 당시 그는 마른 하천 바닥의 덤불 뒤에서 악취 고약한 잡초들을 폭격할 태세를 하고 있었다. 경찰은 알렉산더를 붙들었고 법률에 의거한 의료명령이라는 속세의 주문을 걸어 진정시켰다. 하지만 그의 눈동자에는 차오른 눈물처럼 넘치는 에너지가 여전히 이글거리고 있었다.

겉으로 드러나는 분노는 응급실에 들어온 지 수 시간이 지나 잦아들었다. 그즈음 대화를 시도했을 때는 그가 우리 안에서 맴도는 사자처럼 일정 동작을 박자 맞춰 반복하는 정도였다. 다만 그 동작이라는 게 입으로 소리를 내는 거여서 알렉산더는 "이해가 안 돼."라는 한마디를 끝없이 되풀이하고 있었다. 그는 자식들의 반응이 이해되지 않는 게 분명했다. 자신의 행동과 태도는 정당하기만 했다. 자신의 행동 하나하나가 다들 본받아야 할 완벽한 모범인데 왜 남들 눈에는 그렇게 보이지 않는지 그는 알 수 없었다.

알렉산더의 고집스러운 신념은 강경하면서 순수했다. 첫 발작은 다른 정신병 증세나 약 효과가 지저분하게 섞이지 않은 깔끔한 정신분리의 형태로 나타나고 있었다. 그는 더 이상 예전의 가치관을 따르지 않았다. 교회에도 나가지 않았다.

다음 순서는 뭐지? 이 용사에게 도파민수용체 길항제를 처방하는 건가? 하지만 그는 도움을 원치 않았다. 자신에게는 병원의 간섭이 필요하지 않다며 치료를 거부했다. 닫힌 계 안에서 그를 억압하던 논리는 명쾌하긴 했지만 폭발적인 위험성 또한 존재했다. 그럼에도 우유부단한 중재자인 나는 뇌리에 각인된 비행기 안 부녀의 이미지를 묘사하는 그 앞에서 마음이 흔들렸다. 그의 이미지 속 아버지는 딸이 마지막까지 자신만 보도록 뒤통수를 부드럽게 감싼 채 아이를 꽉 껴안고 있었다.

그의 설명을 듣고 나니 깊은 연관성을 지닌 장면들이 내 머릿속에 떠올랐다. 정신의학은 의학을 다루지만 언어로 펼치는 과학이라 가장 효과적인 치료 역시 언어를 기반으로 이루어진다. 그런 정신의학에만 독특하게 허용되는 추상성 덕에 나는 매일 단어와 이미지에 흠뻑 빠져 이야기 속에서 우화적 의미를 찾으며 시간을 보냈다. 결과는 빈손이더라도 역사, 신경과학, 예술 그리고 내 개인적 경험과 두루 대화를 나눌 수 있었다. 이번에도 그렇게 하다가 가장 먼저 떠오른 것은 오비디우스의 악타이온 이야기였다. 아마 알렉산더가 인격이 변하기 전 요트를 타고 그리스 섬들을 유랑하는 이미지가 그려졌기 때문이었을 것이다. 목동의 아들로 태어난 사냥꾼 악타이온은 여신 아르테미스의 알몸을 훔쳐보다 들켜 수사슴으로 변하는 벌을 받았다. 사슴이 된 그는 단단한 뿔과 발굽 덕에 힘이 세지고 빨라졌지만 운때가 너무 나빴다. 결국 그는 숲에서 만난 개 떼―블랙풋, 체이서, 헝그리, 허리케인―의 먹잇감이 되어 몸이 갈기갈기 찢겨 죽었다. 어쩌면 내 눈앞에 있는 남자는 달의 여신의 저주로 악타이온이 변신한 모습일지 몰랐다. 경찰과 나는 아르카디아산이거나 스파르타 품종이거나 크레타산인 개였고, 지금 알렉산더는 벼랑과 낭떠러지와 길이 없어 다닐 수 없는 바위를 넘어 뒤쫓아 온 개 떼에게 포위당한 셈이었다.

그런데 말이다. 생각해보면 수사슴이라는 새 몸뚱이가 아무런 쓸모도 없던 악타이온과 달리 알렉산더의 경우는 새로 얻은 인격에 좀 어둡긴 해도 적당한 용도가 있었다. 자신을 희생한다는 면에서 어쩌면 그는 오히려 잔 다르크와 더 비슷했을지 모른다. 잔 다르크는 알렉산더와 마찬가지로 태생이 군인의 삶과는 거리가 먼 인물이었다. 로렌의 작은 시골 마을에서 태어난 그녀는 언젠가부터 신비로운 목소리를 듣기 시작했다. 역사적 인물을 정신의학적으로 분석하려는 게 아니라—정신과 의사의 버릇 때문에 그러고 싶은 유혹이 항상 들지만 보통 현명하지 못한 짓이다—나는 잔 다르크가 이런 변신으로 인생이 얼마나 잘 풀린 경우인지 생각하지 않을 수 없다. 그녀가 열일곱 살일 때 프랑스는 잉글랜드와의 전쟁에서 패색이 짙어지고 있었다. 고작 그 나이에 잔 다르크는 오락가락하는 일반적인 조현병 증세와 달리 (일각에는 잔 다르크가 조현병 환자였다는 설이 있다—옮긴이) 정치와 군사 전략 면에서 결단력과 추진력을 겸비한 새로운 존재로 거듭났다. 목소리는 그녀가 꼭 필요한 존재라고 말했고 그녀는 확고한 신념으로 왕세자 도팽의 편에 섰다. 깊은 신앙심으로 칼이 아닌 깃발을 든 채 빗발치는 화살을 헤치고 조국 프랑스의 왕관을 지키고자 전진하는 그녀의 모습은 전쟁에 신성한 정신을 불어넣었다.

한편 알렉산더의 변화 역시 위기의 시대에 평화로운 시골에서 일어난 것이었다. 바로 그 위기가 그의 변화를 부추겼고 변모한 그의 모습은 위기 극복에 필요한 형태였다. 하지만 사소한 몇몇 부분이 불완전했다. 작금의 시대사조는 달라진 그의 모습과 맞지 않았다. 그는 잘못 담긴 그릇이었다. 그렇다면 묻고 싶다. 과연 그가 전술이나 정치에 문외한인 열일곱 소녀보다 부족했을까? 잉글랜드군에 붙잡혀 화형당할 무렵 잔 다르크는 이미 전쟁을 승리로 이끌고 조국을 구한 영웅으로 추앙받았다. 그런데 지금 우리는 알렉산더가 아프다며 치료를 해서 병을 없애고 악령을 불태워야 한다고 수선을 떠는 중이었다. 무지렁이 정신과 의사인 나는 중세부터 쓰인 의료 도구를 들고 알렉산더 앞에 서 있었고 말이다.

그리고 거기서, 언제인지 확실하지 않은 순간에 우리 두 사람 사이에 작은 용오름이 일었다. 불타는 시신들과 추락하는 비행기 꼬리 부분의 저압 기류로 여러 달 동안 혼탁해져 있던 대기의 한 가닥이 슬그머니 빠져나온 것 같았다. 그것은 수면 위로 소용돌이치며 떠오른 가냘픈 기억의 한 가닥, 우리네 이야기의 한 조각이었다.

억압, 각성 그리고 분출

보스턴 지하철역의 실외 승강장 경계에 쳐진 철제 울타리에 몸을 기댔다. 쌀쌀한 10월 밤이었고 시간은 거의 자정이 다 되어가고 있었다. 종일 매달렸는데도 실험이 실패해 진이 빠진 나는 피곤하면서도 짜증이 났다. 역내는 텅 비어 있었다. 건너편에서 어스름한 가로등 아래 조용히 얘기를 나누는 두 남자뿐이었다. 실루엣으로는 한 명은 키가 크고 한 명은 아담했다. 그들과 함께 열차를 기다리는 평화로운 이 순간, 나는 눈을 감고 고개를 숙였다.

열차가 오나 보려고 눈을 떴을 때 시야에 들어온 것은 길이가 20센티미터쯤 되는 칼이었다. 칼날은 조명 아래 금색과 은색으로 반짝이고 있었고 잘 갈린 칼끝이 상의에 닿을락 말락 해 내 몸에서 이어져 나온 것처럼도 보였다. 내게는 칼날의 믿을 수 없이 정교한 모양새만 보였고 나머지는 눈에 하나도 안 들어왔다. 나는 칼날의 아름다움에 매료됐고 다른 무엇도 세상에 존재하지 않는 것 같았다. 순간 모든 사건과 상호작용과 과정들을 통해 세상이 날 여기로 이끌었다는 생각이 들었다. 마치 이 일이 누군가가 나를 위해 정성과 애정으로 예비한 운명처럼 느껴졌다. 나는 마땅히 와야 할 곳에 온 것이었고, 내게 기묘한 평화와 은혜가 깃든 것 같았다.

등에 맨 가방이 거대한 그림자에 순순히 털리도록 두는 동안 나는 시선을 다른 그림자가 겨누고 있는 칼날에 고정했다. 그 칼은 내 소중한 단검, 중세에 오를레앙(백년전쟁 당시 프랑스 중부의 지정학적 요충지. 반년 넘게 공방전이 이어지다 잔 다르크가 등장해 프랑스군을 승리로 이끈 곳—옮긴이)과 아쟁쿠르(백년전쟁 중 잉글랜드가 프랑스를 대파했던 유명한 전투지—옮긴이)에서 전투 후 죽어가는 자들을 해방시킨 자비의 칼날이었다. 초현실적인 분위기를 자아내는 승강장의 조명 아래 마치 칼날이 박동하는 것처럼 보였고 내 몸의 모든 세포가 그 리듬을 따라 쿵쾅거렸다.

가방의 물건들이 밖으로 나왔다. 발달생물학 저널 한 권과 지하철 요금 75센트가 전부였던 걸로 기억한다. 이후 일들은 조각조각만 생각나는데, 성나 고함치는 목소리가 있었고 의도를 알 수 없이 까딱이는 칼끝의 움직임도 있었던 것 같다. 그러고 나서 갑자기 용기가 치솟았다. 나는 왼팔을 획 들어 오른쪽으로 빠져나갈 작은 공간을 만들었다. 그다음 기억은 정확히 어딘지 모르는 몇 블록 밖에서 싸늘한 밤공기를 가르며 달리고 있었다는 것이다.

그날 이후 몇 주 동안은 이상하게 기운이 넘쳤다. 가슴 언저리에서 폭발 직전의 온천처럼 분노와 희열이 동시에 끓어오르는 것 같았다. 그러다가 한두 주 더 지나면서 흥분이 차차 가라앉았다. 그러고 나서는 전부 증발했는지 기분이 푹 가라앉더니 결국 아무것도 남지 않았다. 한껏 고양됐던 감정은 완벽하게 자취를 감췄고 다시는 돌아오지 않았다. 즉흥 드라이브, 당일치기 여행 같았던 작은 일탈은 진짜였지만 내 안에서 너무 미약해 틀을 깨고 나오지 못했다.

알릭산더를 생각하면, 나와 달리 그는 준비가 되어 있었던 듯하다. 그의 뇌는 충분한 휴경기를 거치고 씨가 뿌려지기만 기다리는 비옥한 땅이었다. 그렇더라도 만약 9월 11일의 사건이 아니었다면 그의 조증이 발현되지 않았을지도 모른다. 본래 조증은 큰 사건을 겪은 뒤 등장하는데, 알렉산더의 뇌는 기준치를 더 높게 설정해 다수에게 실존적 위협이 되는 사건에만 조증 반응이 발동하도록 맞춰져 있었다. 그런데 진짜로 침략자가 몰려왔고 공동체 전체가 위험에 처하게 된 것이었다. 평생 우직하게 쓰임과 선함을 지향하던 그의 여정은 불타는 쌍둥이 빌딩에서 막을 내렸다. 일단 시작된 변화는 빠르고 확연했다. 마치 제2의 사춘기처럼 그의 면모 구석구석이 마지막으로 새롭게 재배치됐다. 유충 호르몬이 애벌레 몸 전체에 흐르듯 스테로이드 스트레스 호르몬이 그의 뇌를 흠뻑 적셨다. 무력하게 꿈틀대던 평화의 시기는 종지부를 찍고 유충처럼 오래된 신경세포들은 무자비하고 치밀하게 스스로를 죽음으로 몰아넣었다. 그렇게 마음의 날개가 펴졌고 조증이 시작됐다. 알렉산더의 마음에 변태가 일어났다.

어쩌면 나는 완전히 각성하기에는 유전자, 성격, 정서적 여유가 부족했던 것인지도 모른다. 아니면 내 상황이 알렉산더와 달라서였을 수도 있다. 나는 혼자 있었고 내가 속한 공동체가 아니라 나 한 사람만 겨냥한 공격을 받았으니까. 게다가 나는 전력 질주가 가능했다. 맞서 싸우거나 도망치는 교감신경의 반응은 정교하게 조율된 기본 설정이라 아드레날린 계열 신경화학물질이 위협에 딱 적절하게 대응하기까지 2분이면 충분했기 때문이다. 몇 주나 몇 달 동안 꾸준하게 이어지는 행동 변화는 조증으로 설명이 안 된다. 그런 까닭에 어떤 조증은 지속되는 사회적 분노에 더 가까워 보인다. 적어도 (알렉산더가 그랬던 것처럼) 증상과 위협이 때를 같이하는 경우는 그렇다. 의도적으로 설계됐든 아니면 공동체를 지키기 위해 목표지향적 활동을 펼치는 과정에서 우연히 싹텄든, 그런 조증은 오직 늘 고조된 감정 상태라는 새토운 존재 방식이 필요한 경우에만 표출된다는 특징이 있다. 기분 격앙은 사회 건설에 필요한 에너지를 불러일으킬 수 있다.[2] 불붙은 에너지는 전쟁 소문이 파다할 때 마을에 참호를 파고, 가뭄에 시달리는 부족이 몇 주 동안 밤낮으로 걸어 물가로 이주하고, 메뚜기가 부화하기 전에 겨울 밀 수확을 마치는 데 필요한 시간 동안 계속 타오른다. 이처럼 긍정적 기운이 폭발하는 동안에는 보람과 긍지가 충만해진다. 그렇게 기존의 우선순위를 일시적으로 뒤집어 개인의 가치 체계를 위기 극복 목적에 걸맞게 만든다.

그러나 요즘 세상에 조증은 흠일 뿐이다. 환자 자신에게 위험할 뿐만 아니라 지출되는 사회비용도 크다. 증상이 위기 극복에 딱 적절하게 나타나는 경우는 몹시 드물다. 현대 사회의 복잡한 규범과 경직된 규칙에 부딪혀 부화를 완성하지 못한 제왕나비는 금만 갔을 뿐 여전히 딱딱한 고치 안에 그대로 갇힌다. 새로 생긴 날개는 고치에서 벗어나려 몸부림치다 찢기고 갈라진다.

알렉산더와 얘기를 나누는 동안 나는 이 억압된 에너지가 방 안에 팽팽한 것을 느낄 수 있었다. 비행기 안의 장면이 그의 마음에 각인된 것처럼, 불안과 짜증으로 가득한 알렉산더는 자기도 모르게 내 마음에 씨를 뿌렸다. 씨앗은 뿌리를 내려 내가 상상한 알렉산더의 인생 장면들로 피어났다. 음향은 없었지만 기이하게 선연하고 구체적인 이미지였다. 이미지가 계속 자라도록 놔두자, 그해 10월 알렉산더가 항해에서 돌아와 자신의 집 거실에서 카펫 깔린 바닥 위의 개 한 마리를 향해 눈을 뜨는 모습이 보였다. 중성화 수술을 받은 개는 볼록한 배를 흉하게 드러낸 채 벌러덩 누워서 먼지 자욱한 스테레오 오디오에서 흘러나오는 파헬벨Pachelbel의 음악과 엇박자로 헉헉대고 있었다. 개는 지난 30년간의 알렉산더와 똑같았다. 약해 빠져서 자식 하나 없이 세상 물정에 어두운 존재. 필시 뛰어올라 덤비고 싶은, 행동하고 싶은 충동이 밀려왔을 것이다.

알렉산더의 아내는 해안 어귀 도보여행을 제안했다. 야생 바닷새들의 우아한 자태를 감상하면서 조용한 시간 좀 보내고 오라는 뜻이었다. 하지만 지금 그에게 중요한 건 마자르이샤리프(아프가니스탄 북부의 대도시. 2021년부터 탈레반 세력이 점령해 지배하고 있다—옮긴이) 상공을 누비는 육식 조류인 사막때까치였다. 부름을 받았으니 마케도니아에서 다시 한번 동진해 칸다하르(아프가니스탄 남부 도시. 1990년대 중반부터 탈레반 세력의 거점지였다가 2001년에 수복됐다. 기원전에도 마케도니아의 알렉산드로스 대왕에 의해 정복당한 역사가 있다—옮긴이)의 영광을 재현할 때였다. 그는 치솟는 분노를 느낀다. 아니, 그건 성욕 libido 이었다. 평활근 세포들이 있는 힘껏 쥐어짜 그의 정관을 수십 년간 잠자고 있던 액체로 가득 채운다. 그가 가진 것, 그가 줄 수 있는 것을 마지막 한 방울까지 짜낸다. 제트기 연료처럼 강력하게.

조증의 신경학적 메커니즘

아기가 태어나는 것을 막을 수 없는 것처럼 이 새로운 존재의 탄생을 막을 방법은 없었고, 조증은 한번 발동하면 몇 주 혹은 그 이상도 지속된다. 다만 병원에서는 분만을 늦추거나 잠시 멈출 수 있다. 알렉산더가 집에 가겠다고 말했을 때 가족들은 필사적으로 간청했고 결국 그는 나의 보호 아래 일시적으로 자유를 빼앗기고 인권을 박탈당했다. 그런 다음에는 밧줄로 돛대에 꽁꽁 묶인 채, 올란자핀 olanzapine —도파민과 세로토닌 조절을 통해 조증 환자의 머릿속에 바다요정 사이렌의 노래가 울리지 않게 하는 약물—이 투여됐다. 그는 일주일 만에 흔히 말하는 정상으로 돌아왔다.

그러나 칭찬할 만한 결과라고는 할 수 없었다. 알렉산더를 정상으로 만든 것은 깔끔한 승리가 아니었다. 회진 시간에는 의료진 어느 누구도 기쁨을 나누는 말 한마디 내뱉지 않았다. 의국에서 조증의 의미와 의료윤리를 두고 머뭇머뭇 단편적인 대화만 나눴을 뿐이다.

조증은 가볍게 여겨서도 낭만적으로 미화해서도 안 된다. 조증은 환자가 가능성에 대한 믿음을 전염시켜 잠시나마 주변 사람들까지 행복감을 느끼게 하는 등 흥미로운 정신 상태임이 분명하지만 그만큼 또 파괴적인 병이다. 양극성장애bipolar disorder 소인이 있는 취약한 상태의 사람들에게는 흔히 조증이 위협요인 하나 없이 발현하고 어느 모로도 유용하지 않다.[3] 대신 이런 조증은 예측 불가능한 데다 종종 정신병과 사고 과정의 붕괴를 동반하고 자살에 이르기도 하는 우울증과 사망까지 초래한다.

오늘날 조증의 가치는 누가 평가하느냐에 따라 다르게 매겨진다. 그러나 에너지 항진 상태에 대한 평가는 모두 일치한다. 문화와 대륙을 초월하는 인류의 공통 유산인 셈이다. 다만 이런 상태들이 전부 하나의 틀에 딱 들어맞는 것은 아니다. 말레이시아에서 유래해 깊은 우울증에 빠졌다가 피해망상에 사로잡혀 광란하는 것을 뜻하는 용어인 '아목'amok이나 서아프리카와 아이티에서 널리 쓰이고 갑자기 동요 행동, 흥분, 편집증 증세를 보이는 것을 뜻하는 '부페 델리앙트'bouffée délirante[4]가 그런 조증의 아류라 할 것이다. 이 두 가지도, 전 세계에서 목격되는 조증도 사실은 훨씬 광범위하고 복잡한 다차원적 구조의 아주 작은 조각일지 모른다. 각각이 정신 상태 변화가 행동으로 표출될 수 있는 다양한 형태들의 전체 보기 중 일부분만 드러낸다는 얘기다. 이때 각 문화는 저마다 고유한 각도에서 잘린 단면을 보고 각자의 시선에서 이런 상태들을 설명하는 것이다.

인류 진화의 메커니즘은 기분이 고양된 상태를 유지하려는 완벽한 하나의 전략에 수렴하지 않는다. 만약 그런 유일의 전략이 존재한다 해도 수많은 유전자가 양극성장애에 관여한다. 인류 진화의 지난 투쟁기를 들려주는 인간 유전체는 일차 수정이 이뤄진 상태지만 여전히 추가 보완이 필요하다. 정신의학을 제외한 현대 의학의 많은 영역에서는 어떤 유전질환이 왜 흔한지 질문을 던지는 게 오래전부터 가능했고 심지어 몇몇은 답을 찾기도 했다. 가령 낫적혈구빈혈sickle-cell anemia이라는 혈액질환이 꾸준히 존재하는 까닭은 사일열원충Plasmodium malariae 이야기로 설명할 수 있다. 사람 몸속에 기생하면서 인간과 함께 진화해온 이 미생물은 한쪽이 부르면 다른 한쪽이 응답하는 애증의 관계를 수백만 년째 이어오면서 인간의 혈액 세포와 면역계를 적응시키고 있다.

사일열원충과 그 숙주 모기가 살기 좋은 적도 지역에 유전적 뿌리를 둔 많은 현대인은 낫적혈구빈혈과 연관 유사 질환인 지중해빈혈thalassemias(지중해 지역에 분포 빈도가 높다는 이유로 오래전에 붙은 이름)의 부담을 처음부터 짊어지고 태어난다. 이 병의 사달은 산소를 미토콘드리아—사일열원충처럼 한때 이주한 외래 세포였던 미토콘드리아는 이제 인간의 생존을 위해 힘쓰는 충실한 공생 파트너로 자리 잡았다—에 배달하는 헤모글로빈이라는 적혈구 내 단백질에 돌연변이가 생기는 것에서 시작된다. 헤모글로빈의 돌연변이는 사람 적혈구에 숨어들어 그 안에서 살아가는 사일열원충에게도 달갑지 않은 일이다. 이 기생충이 혈액을 통해 확산되는 것을 방해해 말라리아 발병을 억제하기 때문이다. 그런데 이 돌연변이는 적혈구 기형의 위험성도 높인다. 기형 적혈구는 통증, 감염, 뇌졸중 등의 증상을 유발한다.

단, 낭성섬유증과 마찬가지로 변이형 유전자를 반쪽만 가진 사람은 보통 아무 증상도 없다. 유전자 한 쌍이 모두 변이형이어야만 낫적혈구빈혈이 발현된다. 낭성섬유증과 다른 점은—지금까지 밝혀진 바로는 그렇다—낫적혈구빈혈 보인자(변이형 유전자만 하나 가지고 있고 빈혈 증상은 없는 사람)는 말라리아 저항성에 강해지는 특이한 체질을 얻는다는 것이다. 유전자 한 쌍이 다 변이형인 사람만 혼자 부당한 대가를 다 치르고 한쪽만 변이형인 사람은 건강에 특이체질이라는 선물까지 누리다니, 진화의 가혹한 거래 방식이다. 그렇다면 이 돌연변이는 근본적 해결책이 아닌 임시방편이며 지지부진한 자연선택 과정에서 겨우겨우 버텨가는 중인 게 틀림없다.

낫적혈구는 오직 인간종과 인류 진화라는 전체적 시각에서만 질병과 혼자를 이해할 수 있다는 교훈을 준다. 과학자가 이런 사고방식을 깨우치는 게 쉬운 일은 아니지만 설명을 찾았다는 사실만도 인류를 미신과 오명으로부터 해방시킨다는 중요한 의미를 가진다. 하지만 정신의학은 이런 통찰 없이 지금껏 존립해왔다. 정신질환은 수많은 이를 죽음과 장애와 고통으로 몰고 간다는 점에서 다른 어느 질병 영역보다 심각성이 큰데도 전체적 시각의 해설이 여전히 빈약하고 명확한 설명은 어느 것 하나 나와 있지 않다.

그러나 신경과학은 이제 전환기를 맞고 있다. 정신질환이 생물학적으로 어떤 병인지를 처음으로 과학이 설명하는 날이 머지않은 듯하다. 낫적혈구처럼, 인간의 온갖 건강 문제처럼, 정신질환의 유행 역시 진화의 틀 안에서 이해해야 한다. 진화의 관점을 통하지 않고서는 생물학의 그 어떤 것도 의미가 없다는 테오도시우스 도브잔스키_{Theodosius Dobzhansky}의 1973년 글귀처럼 말이다.

하지만 질문이 너무 순진하거나 불완전할 경우는 생존과 번식의 상충점에 관한 생각이 잘못된 방향으로 흐를 수 있다. 예를 들어 정신질환이 환자에게 해롭다는 것은 누가 봐도 분명한 사실이다. 그런데 이 정신질환에 그 특질을 영속하게 하는 진화적 이점이 있을까? 만약 그렇다면 이득의 수혜자는 누구일까? 낫적혈구의 경우, 이 기형의 반대급부를 얻는 사람은 이 기형 때문에 손해를 본 이와 동일인이 아니다. 혹시 정신질환도 그럴까? 가까운 친지만 콩고물을 날로 얻어먹는 것일까? 아니면 정신질환을 앓는 당사자가 살면서 언제든 모종의 형태로 직접적인 득을 보게 될까?

이 물음들에 작금의 세상은 아무 답도 주지 못한다는 것을 우리는 인정해야 한다. 진화는 아주 천천히 일어나지만 문화는 빠르게 변하고 사회는 한시도 정체되는 순간이 없다. 그 결과 인간의 세상 적응은 늘 불완전하다. 그럼에도 희망이 있는 것은, 지금 이 순간에는 어떤지는 몰라도 최소한 아주 최근까지는 정신질환들의 특질과 상태가 인류의 생존에 크게 기여한 것 같다는 사실 때문이다. 생존에 보탬이 되지 않는 것들은 빠르게 사라져 흔적만 남긴다. 유전체라는 진흙에 찍힌 이 발자국은 세대라는 파도에 한 꺼풀씩 씻겨 나간다. 포유류 계통은 젖이 나오도록 진화한 지 얼마 되지 않아 난황 유전자를 잃었다(쪼개진 난황 유전자의 조각 일부가 인간 유전체에 아직 남아 있긴 하다[5]). 바깥세상과 격리된 채 음지에 모여 사는 동굴 물고기와 동굴 도롱뇽은 세대를 거듭하며 어둠에 익숙해진 나머지 눈이 퇴화해 없어졌다.[6] 움푹하게 뼈만 남아 피부가 덮어버린 눈구멍 자리는 더 이상 아무런 쓸모없는 감각의 유물이 되었다.

동굴 도롱뇽이 자신의 기이한 신체 구조를 이해하려면 자신의 사고 범위를 넘어서는 진실을 알아야 한다. 선조들의 세상에는 빛이 환히 들었다는 것을, 머리뼈에 뚫린 두 개의 구멍이 현재는 신체 급소로 전락했지만 태곳적 빛의 세상에서는 정보 수집 통로라는 값어치가 있었다는 것을 납득해야 한다. 우리도 마찬가지다. 현대 사회의 단서만으로는 그 무엇도 불가해한 지금, 인간 감정과 약점의 헤아릴 수 없는 심오함 역시 어쩌면 우리가 어떻게 지금과 같은 모습을 하게 됐는지를 차근차근 숙고할 때 비로소 이해하게 될지 모른다. 단, 주의할 점이 있다. 지금 우리에게는 단서만 부족한 게 아니다. 우리는 인간의 상상이 본디 주관적인 것이고 개개인의 관점은 편협하기 짝이 없다는 사실을 잊으면 안 된다. 망가진 것과 온전한 것을 구분하는 경계는 언제든 바뀔 수 있고 모호하며 우리가 가까이 다가갈수록 오히려 더 흐릿해진다.

정신질환에 진화가 어떤 역할을 했는지는 아직 어떤 단언도 불가능하다. 다만 정신의학을 생각할 때 인간의 기원과 진화가 이 큰 그림의 일부분임은 분명하다. 모든 생물학 현상은 세대가 수없이 교체되는 틈틈이 불거지고 시험대에 오른 온갖 갈등과 타협의 수난사이기 때문이다. 약 10만 년 전, 어느 순진한 수렵·채집인이 조증 상태로 오래 있을 필요가 없다고 느꼈다. 대신 그는 단순하게 투쟁과 갈등을 피해 손실을 줄이고 지평선 너머 새로운 미래로 나아감으로써 이득을 얻었다. 하지만 인간은 건설을 시작했고 집, 농장, 마을 공동체, 다세대 대가족, 문화 같은 것들이 세워질수록 실존적 위협에 대처하기에는 신경을 곤두세우는 것만큼 효과적인 전략이 없었을 것이다. 그때 잠깐 반짝하는 긴장이더라도 말이다.

신경과학은 조증 혹은 (다양한 중증도의 조증 유사 상태를 아우르는) 양극성장애 쪽으로는 거의 발전한 게 없다. 사실 조증은 기다 아니다 식의 단순한 병이 아니다. 약한 경조증 hypomania (기분이 들뜬 상태가 지속되지만 입원이 필요하지는 않은 정도)부터 재발한 자발조증 spontaneous mania (삽화가 반복될 때마다 조증이 악화하고 심하면 현실 감각을 잃어 방치할 경우 치매 유사 상태까지 갈 수 있는 정신병적 상태)까지 그 분류도 다양하다.

조증에 관심이 많은 신경과학자들은 특정 유형 뇌세포와 조증의 핵심 증상 간 관련성을 연구하고 있다. 대표적인 것이 도파민 신경세포다. 동기부여와 보상 추구는 도파민 신경세포의 이미 알려진 역할인데,[7] 둘 다 조증 사례에서 과잉 항진되는 요소라는 점이 학계의 이목을 끌고 있다. 두 요소가 고조되어 두드러지게 나타나는 증상을 흔히 '항진된 목표 지향적 행동'이라고 부른다. 변신 후 알렉산더에게 목표,

실행계획, 이를 위한 투자, 활력이 폭발한 것이 그 예다. 한편 일주기 리듬 회로 역시 떠오르는 탐구 주제다. 조증 환자들의 신기한 증상 중 하나가 잠을 거의 안 잔다는 것이기 때문이다. 알렉산더에게도 뚜렷했던 수면 감소 증상은 조증 진단 항목으로도 사용된다. 이 증상은 특히 흥미롭다. 조증 자체가 불면증을 일으키지는 않는다는 점에서다. (그뿐만 아니라 무기력함, 비몽사몽 등 불면증에 뒤따르는 부수적 문제들도 조증 환자에게서는 찾아볼 수 없다). 조증 환자는 그냥 오래 잘 '필요'가 없다. 그런데도 알렉산더가 그랬던 것처럼 뇌와 신체는 깨어 있는 내내 한시도 쉬지 않고 일하면서 뛰어난 성능을 발휘한다.

그렇다면 이 도파민 회로와 일주기 리듬 회로가 조증이라는 미스터리를 벗길 실마리가 될 수 있을까? 2015년 도파민과 일주기 리듬을 살펴보는 광유전학 연구가 진행됐다.[8] 관찰 결과, 일주기 리듬을 관장하는 '클락'Clock이라는 유전자에 돌연변이가 있는 생쥐는 왕성한 활동량을 긴 시간 유지하는 행동을 보였다. 조증과 유사하다고 해석될 만한 증세였다. 게다가 이 증세는 딱 도파민 신경세포가 더 활발한 시점에 동시에 나타났다. 도파민 항진이 생쥐의 광적인 과잉 활동을 부추기는 요인이었을까? 연구진은 커진 도파민 신경세포의 활성이 실제로 조증 유사 행동을 유도할 수 있다는 것을 광유전학 기술을 통해 확인했다. 그뿐만 아니라 도파민 신경세포의 활성을 억제했을 땐 클락 유전자에 변이가 있는 생쥐의 조증 유사 상태가 사라졌다. 여전히 우리는 조증에 대해 잘 모르지만, 광유전학은 유력한 메커니즘으로 제안된 두 신경회로의 가설을 하나로 엮는 데 일조했다. 앞으로는 도파민 신경세포들이 다 똑같은 게 아니고 포유류 뇌 발달의 초기 단계부터 또렷하게 나뉘는 여러 가지 유형이 있다는 사실을 기억하는 게 좋을 것 같다.[9] 행동 계획과 실행을 주관하는 뇌 영역으로 투영하는 어느 한 도파민 신경세포 줄기처럼 조증과 관계 있는 특정 도파민 신경세포 아형을 겨냥한 연구가 머지않은 미래에 가능해질지 모른다.

인간의 조증과 연관된 유전자로는 또 어떤 게 있을까? 양극성장애는 혈육에게 유전되는 병이지만 어느 유전자 하나가 발병 여부를 좌우하는 식은 아니다. 양극성장애는 사람 키와 마찬가지로 수십 개(혹은 그 이상)의 유전자가 십시일반으로 입김을 보태 생긴다고 추측된다. 그런 유전자들 중 일부는 사람 유전체 안에서 꾸준하게 목격된다고 한다. 이 사실은 유전 성향이 짙은 정신질환 가운데 하나인 I형 양극성장애—심한 조증이 불쑥불쑥 나타나는 게 특징이다—환자들의 유전체 전체를 스캔한 연구에서 밝혀졌다. 에이앤케이3ANK3도 그중 하나로, 안키린 3ankyrin 3라는 단백질(안키린 G라고도 한다)의 합성을 지시하는 유전자다. 뇌에서는 각 세포체에서 길게 뻗어 나온 실 가닥 같은 축삭돌기가 뇌 전역의 뇌세포 하나하나를 필요한 모든 수신처와 이어주는데, 안키린 3 단백질은 바로 이 축삭돌기 초입 구간의 전기적 기반 환경을 구축하는 역할을 한다.[10]

그런데 이 유전자에 돌연변이가 생기면 안키린 3가 충분히 생성되지 못하게 해 양극성장애 발병을 부추기는 것으로 짐작된다. 2017년에 이 유전자를 꺼트려서 안키린 3가 부족해지게 한 이른바 '녹아웃knock-out' 생쥐 모델이 만들어졌다.[11] 관찰 결과, 녹아웃 생쥐들은 축삭돌기의 이 앞부분이 신기하게도 거의 발달하지 못했다. 원래는 완충막처럼 축삭돌기 주요 지점에 모여서 과잉 흥분을 막아야 정상인 억제 시냅스들이 죄다 사라지고 온데간데없었다. 게다가 그런 생쥐들은 조증과 흡사한 특징인 과한 활동성을 보였다. 기본적인 보행 행동뿐만 아니라 특정한 고난도 과제를 해결하려는 목표 지향적 행동도 훨씬 많이 했다. 더욱 놀라운 점은 이 행동 양상이 인간 양극성장애 환자에게 아주 잘 듣는 리튬lithium 같은 약물을 투여하면 억제된다는 것이었다.

ANK3가 정신과 의사와 신경과학자가 주목할 만한 주제임은 분명하지만, 이 유전자의 돌연변이만으로 모든 조증 사례를 설명할 수는 없다. 더구나 양극성장애는 전반적으로 앞으로 밝혀야 할 것이 많은 미지의 영역이다. 심지어 우리는 양극의 반대쪽 '극'인 우울증과 조증 사이에 어떤 연관성이 있는지도 아직 감조차 못 잡고 있다. 조증은 심각한 우울증으로 마무리되기 일쑤고, 많은 환자가 조증과 우울증 사이 혹은 우울증과 경조증 사이를 왔다 갔다 하는 악순환을 반복한다. 하지만 그 이유를 아는 사람은 하나도 없고 ANK3 연구조차 시원한 답은 내놓지 않는다. 혹시 조증 환자만 유독 과소비하는 특별한 신경물질 같은 게 있어서 자원 고갈의 결과로 우울증에 빠지는 것일까? 아니면 위기가 지나간 뒤 조증 상태의 전원을 끄는 시스템이 교정 견적을 크게 잡고 너무 확 잡아 내리거나? 양극성장애 환자들은 전혀 그렇지 않은데 인간종 전체적으로는 대충 멀쩡하니 됐다는 식이라니, 참 형편없는 시스템이다.

밝음 속에서 빛나는 어둠

문명의 진화는 생물학의 진화보다 훨씬 빠른 속도로 일어난다. 시공간을 넘나드는 현대인의 활동 범위와 영향력은 오늘날 경조증과 조증을 어느 때보다도 위험하고 파괴적인 병으로 만들고 있다. 어떤 역사적 인물들은 틀림없이 시대의 요구에 분투하면서 알렉산더 같은 마음의 짐이나 그 비슷한 정신 문제를 짊어지고 있었을 것이다. 그러다 어느 순간 활력, 낙천성, 카리스마가 넘치게 변해가는 자신을 발견했을 것이다. 어떤 관점에서 보면 인간이 이를 수 있는 경지가 한껏 표출된 셈이다. 하지만 다수에게는 이 상태가 재앙이 되었다. 잘못된 시대와 장소에서 태어난 알렉산더도 그랬다. 그는 변신을 완성해 소명을 완수할 충분한 기회를 얻지 못했다.

모든 환자는 병원이라는 이상한 나라에서 퇴원할 때, 라이먼 프랭크 바움Lyman Frank Baum의 이야기 속에서 도로시가 오즈를 떠날 때처럼 어떤 형태든 작별 선물을 받는다. 어떤 외과 환자는 새 심장을 선물받기도 한다. 병원에는, 특히 정신과에는 '환자들은 도로시'라는 말이 있다. 그들은 반드시 집으로 돌아가야 한다. 알렉산더도 그랬다. 강제 치료, 정상화 그리고 사회 복귀는 그를 돌본 모든 이의 공통된 목표였다.

1년 뒤 정기 검진에서 알렉산더의 아내는 남편의 상태가 "그 어느 때보다도 좋다."고 했다. 그가 앓은 병의 그림자는 제임스 조이스의 《율리시스》에 나오는 밝음 속에서 빛나는 어둠이었고 밝음이 이해할 수 없는 어둠이었다. 조증은 없어졌지만 알렉산더는 조증 상태에서 보고 느낀 것들과 자신이 했던 행동을 부정할 수 없었다. 그때 우리가 그에게 왜 그렇게 했는지도 여전히 이해하지 못했다. 나는 그가 이 일에 대해 조금 침울해한다고 생각했다. 그래도 결국 다시 아내와 함께 하는 노후, 무사태평한 은퇴 생활, 바닷새 서식지 하이킹이라는 선물을 받은 건 사실이었다.

외향인 그 여자, 내향인 그 남자

말투로 봤을 때 개인의 목소리는 방언과 같다. 말투는 오지맨디아스(퍼시 비시 셸리의 시 〈오지맨디아스〉에 등장하는 몰락한 파라오—옮긴이), 도서관과 사전, 법정과 비평가, 교회, 대학, 정치 신조, 제도의 어법이라는 제국적 언어 개념에 저항하여 자신만의 억양, 자신만의 어휘와 멜로디를 만들어낸다.

—데릭 월컷의 1992년 노벨 문학상 수상 강연록 〈앤틸리스: 서사적 기억의 조각들〉

"파리에서 기형종을 앓았어요." 아이누르가 말했다. "난소에 들어 있는 난자에서 이가 돋더니 배 속에서 신경세포와 털 뭉치가 한데 엉겨 자라났어요. 프랑스 병원에서 종양을 절제했는데 수술을 받고 나니 걷는 것은 물론이고 허리를 굽히거나 일어나 앉는 것도 힘들었어요. 저는 혼자 살았기 때문에 모든 것을 직접 느릿느릿 처리해야 했어요.

그렇게 지내던 중에 이상한 편지 한 통을 받았어요. 엄마가 별 설명 없이 그냥 사진 열두 장을 우편으로 보낸 거예요. 그날 천천히 주방 쪽으로 걸어가 식탁에 사진을 펼쳐 놨던 게 기억나요.

사진에서는 고향의 온기 같은 게 느껴졌어요. 아시아에서 엄마가 뻗은 손이 유럽 대륙까지 건너와 날 쓰다듬고 있는 것 같았죠. 사진 속에는 익숙한 거리의 모습들, 도로 양옆으로 빽빽이 들어선 건물들, 고향 집의 둥근 창문과 철제 울타리를 친 발코니, 회색빛 가을하늘 아래 물감을 떨어뜨린 듯 생기 넘치는 사람들이 있었어요.

짙은 빨강, 풍부한 쪽빛, 쨍한 노랑처럼 팰로앨토에선 절대 볼 수 없는 사람들의 옷 색깔이며 호두 껍데기의 진갈색, 능수버들의 하늘하늘한 자주색 같은 자연의 온갖 색소들이며. 이런 색들을 위구르족 실크에서 보셨을지도 모르겠네요. '아틀라스'_{atlas} 라고 부르는데요, '우아한 비단'이라는 뜻이에요. 부드러우면서도 튼튼해서 여자 옷을 지을 때 많이 쓰이고 리본과 벽 장식을 만들기도 좋아요. 고향에 다른 일들이 없었다면 아마 우리 실크가 세계적으로 훨씬 유명해졌을 거예요. 요즘에는 비슷한 색감의 일상복이 흔하기도 하고요. 찍어내는 기성복도 환한 자주색, 복숭아색, 귤색, 금색 등등으로 대량 생산돼 우루무치(중국 신장위구르 자치구의 주도—옮긴이)에서 트럭으로 수송되니까요. 강렬한 색상 대비를 좋아하는 게 우리 고향 사람들의 한결같은 취향이거든요.

그런데 문제가 하나 있었어요. 사진을 보면 볼수록 뭔가 이상하다는 느낌이 드는 거예요. 편지에는 아무 설명 없었고 엄마는 사진을 언급하지도 않았어요. 제가 먼젓번에 엄마에게 물었던 내용에 대한 짧은 대답뿐이었죠.

그때 이메일로 제 최근 대학원 생활을 미주알고주알 들려주면서, 두 주 동안 남편에게서 소식이 없길래 집에 한번 가는 게 좋을지 엄마에게 물었었거든요. 저는 엄마의 편지를 읽고 또 읽었어요. '오지 말아

라. 여긴 너무 덥고 지금의 넌 이 더위에 적응하지 못할 거야. 프랑스에서 그렇게 오래 살았으니 거기서 계속 지내도록 해.' 그런데 사실은 프랑스도 찜통더위였고, 날씨 때문에 엄마한테 불평한 적도 있었어요. 그해 여름 파리는 역대 최고 폭염이었지만 사진 속 아이들의 옷차림을 보면 고향은 이미 가을이라는 것을 알 수 있었어요.

그러다 잠시 후 이상한 점 또 하나를 사진에서 발견했어요. 거리에 젊은 남자가 한 명도 없는 거예요. 아이들도 여자들도 오토바이도 그렇게 많은데 말이에요. 남편 또래 남자는 눈을 씻고도 찾아볼 수 없었어요. 보내온 사진이 전부 그랬어요.

그때부터 마음이 급해졌어요. 문 연 인터넷 카페를 찾아야겠다는 생각에 비 오는 거리로 이어지는 계단을 거의 날다시피 뛰어 내려갔어요. 그런데 아파트 건물 현관에 다다른 순간 수술 부위가 쿡쿡 쑤시기 시작하더군요. 길가로 나갔을 땐 상태가 더 심해졌고요. 방으로 다시 올라가기는커녕 발걸음을 뗄 수도 없었어요.

파리 거리 한복판에서 지금 내가 얼마나 속상한지 깨달은 순간이었죠. 날은 어둑어둑하고 돌길은 축축했어요. 가족들은 위험에 처해 있고 저만 여기 혼자 뚝 떨어져 있었고요. 그런데 신기하게도 걷지는 못하겠으면서 뛰는 것은 되더라고요."

200밀리초의 영원한 침묵

아이누르는 가슴 아픈 가족사와 몸과 마음의 고통이 부풀어 오르던 경험을 방긋방긋 웃으며 즐겁게 얘기했다. 그걸 아무 말 없이 들으면서 나는 뇌의 어떤 반응이 고통을 인지하는 시점을 정하는지 궁금해지기 시작했다. 동시에 그녀의 형상화 능력에 남몰래 감탄하지 않을 수 없었다. 그것은 아무 준비 없이 자연스럽게 나온 반응이었고 그녀의 이야기는 그때부터 빠르고 세찬 급류로 발전하고 있었다.

내면의 감정이나 소위 인간 의식이라는 것을 자각하는 것은 전원 스위치를 켜고 끄는 단순한 문제가 아니다. 게다가 통증에 대한 자각은 저절로 모여들어 아치 모양 궤적을 따라 하나의 순간에서 다른 순간으로 넘어가면서 마침내 몸의 반응으로 표출된다.

사람이 느끼는 모든 감정은 차차 발전해 정점에 달했다가 누그러지는 뇌의 활동과 복잡하게 얽혀 있다. 어떻게 보면 둘이 같은 것일지도 모른다. 이렇게 한 바퀴를 도는 데 어떤 감정은 수백 밀리초의 시간이 걸리고 또 어떤 감정은 수백만 년의 시간이 걸린다. 감정은 인간과 똑같이 시간의 길을 걷는다.

현대에 인간의 주관성을 구성하는 요소—즉 우리의 의식이 무얼 느끼고 언제 느끼는가—는 까마득히 먼 옛날에 감정이 생존에 필요한 행동을 촉구했던 수준 그대로일지 모른다. 중요한 것은 지구 반대편에서 나고 자란 아이누르와 내게 공통된 감정이 있다는 사실이고, 오래전 인류 조상들이 이 감정들을 어떻게 인지했는지도 중요했다. 내게는 이 연결성을 깨닫는 것이 영겁의 시간을 거슬러 올라가는 우리 선조들에게는 은총이자 현대인에게는 위안이라고 느껴졌다. 인류라는 가족의 대화 속 등장인물 하나하나를 존중한다는 점에서 그랬고 감정을 바깥세상에서 머릿속에 주입된 주관적 정보가 아니라 서로가 연결되어 있다는 증거로 여긴다는 점에서 그랬다. 세계 곳곳에 흩어져 살아온 인간들이 기록에도 남지 않은 오랜 역사를 거슬러 이어지는 셈이다.

한편 생물학 시간 척도의 반대쪽 끝에 서면 한 개체로서 우리 안에 니재한 경험들이 고작 몇 분의 1초 만에 나타나는 신체 반응으로도 정의된다. 아이누르가 창자가 찢기는 고통을 느낀 것처럼 말이다. 이 시간 척도상에서는 모든 의식적 경험이 역동적이다. 이런 경험은 표출되어 절정에 이른 뒤에도 오래도록 이어진다. 그것을 촉발한 자극과 별개로 나름의 박자에 맞춰 걸어가는 것이다.

이렇게 의식이 응집하는 데에는 200밀리초라는 긴 시간이 걸린다. 2밀리초면 끝나는 뇌세포 전기신호보다 100배나 느린 속도다. 세상이 우리에게 새 비트 데이터—갑자기 나는 소리, 톡 치는 촉감처럼 아주 작은 신호—를 보낼 때마다 의식이 강렬한 여명을 밝히며 깨어나기 전에 거의 4분의 1초가 지나간다. 반사 reflex 와는 다르다. 반사는 무의식적 과정이라 훨씬 빠르지만 의식의 반응은 여러 이유로 시간이 걸린다.

그런 까닭에 각성의 순간 개개인이 받는 주관적 경험은 진화의 관점에서도, 신경생물학의 관점에서도 이해할 수 있다. 사람의 의식적 경험은 바깥세상에서 들어온 데이터 무더기가 아니다. 외부감각이라는 대양에서 밀려온 조수는 깊이 스며들 뿐 아니라 뇌 안의 습지와 물길 구석구석을 누빈다. 그리하여 제라드 맨리 홉킨스 Gerard Manley Hopkins 가 신의 장엄함을 찬양하며 적었듯 "모여 거대해져" 최종적으로 충만한 모습을 드러낸다. 그곳에서 뭔가 특별한 일이 일어나고 있다.

신경과학자들은 포유류 의식에 관한 이 기이한 사실을 실험을 통해 알게 됐다. 대부분은 뇌의 전기적 활동을 직접 측정한 실험이다. 어느 포유류든 뇌를 숄처럼 얇게 덮고 있는 쭈글쭈글한 세포층을 겉질cortex이라 한다. 이 겉질을 갑작스러운 소리나 빛이 자극했을 때 반응이 튀어나오기까지는 200~300밀리초의 시간이 걸린다.[1]

2~3밀리초 만에 온 시냅스와 축삭돌기 경로에 생각을 전달하는 데 익숙한 나 같은 세포생리학자에게 이것은 영원한 침묵처럼 느껴진다. 하지만 과학자가 아니라 고양이의 먹이 사냥을 지켜보는 사람, 상대의 잽을 피해 뒤로 물러나는 권투선수, 한창 열띤 대화 중인 두 사람에게도 이 시간차가 놀랍기는 마찬가지다. 사냥 구경도 방어 행동도 두 사람의 대화도 전부 신속하게 진행되는 과정이기 때문이다. 노련한 권투선수는 특정한 위협적 움직임을 말도 안 되는 속도로 피한다. 의식의 개입이 필요했을 때 걸렸을 시간보다 훨씬 빠른 반응이다. 그러니 이 숫자가 맞다면 인간의 사회적 상호작용은 거의 불가능해 보인다. 사람들의 대화가 우리답지 않게 얼마나 삐걱대고 느릴 것인가. 상대방의 말에 담긴 고작 몇 비트 정보에 반응하는 데 거의 4분의 1초나 뜸을 들이고, 심사숙고라도 할라치면 그보다도 오래 걸릴 테니 말이다.

게다가 이건 말로 소통할 때의 얘기다. 만약 온갖 사회적 상호작용과 거기에 수반되는 모든 정보 흐름을 따지면 훨씬 더 어리둥절해진다. 시선, 손동작, 자세가 전달하는 모든 시각 정보를 통합하는 문제는 어떻게 될까? 입꼬리의 미묘한 모양이나 몸이 향한 방향은? 적절한 반응을 생성하는 데 필수인 모든 시각 자극을 어떻게 인지한다는 말일까? 정보의 흐름이 맥락을 가지려면 맞물리는 또 다른 흐름들이 있어야 한다. 사람이 의미 있는 존재가 되기 위해 서로가 필요한 것처럼 말이다. 하물며 팀이나 동네 같은 더 대규모의 상호작용은 어떨까? 인간 집단에는 상충하는 욕구와 선의의 혹은 악의의 거짓말이 가득한 까닭에 정보 흐름의 정렬이 시시각각 달라진다. 이런 정보 흐름들은 동시에 생겨나 서로에게 관여하면서 의미를 생성하고 재해석과 동시 해석을 끊임없이 요구한다. 그뿐만 아니다. 시간이 흐르면서 계속 변하는 것은 화자—그리고 세상 및 타인에 대해 화자가 갖고 있는 모델들—역시 마찬가지다.

그렇기에 심도 있는 통찰은 시간이 오래 걸리고 한참 뒤에야 나오기도 한다. 신경 축삭돌기라는 명주실로 촘촘히 짜인 새하얀 고치 안의 애벌레처럼 모든 정보가 수 주에서 수 개월을 숙성한 어느 날, 새로운 의식이 고치를 깨고 나와 날개를 활짝 펴야 한다.

절망에 선택권이 생겼을 때

"그때부터 석 달 넘게 남편 소식이 뚝 끊겼어요." 아이누르가 말했다. "너무 무서웠죠. 무서운 건 부모님도 마찬가지였겠지만 굉장히 조심하셨어요. 부모님과 겨우 영상통화를 하게 됐는데, 아무 말씀 안 하시더라고요. 저는 그이가 죽었는지 살았는지도 전혀 들을 수 없었어요. 부모님은 설사 뭔가 들은 게 있더라도 알려주지 않으셨을 거예요. 사진에 대해 직설적으로 물을 수가 없었어요. 사진을 보내는 게 불법이 었을지, 혹시 누가 감청하고 있을지 확실하지 않았거든요. 그래도 아내가 남편 안부를 궁금해하는 게 당연하다고 저는 생각해요. 외려 안 묻는 게 이상하겠죠. 아무튼, 남편에 대해 뭘 묻는지는 중요하지 않았어요. 부모님은 모든 질문에 '우리도 모른다'고만 했고 그게 끝이었어요.

모든 게 불투명했어요. 그렇게 두 달을 지내니 밤에 잠이 안 오더군요. 아무것도 모르기 때문이 아니었어요. 할 수 있는 일이 아무것도 없어서였죠. 전 사랑하는 가족을 도울 수 없었어요. 온몸이 마비된 것 같았어요. 저는 산 채로 속부터 파먹히고 있었어요. 그게 어떤 기분인지 이해가 잘 안 되실 거예요. 선생님은 모든 일을 스스로 통제하고 계시잖아요. 그런데 저는 지금 선생님의 모습과 완전히 반대였어요.

뭔가가 척추로 기어 들어와 제 몸을 안에서부터 갉아내기 시작했어요. 아는 것도 힘도 없으니 속이 텅 빌 수밖에요. 할 수 있는 게 아무것도 없고 하소연할 사람 하나 없었어요. 그때부터였어요. 자살을 생각하게 된 게요.

물론 생각이 천천히 거기까지 이른 거예요. 처음에는 공포의 대상이 독한 고문관처럼 눈앞에 있는 편이 훨씬 낫겠다는 정도였어요. 적이 누군지 안다면 목숨이 오늘내일한들 지금 상황에 비하면 천국일 것 같았어요. 몽유병처럼 그런 죽음을 밤낮으로 꿈꾸다 보니 어느덧 가을이 가고 한겨울이었어요. 그쯤엔 죽음을 능동적으로 지배하자는 마음이 들더라고요. 아무도 방해하지 못할 날짜와 시간을 정해 실행해서 나다운 나를 되찾자고요. 일단 아이디어가 떠오르고 나니 너무나 멋진 계획 같았어요.

그때 제가 우울증이었는지는 저도 잘 모르겠어요. 제 입에서 자살이라는 말이 나왔을 때 선생님이 사용한 단어에 불과하다고 저는 생각해요. 서쪽, 그러니까 서양에서는 정신과에서 그 말을 자주 쓴다는 것을 알고 있어요. 원하시면 계속 우울증이라고 하셔도 괜찮아요. 제가 행복하지 않았던 건 사실이니까요. 하지만 저는 좀 다르게 표현하고 싶어요.

중국의 서쪽 지방인 제 고향 신장新疆에는 목화밭이 많은데요. 농가다다 진딧물 때문에 골치예요. 학교에서는 저처럼 생물학을 좋아하는 학생들에게 진딧물의 천적으로 정부가 도입한 말벌에 대해 가르치죠. 생물학에 적성을 보이는 많은 위구르 아이들이 이쪽 직업을 갖도록 지도를 받아요. 당이 궁리한 현대적 고용 방식 중 하나인데 당사자가 원해서라기보다 사회 급진화를 막기 위한 정책이에요.

말벌 전략이 어느 정도는 이해가 가요. 종마다 천적 해충 종류가 정해져 있어서 새로운 문제를 일으킬 위험이 적거든요. 말벌 암컷은 진딧물 몸속에 알을 낳아요. 말벌의 알은 말벌에게는 산란관인 침을 통해 주입되는데—가끔은 기생충도 함께 들어가요—진딧물 안에서 알이 유충으로 부화하고 자라면서 진딧물을 안에서부터 갉아먹어요. 진딧물 목숨에는 지장이 없도록 주요 장기는 피해 가면서요.

그러다 유충이 진딧물 배를 가르고 나오는데 그때도 진딧물은 죽지 않아요. 유충이 옆에 딱 붙어서 고치를 만든 다음 진딧물을 살아 있는 방패막이로 써야 하거든요. 진딧물은 마비 상태지만 조금씩은 움직일 수 있어요. 그래서 누군가 다가오면 꿈틀하면서 곧 자신을 살해할 침입자를 지켜요. 그러다가 마침내 다 자란 말벌이 고치에서 나왔을 때 그제야 겨우 죽는 게 허락돼죠.

하나 여쭤볼게요. 만약 진딧물에게 의식이 있다면요? 자기 상황을 이해하고 주도적으로 먼저 죽기로 선택할까요? 당연히 그럴걸요. 그리고 만약 진딧물의 의식이 천천히 깨어난다면요? 인간이 그러는 것처럼 감정이 조금씩 커져서 자신의 처참한 상황에 괴로워하고 죽음을 생각하게 된다면 진딧물도 우울증이라고 말할 수 있을까요? 아마 그럴 테지만 의미는 없을 거예요. 어떤 약이나 치료법도 효과가 없을 거니까요. 속의 감정은 변화시킬 수 있을지 몰라도요.

그러니까 표현은 중요하지 않아요. 그냥 단어일 뿐이에요. 저는 죽고 싶었고 제 죽음을 계획했어요. 중요한 건 그거예요."

내향인의 뇌와 외향인의 뇌

이 대목에서 나는 내게 주어진 책임과 특권을 깨닫기 시작했다. 나는 이 사람과 그녀의 인생사를 마주해야 하고 그럴 수 있는 위치에 있었다. 내게 그녀 얘기를 들을 자격이 있는지는 알 수 없지만 광활한 시공간에서 역사와 의학과 감정이라는 날실과 씨실이 하필 이 순간 교차하면서 우리의 운명을 만든 것이다. 나는 약속이 있었는데도 감히 그녀의 말을 끊을 수 없었다. 나는 그녀가 끝까지 얘기하도록 뒀다. 그러는 동안 그녀의 심상은 내 안에서 형체를 얻고, 그녀의 경험은 내가 과학과 의학에 대해 아는 모든 지식과 연결됐다.

아이누르는 처음 만난 순간부터 긴장한 기색이 전혀 없었다. 우여곡절 많은 개인사를 생판 남에게 술술 풀어놓는데도 동창회에서 옛 친구를 만나 수다라도 떠는 느낌이었다. 이런 태도는 그 자체로 환자와 치료사 모두에게—그리고 양자의 관계에도—경고 신호일 수 있었다. 그래도 나는 그녀에게든 내게든 비슷한 상황에서 정신과 의사 눈에 포착될 만한 이상징후가 없다는 판단을 내렸다. 가령 그때껏 살면서 그녀가 형성해온 대인관계 패턴—어린 시절의 스승, 오빠, 동네 병원 의사 등—을 내가 다시 이끌어냈다고는 여겨지지 않았다. 반대로 그녀가 내게서 평생 몸에 밴 나의 어떤 패턴을 불러일으킨 것 같지도 않았다. 환자와 정신과 의사가 역할에 너무 몰입해서 과거에 경험한 감정을 소환하는 것은 언제나 위험하다. 이런 관계는 치료 주체와 대상 사이에서 해결책이 되기도 하지만 보통은 문제가 된다.

그녀에게는 인격장애나 기분장애의 낌새도 없었다. 그나마 경조증—기분장애 스펙트럼 가운데 기분이 늘 고양되어 있는 상태를 말한다—과 함께 경계성성격장애borderline personality disorder 나 연극적성격장애 histrionic personality disorder 를 가장 의심할 만했지만 확증할 증거가 하나도 없었다. 아이누르는 그저 친구에게 하듯 속이야기를 들려주고 있었다. 어느 모로나 순수하고 우호적인 태도였으며 말은 유려하고 이야기는 짜임새 있었다. 정착한 지 고작 1년 된 타지에서 익숙하지 않은 언어로 얘기하는데도.

그녀는 마치 우리 선조들이 진화해온 사회성의 전형으로 보였다.

얘기를 들으면서 나는 여태 발생한 비용과 모든 일의 시작을 생각했다. 이런 경지에 이르려면 한 사람의 두뇌 활동에 얼마나 많은 자원이 분배돼야 하고, 매일 대사 비용이 얼마나 들어갈까? 사회적 포유류인 인류의 역사에서 언제 이 모든 게 시작됐을까? 원시인 무리로부터였을까? 비용이 상당할 거라고 나는 생각했다. 생물학에서 사회적 상호작용만큼 불확실하고, 그런 까닭에 계산하기 어려운 것은 없기 때문이다. 여기에 대면 사냥은 비교도 안 된다. 고양이는 도망치는 쥐가 어떻게 방향을 바꿀지 예측하지 못하지만 선택지가 사람들의 상호작용만큼 많지는 않다. 게다가 쥐는 살고 싶을 뿐 숨겨진 의도가 없다. 대화 상대에게 무슨 꿍꿍이인지 자신밖에 모르는 사람과는 정반대다. 또 쥐는 오직 이차원에서만 생존 본능을 표현할 수 있다. 지면을 질주하는 행동이 그것이다. 쥐가 신경 쓸 것은 권투선수처럼 왼손과 오른손의 움직임 그리고 정해진 스텝과 동선뿐이다.

반면에 사회적 뇌에는 새로운 기능 모드가 필요하다. 그런 기능 작동은 신속해야 하고 하나의 체제 아래 수많은 차원에서 모두 통해야 한다. 이 체제는 약간의 새 정보가 타인에 대한 더 나은 모델을 관찰자에게 제시하고 상호작용의 진로를 더 정확하게 예측해 알려주는 체제다. 현재의 모델에서 벗어나는 소수의 새 정보는 세포 몇 개만으로 감지되고 보존된다. 그런 한편 관찰자의 뇌는 쉽게 흥분해서도 안 된다. 자칫 틀린 모델로 전환될 수 있기에 시스템의 잡음을 무시할 줄 알아야 한다. 틀린 감각이 자동으로 불붙지 않도록 하는 게 중요하다. 신경 발화가 임의로 일으킨 틀린 감각은 해롭다.

생물학의 모든 영역이 그렇듯, 어떤 과정의 중요성은 그것이 부재할 때 일어나는 일로 가늠할 수 있다. 우리는 찰나라도 눈 맞춤이 부족할 때 생기는 장벽을, 유대의 부재—거리감과 불신—를 안다. 하지만 서로 호감 없이 이어지는 눈 맞춤 역시 소름 돋는 것은 마찬가지다. 시간을 잘 지키는 것은 각종 생물학적 반응만큼이나 사회적 상호작용에도 중요하다. 담당 신경회로가 의식을 깨우기까지 딱 200밀리초 뒷북이라는 기이하고 정확한 시간차에서 조금도 모자라거나 넘쳐서는 안 된다.

이 시간차를 단축할 방법 한 가지는 대략적인 모델을 미리 세워놓는 것이다. 일이 실제로 일어나기 전에 머릿속에서 무의식적으로 사건들을 미리 구상하는 건데, 사회적 존재가 사회와 교류 상대에 대한 모델을 이미 여럿 갖추고 있다면 이 전략을 실행할 수 있다. 의식의 수면 아래서 여러 모델을 동시에 돌림으로써 상대의 행동과 감정을 한 발 앞서 예측할 수 있기 때문이다.

포유류 대뇌겉질의 중요한—아마도 가장 큰—역할은 바깥세상에서 최대한 그러모은 개념 정보를 모델 구축의 밑거름으로 사용해 현재와 미래의 모델들을 돌리고 이 예측 문제를 해결하는 것일지 모른다. 그뿐만 아니라 대뇌겉질은 아무리 사소한 뜻밖의 사건도 예민하게 감지해야 할 터다. 정보 일탈은 다른 모델로의 전환이 필요하다는 신호일 수 있다. 수없이 많은 모델을 동시다발적으로 가동하면 새 정보가 찔끔찔끔 들어올 때마다 의식적 사고가 완전히 새로운 타임라인을 통째로 계산하고 작동시킬 필요가 없어진다. 사회적 인간의 마음속에서 동시에 진행되는 조건부 다차원 체스 게임에서 각각의 모델이 여러 수 앞을 내다보고 미래의 적절한 행동과 대답과 선택—선수와 맞수—을 처방하기 때문이다.

이와 같은 무의식의 예측 모델이 계속 돌아가게 할 때 두뇌의 연산 작업에 들어가는 에너지는 어마어마하다. 내향인이나 복잡한 인간관계에 지친 모든 이의 경우는 이 소모성 자원이 신경회로 수준에서 급격히 고갈된다. 반대로 이 두뇌 활동을 위한 자원이 유달리 풍부한 사람은 진정한 외향인이어서 쉼 없이 사람들과 어울려야만 살아갈 수 있다. 나는 아이누르가 이런 유형임을 상담을 시작하자마자 금세 알아챘다. 사실 이날 상담은 평범한 기본 평가로 끝날 거라고 예상했다. 유럽에서 살던 시절 자살 생각에 빠졌던 일의 배경 정보를 조사하는 것이다. 그런데 그녀와의 면담은 내게 특별한 경험이 되었다. 혹독한 인생 역경도 그렇지만 그녀의 특출하게 사교적인 기질 때문이었다. 무엇보다 그녀가 한때 죽고 싶어 했던 사람이라는 게 중요했다.

죽음을 막는 것들

"사람들이 흔히 자살을 시도하는 방법에는 두 가지가 있어요." 아이누르가 말했다. "제 고향은 뛰어내리면 확실히 죽을 만큼 건물들이 높지 않지만 카슈가르로 나가면 가능하거든요. 파리는 말할 것도 없고요. 또 다른 방법은요, 음, 아틀라스 실크가 엄청 튼튼하잖아요. 저도 이 천을 많이 가지고 있었는데 서까래에 묶고 발판으로 쓴 벽돌이나 책을 차버리면 간단해요. 아니면 정원 창살에 묶어도 되고요.

그런데 왜 실행을 안 했냐고요? 엄마 때문이었던 것 같아요. 과학자가 되겠다는 꿈을 포기하고 남은 평생 매일 빵 한 조각으로 버티는 신세가 되더라도 엄마와 같이 살 수 있다면 기꺼이 그럴 거거든요.

파리 사람은 미국 사람보다 더 사교적이라고들 하죠. 어떤 면에서는 정말로 그래요. 많은 시간을 가족이나 친구들과 보내니까요. 하지만 위구르는 차원이 달라요. 들으면 웃으실 텐데, 전 결혼한 뒤에도 몇 달 동안 부모님과 한 침대에서 같이 잤어요. 그때까지 평생 그래 온 것처럼요. 서양에서는 있을 수 없는 일일 거예요. 아내로서 적절치 못하고 어쩌면 더 나쁜 행동이겠죠. 그렇지만 우리 고향에서는 그만큼 가족끼리 친밀하다는 말씀이에요. 저는 가족을 두고 목숨을 끊을 수 없었어요. 가까운 사람들에게 상처를 줄 수 없었으니까요. 이 소중한 관계를 제 손으로 끊어낼 수는 없어요.

그래서 만신창이가 된 속으로 파리에서 홀로 하루하루를 버텼어요. 그렇게 석 달째 숨만 쉬고 살아 있던 어느 겨울날 남편이 풀려났어요. 여기를 들으니 다른 청년들처럼 제 남편도 수용소에 보내졌대요. 정확한 명칭이 뭐더라, 잘 모르겠네요. 아무튼 그곳에 끌려가도 죽임을 당하지는 않는 것 같았어요.

남편은 석방되자마자 연락을 해왔고 우리는 영상통화로 얘기를 나눴어요. 부쩍 야윈 모습에 머리카락은 빡빡 밀려 있고 목소리에 힘이 하나도 없더군요. 고문을 당했는지는 알 수 없지만 말수가 심하게 줄었어요. 저보다도 더 텅 빈 사람 같았죠. 거기서 무슨 일이 있었는지 한마디도 안 했어요. 대신 신장 밖으로 나가 해안 도시에서 일하게 될 거라고 말했어요. 남편이 입 밖에 낼 수 있는 얘기는 그게 전부였어요.
그는 동쪽 지방으로 강제 이주해야 했고 우리가 언제 다시 만날지, 다
시 볼 수는 있을지 확답하지 못했어요. 이게 다예요. 지금은 꿈틀하는
껍데기처럼 살아가고 있고요.

상황은 달라진 게 거의 없어요. 그 일이 제가 파리에서 여기로 학교
를 옮기기 전인 작년이었는데요. 그땐 아직 정부가 수용소의 존재를
부인하던 시기였죠. 올해는 사실을 인정했지만 교육센터라는 이름으
로 부르고 있어요. 사람들은 중국어로 충성 맹세를 하지 못하면 그곳
으로 보내져요. 말은 다 바른데 행동에서 진정한 열정이 보이지 않거
나 조국에 뜨겁게 헌신하지 않는다며 이른바 위선자 딱지가 붙어도
그렇고요.

아, 그리고 청년들이 갇혀 있는 동안 정부가 동네에 있던 이슬람 사
원들을 싹 밀어버렸대요."

타인이 지옥일 때

아이누르가 오전 마지막 내담자였기 때문에 나는 다음 환자를 위해
얘기를 멈추게 할 필요가 없었다. 대신 점심을 걸러야 했지만 어려운
선택은 아니었다. 나는 한참 전에 진단을 확실히 내린 상태였다. 극심
한 스트레스를 일으킨 사건에서 비롯된 적응장애adjustment disorder와 불
안 증상을 보인 것은 과거의 일일 뿐 현재 그녀는 정신의학적으로 정
상이었다. 사회성 이외의 영역에 인지기능 문제가 있거나(아이누르는
여기에 해당되지 않았고 학위를 목표로 대학원에서 진화생물학을 열심히 공부

중이었다) 특징적 외모를 가진 환자라면 나는 염색체 결손으로 인한 유전질환인 윌리엄스증후군Williams syndrome으로 진단할 것이다. 윌리엄스증후군 환자는 불안 증세와 인지장애가 있더라도 얘기를 풍성하게 잘 엮어 말할 줄 알고[2] 낯선 사람과도 보자마자 개인적 유대감을―그 깊이는 확신할 수 없지만 말이다―형성하는 등 사회생활에 적응을 아주 잘한다.

이 병은 여전히 미지의 영역이라 관심을 두는 연구자가 적지 않다. 그러나 내 임상 수련은 사교 기술 범위의 반대쪽 끝에 있는 다른 질환, 즉 두뇌 상태 때문에 사회성이 미숙한 게 특징인 자폐스펙트럼autism spectrum 환자들에게 더 집중되어 있었다. 당시 자폐스펙트럼은 우울증과 더불어 의사로서 내 두 가지 목표 중 하나였다. 나는 레지던트 수련을 마치고 정신과 임상교수로 내 클리닉을 꾸릴 수 있게 되자마자 자폐 가능성이 있어 평가가 필요한 환자들을 몰아 달라고 진료 예약 담당자들에게 말을 넣었다. 또 확실한 자폐 환자 중 난해한 사례들을 보내 달라는 부탁도 했다. 이런 환자들은 다른 곳에서 자폐스펙트럼 진단을 받았지만 어떤 이유에서든 상황이 복잡해 전원된 경우였는데, 우울증 환자 역시 같은 방식으로 우리 병원으로 옮겨 오곤 했다. 이렇게 나는 질병의 미스터리를 추적하면서 거의 치료 불가능한 두 장애, 즉 자폐증과 난치성 우울증의 전문가가 되어가고 있었다.

자폐증은 딱히 치료 방법이 없다는 사실을 잘 알기에, 나는 규모가 점점 커지는 한 취약 집단으로 눈을 돌렸다. 바로 소아과 의사의 손을 떠난 성인 자폐증 환자들이다. 이런 환자는 자폐증 외에 치료 가능한 다른 병 여럿을 동시에 앓는 경우가 대부분이다. 그런 동반이환comorbid 중에는 불안장애도 포함된다. 흔히 동반이환은 자폐증에 크게 좌우되고 아예 자폐증 증상으로 오해받기도 쉽다. 그래서 사회성 기능 문제에 전문성이 있는 의사가 치료를 맡는 게 최선의 방책이고, 이건 내가 이 클리닉을 시작한 동기이기도 했다.

언어 기능이 부분적으로 떨어지거나 전혀 없는 상태는 중증 자폐증으로 정의된다. 하지만 스펙트럼의 최상위 범주에 속하는—즉 언어 능력은 준수하지만 사회성 면에서 아이누르와 정반대인—자폐증 역시 나름의 고충을 안고 있다. 이런 자폐스펙트럼 환자도 사회생활에 대한 이해력은 여전히 부족하기 때문에 일상에서 여러 가지 난관에 맞닥뜨린다. 언어 능력과 지능이 비교적 온전하고 평범하며 직장생활이 가능하거나 일에 관한 한 오히려 보통 사람들보다 뛰어나더라도 더 큰 공동체와 어울리는 것은 역시 혼란스러운 일이다. 그래서 불안감이 커지면 심각한 다른 증상이 새로 나타나기도 한다.

사회적 영역과 사회 전반은 인간 행동이라는 변수의 지배를 받는다. 그래서 그럭저럭 잘 녹아든 자폐증 환자들에게조차 사회는 미스터리이고 지뢰밭이다. 저 사람은 그 상황에서 정확히 무슨 말을 해야 하는지 어떻게 알았을까? 집단의 합의는 도대체 어떻게 이루어지는 것일까? 이 사람이 말할 때 나는 시선을 어디 둬야 할까? 자폐스펙트럼 환자들에게는 장폴 사르트르Jean-Paul Sartre의 말처럼 타인이 진짜 지옥일 수 있다.

인간은 복잡한 시스템이다. 하지만 시시각각 변하는 복잡한 시스템이라도 그 자체로 자폐인에게 문제가 되지는 않는다. 변화를 예측할 수 있다면 말이다. 컴퓨터 코드열, 일이차원 선로에서 시간표대로 운행되는 열차, 도시의 얽히고설킨 도로 구조는 복잡하지만 자폐인들에게 매력적으로 다가온다. 예측 가능하기 때문이다. 반면에 사회적 상호작용 같은 예측 불가능성은 자폐스펙트럼 환자들이 극도로 혐오하는 성질이다.

나는 사회적 상호작용이 어째서 불쾌하게 느껴지는지 정확히 이해하는 것이 기초 신경과학에 중요하며 자폐 환자를 돕는 일의 기본이라고 생각했다. (사회성 면에서는 자폐스펙트럼 전체가 윌리엄스증후군이나 아이누르의 경우와 대척점에 서 있다.) 사람을 기피하는 자폐스펙트럼의 특징은 연산 작업에 드는 자원이나 연료가 고갈된 결과가 아니라 불확실성 혹은 타인에 대한 두려움 때문일까? 아니면 훨씬 미묘해서 말로 뱉기 힘든 다른 뭔가가 있는 것일지도 몰랐다. 내가 보기엔 후자의 가능성이 자폐인들의 고충이 얼마나 큰지를 더 잘 보여주는 것 같았다. 우리조차 제대로 말로 표현하지 못하면서 애초에 언어 표현력이 떨어지는 이들이 어떻게 자신의 마음을 남에게 설명할 수 있을까? 하물며 정확한 단어 표현 자체가 없다면?

나는 언어 능력이 뛰어난 고기능 자폐증 환자와 이야기를 나눌 기회를 신중하게 기다렸다. 다른 병들을 치료한다는 명목으로 외래에서 여러 달 얼굴을 익혀 친밀감을 높인 뒤 적당한 때 속마음을 물어볼 요량이었다. 하지만 어디서 시작해야 하나? 대뜸 자기 상태를 설명해내라고 할 수는 없었다. 대신 나는 간단한 것부터 차근차근 접근하기로

했다. 환자에게 신체 증상 경험을 한 가지씩 묻는 것이다. 내게는 자폐스펙트럼장애의 다양한 특징적 행동 중 시선을 피하는 것이 가장 흥미로웠다. 어쩌면 이게 가장 뚜렷한 증상일 수도 있었다. 자폐 환자는 찰나의 눈 맞춤에도 눈을 껌벅거리고는 새 몰이에 도망치는 메추라기처럼 시선을 땅바닥이나 벽면으로 돌리니까 말이다.

이 증상에 대한 더없이 명확한 답을 준 것은 찰스라는 이름의 한 환자였다. 젊은 IT 기술자인 그는 자폐스펙트럼의 일종인 아스퍼거증후군Asperger syndrome을 앓고 있었는데, 언어 능력은 뛰어나지만 시선 회피가 유난히 심했다. 내 클리닉에는 불안 증세 때문에 2년 전부터 다니고 있었고, 치료가 성공적이어서 더 이상 일터에서 공황발작이나 불안감을 겪지 않는 상태였다. 그럼에도 시선 회피를 비롯한 자폐증 증상은 호전될 기미조차 없었다. 어느 날 오전, 내가 물었다. "잠깐 눈을 마주치면 어떤 기분이 들죠? 긴장되거나 무서워요?"

"아뇨" 찰스가 말했다. "무섭진 않아요." 내가 다시 물었다. "그럼 어쩔 줄 모르겠어요?"

"네." 그가 망설임 없이 대답했다.

"그 기분에 대해 할 수 있는 만큼 말해주실래요?"

"음, 선생님을 보면서 얘기할 때 만약에 선생님 표정이 변하면 그게 무슨 뜻인지, 거기에 어떻게 반응해야 하는지 고민해요. 그런 다음 하려던 대답을 바꾸는 거예요."

"그런 다음에는요?" 내가 티 안 나게 재촉했다. "정확히 무엇 때문에 눈을 피하시나요?"

"그게요." 찰스가 말했다. "중압감이요. 그게 저를 온통 짓눌러요."

"그러니까 정보가 너무 많아서 불쾌감이 드는 거군요?"

"네." 내 말이 끝나자마자 그가 대답했다. "그럴 때 눈을 돌려버리면 참기가 한결 쉬워져요."

순간 나는 신경과학자이자 정신과 의사로서의 어떤 한계를 뛰어넘은 기분이 들었다. 내 앞에 앉아 있는 것은 사람과 눈을 못 마주치고 사소한 일에도 불안해하는 환자였지만 그는 내게 어떤 과학자도 분명하게 밝혀내기 어려울 중요한 얘기를 들려주었다. 바로 시선 문제가 불안 증세 때문이 아니라는 사실이다. 이 결론을 뒷받침하는 증거는 치료 과정에서 두 증상—불안감과 시선 회피—이 완전히 별개의 경과를 보인다는 점인데, 전자는 완치됐고 후자는 털끝만큼의 변화도 없었다. 게다가 적어도 찰스는 불안감과 시선 회피가 따로따로라고 자기 입으로 직접 얘기하지 않았는가. 뚜렷한 증상이 있는 자폐스펙트럼이지만 우연히도 속마음을 털어놓기에 충분하게 말을 잘하는 당사자가 말이다. 나는 전문의와 의학박사 학위를 따는 데 들인 세월, 인턴 시절 나를 괴롭힌 모든 아픔과 개인적 고충, 집에 두고 나온 어린 아들 걱정에 전전긍긍하면서 야간 당직을 서던 수많은 밤들을 비롯해 내가 쌓아온 경력 전체를 한순간에 칭찬받는 것 같았다. 그것만으로 충분했다.

찰스에게는 불안이나 두려움이 아니라 훨씬 흥미롭고 미묘한 다른 작용이 일어나고 있는 듯했다. 그의 뇌는 사회적 데이터의 흐름을 따라갈 수 없다는 것을 스스로 알고 있었다. 하지만 이를 따라잡아야 하며, 거기에 데이터 처리가 필수인 상황인 것 역시 알고 있었다. 그뿐만 아니다. 찰스의 뇌는 정보처리의 어려움을 부정적 감정가라는 주관적인 내적 상태, 즉 불쾌감과 직결시키고 있었다.

늘 그렇듯 여전히 수수께끼는 남는다. 예를 들어 이 부정적 감정은 타고난 것일까, 아니면 학습된 것일까? 찰스가 빠른 정보 유입 속도를 불쾌감과 연결하는 것은 살면서 생긴 습관일 수도 있다. 감정적으로 어려운 사회적 상호작용의 실패 경험이 반복되면서 조건반사처럼 자리 잡은 것이다. 아니면 누가 가르쳐주지도 않은 반감이 태어날 때부터 있었을지도 모른다. 불쾌감은 정보의 쓰나미를 회피하는 진화의 기전일까? 사람들이 예상하는 정답이 이미 있어서 정보에 올바로 대응하지 못하면 사회적으로 피해를 보게 되는 상황에 얽히지 않도록 애초에 발을 빼는? 그렇다면 불쾌한 감정은 단지 데이터 흐름의 예측 불가능성 때문에 피어나는 것일까? 빠른 정보 유입 속도 자체에 대한 반응으로?

여기까지는 내 가설이다. 아이누르와 정반대로 태어났지만 자기 얘기를 들려줄 만큼의 언어 능력은 갖춘 한 사람으로부터 선물로 받은 통찰이다.

양육과 사회성

"불공평해요." 아이누르가 얘기를 이어갔다. "우린 착한 사람들이에요. 가족끼리만 친밀한 게 아니라 손님이 오면 늘 식탁 상석을 내줘요. 누구든 내 집을 찾는 모든 손님을 그렇게 대접하죠. 여기 미국에서는 그런 일이 절대 없어요. 프랑스도 마찬가지고요. 제 눈엔 이곳 사람들이 우스워 보여요. 객이 자기 집을 빼앗을까 봐 두려워하는 주인 같거든요.

설마 진짜 그런 거예요? 당신들 집이잖아요. 아무도 당신에게서 집을 빼앗아 가지 않아요. 우리 고향에서는 집에 손님이 오면 그날 저녁 가장 좋은 자리로 안내해요. 그러면 탄탄한 결속이 생기죠. 태도에는 엄청난 위력이 있어요. 아주 작은 노력으로 영원히 끊어지지 않는 탄탄한 연결고리를 만드니까요.

이런 문화가 우리의 약점으로 보일지도 모르겠어요. 하지만 위구르만이 아니라 모든 민족이 다 그렇게 해요. 대륙 중앙 전역에ㅡ우리가 실크로드라고 부르는 곳인데 여기서도 그렇게 부르는 것 같더군요ㅡ널리 정착한 관습인데, 저는 이게 생존 전략이라고 생각해요. 그렇게 했기에 우리가 하나의 사회문화가 될 수 있었으니까요. 게다가 우리는 사회적 결속력 말고도 여러 면에서 강인한 민족이에요. 제가 열세 살 때 혼자 한족 여자애들 일곱 명과 맞서 싸운 적이 있거든요.

기숙사에서 얘기하던 중이었는데, 제가 한족 말을 알아듣는 것을 걔네는 모르더라고요. 저는 늘 언어 이해 감각이 남들이 상상하는 것 이상으로 좋았어요. 표준 중국어와 프랑스어, 영어를 배웠는데 다 보고 듣는 것만으로 2주 만에 대충 감을 잡았죠. 그런데 그 애들이 누가 공용 공간에 먹다 남은 그릇을 놔뒀다고 불평하면서 그게 저일 거라고 단정하더라고요. 그때 화장실 거울 앞에서 머리를 빗던 애가 우리 가족에 대해 못된 말을 했어요. 직접 만난 적도 없으면서 우리 엄마 몸에서 냄새가 난다는 거예요. 저는 바로 2층 침대에서 뛰어 내려가 그 애 머리채를 잡고 화장실에서 끌어냈어요. 나머지 애들이 저를 향해 달려들었는데, 걔네도 그랬겠지만 저 역시 놀랐던 게 제 힘이 그 애들 전부 합친 것보다 세더라고요. 제 다리가 그렇게 튼튼한지 그때까지 몰랐지 뭐예요. 쏜살같이 지나가는 폭풍이 흩뿌린 빗방울처럼 애들이 후두둑 떨어져 나갔어요. 그날 이후론 걔네 입에서 다시는 무례한 말이 들리지 않았어요.

지금은 걔네한테 미안한 마음이 좀 들어요. 어쨌든 먼저 덤벼든 건 저니까요. 그땐 가족을 지켜야 한다고 생각했지만 두 배 나이를 먹은 지금 돌아보면 다 그냥 어린애들이었어요. 게다가 제가 상황을 악화시킨 걸지도 몰라요. 우리 민족에 대한 나쁜 선입견을 심었을지도 모르죠. 한족도 좋은 사람들이고 정부가 벌인 일로 그들을 원망하지도 않아요. 그래도 알고는 싶어요. 불합리한 체제에서 벗어나 국민과 나라가 새로운 방향으로 나아갈 수 있는 길이 있을까요? 이 나라가 다른 모습으로 진화할 수 있을까요? 아니면 이미 출구 없는 나락에 빠진 걸까요?

석사학위 과정을 시작하고서 진딧물의 생물학을 좀 더 깊게 공부하다가 말벌의 역사를 알게 됐는데요. 말벌은 지구상 어느 동물 목目보다도 많은 종種으로 분화한 놀라운 동물이더군요. 이런 성공은 어디서 왔을까요? 개미, 벌, 말벌, 호박벌이 전부 한 조상에서 갈라져 나왔다는 거 알고 계세요? 공룡 시대에 잎벌처럼 풀을 먹는 자그마한 곤충 한 마리가 요상한 돌연변이를 안고 태어났어요. 이 곤충은 돌연변이

대문에 벌침처럼 생긴 산란관을 통해 다른 동물의 몸에 더 많은 알을 낳았죠. 그날 이후 조상 벌레 한 마리가 수십 수백 동물종으로 불어났어요. 거미든 진딧물이든 다른 말벌 개체든 살아 있다면 어떤 동물에게나 침을 찔러 알을 낳는 엄청난 능력 덕분에요.

말벌은 가슴과 배가 아주 가느다란 연결고리로 이어져 있는데, 이렇게 머리카락만큼 가는 허리는 우연한 돌연변이의 결과예요.[3] 그러다 자연선택이 일어나 말벌 종의 증가를 부추겼어요. 무서운 기세로 확산했죠. 허리를 자유자재로 돌려 원하는 자세를 취할 수 있는 데다 산란관이 점점 길어져 나무 홈 깊이 숨겨진 딱정벌레 유충이나 커다란 애벌레의 몸속까지 닿도록 쑥 찔러 넣을 수 있었거든요.

하지만 가장 재미있는 결말은, 여기가 중요한데요, 나중에 벌목에 속하는 몇몇 종—전부 사회적 동물인 개미, 호박벌, 꿀벌 같은 종들—이 그들 존재의 열쇠였던 다른 생명체 몸에 알을 낳는 습성을 버리고 이런 생활사에서 완전히 멀어졌다는 거예요.[4] 복잡한 신체 구조는 쓸모가 없어지면 금세 퇴화하고 다시는 돌아오지 않아요. 기생 습성에 의존하면서 단출한 신체 구조를 갖게 된 어느 생물종이 훗날 진화의 구렁텅이에서 탈출하는 것도 드문 일이고요. 그런데 벌목 동물들은 다른 방식의 출로를 찾았어요. 크게는 집단생활을 하지만 개체 간에는 서로 독립성을 유지하는 거예요. 어울려 살아갈 길을 찾았고 사회 규율에 충실함으로써 각자는 자유로워진 거죠.

이 곤충들은 더 이상 그 정도로 얇을 필요가 없는데도 믿기 힘들 정도로 가는 허리를 여전히 간직하고 있어요. 개미가 그렇고 미국에 흔한 땅벌에서도 확연히 볼 수 있고요. 말벌 허리는 조상이 누군지를 알려주는 표식으로 남았지만 산란관은 방어용 침으로 기능이 변형됐어요. 강력한 사회 구조와 결속력을 무기로 유충을 지킬 수 있으니 이젠 다른 동물에게 새끼들을 맡길 필요가 없거든요.

말벌이 작은 가족 단위로라도 무리 지어 사는 방법을 터득하는 데 5,000만 년이나 걸렸다는 거 아세요? 사회적 행동은 참 어려운 거예요. 더 전에 말벌 허리는 1,700만 년 만에 생겼고 산란관은 3,000만 년 걸려 벌침—참고로 이건 대부분의 벌이 암컷인 이유인데요, 침이 암컷의 생식기관인 산란관에서 발달한 거라서 오직 암컷만 무리를 지킬 수 있어요—으로 바뀌었어요. 그래도 집단생활의 어려움이 해결된 건 아직 아니었죠.

그렇게 숙주 감으로 눈에 든 동물을 독으로 마비시키고 그 안에 알을 낳으며 살아가다 5,000만 년의 시간이 걸려 다음 단계로 올라갈 수 있었어요. 그제야 마비된 숙주를 안전한 은신처로 옮겨놓고, 어린 것들을 위해 둥지를 짓고, 꽃가루나 잎처럼 손이 더 많이 가는 품목까지 식량 자원의 범위를 넓히고, 마침내 모두가 한 가족이 되어 둥지를 수호하게 된 거예요.

새끼를 성장기 내내 보살피는 것부터 시작해 사회적 행동은 드문 현상이고 다양한 조건이 충족돼야 실현될 수 있어요. 하지만 사회적 행동이 가능하더라도 그 성공은 여전히 다른 여러 요소에 좌우돼요. 보통은 모든 조건을 충족해야 하고요. 벌들이 집단의 거대 자산을 보호할 침을 갖게 된 게 좋은 예죠. 모든 게 제자리를 찾고 원활히 작동할 때 세상이 — 한 세상 전체가 — 활짝 열리는 거예요.”

이 대목에서 갑자기 아이누르가 머뭇거렸다. 그녀답지 않은 일이었다. 나는 꼬고 있던 다리를 풀어 자세를 고쳐 앉고는 양손을 무릎에 올렸다.

“아기가 나오는 악몽을 꿨어요.” 마침내 그녀가 입을 열었다. “여기 캘리포니아로 온 뒤에요.” 그녀는 기억이 잘 떠오르지 않는 모양이었다.

나는 흐름을 방해하고 싶지 않았기 때문에 아이누르에게 충분한 시간을 주었다. 얘기가 다시 시작되길 기다리는 동안 나는 곤충은 잘 모르니 포유류에 대해 생각했다. 포유류의 끈끈한 부모-자식 관계가 우리 인간에게도 사회적 행동을 이끈 원동력이었을 것 같았다. 같은 해인 2018년, 생쥐의 양육 행동을 이해하기 위해 광유전학을 활용해 이 복잡한 상호작용 구조를 해체한 연구가 있었다.[5] 연구팀은 애타게 새끼를 찾아다니도록 동기를 부여하는 뇌 회로와 실제 돌봄 행위를 유도하는 다른 뇌 회로를 비교하는 등 양육 행동의 세부 요소들을 지배하는 신경세포 경로를 하나하나 찾아냈다. 각각의 행동은 한 고정점에서 갈라져 나온 서로 다른 회로에 의해 강력하게 통제되고 있었다. 5년 전 불안장애의 다양한 특징에 대해 밝혀진 사실과 같은 결과였다.

양육이라는 농밀하고 고전적인 양자관계는 이와 같은 신경회로의 기초를 다졌고, 이는 새로운 종류의 사회적 상호작용에 재활용될 수 있었다. 새끼를 잘 돌보는 곤충은 이웃 역시 잘 챙기곤 한다. 생쥐나 초기 영장류도 마찬가지다. 모두 동일한 신경회로의 용도를 전용한 결과다. 자식을 잘 돌보는 온갖 육아 기술 역시 처음에는 용도 전용을 통해 생겨났을지 모른다(이런 재활용 전략은 진화의 많은 부분을 설명한다). 자신의 필요와 동기 구조에 다른 개체인 새끼를 대입해 눈속임용 내장 시뮬레이션 장치를 만들고 사고회로를 돌려 상대의 요구를 신속하게 추측하는 것이다.

그런데 가족이 아닌 존재를 향한 사회적 행동은 근본적으로 더 복잡한 듯하다. 가족은 양육자와 피양육자 모두 동기가 대부분 확실하고 공고하다. 하지만 남남끼리의 사회적 상호작용은 다르다. 특히 흥미로운 점은 200밀리초 간격으로 순간순간 변하는 사고 모델을 따라잡아 타인이 몹시도 불확실한 목표를 위해 하는 행동을 확실하게 예측해야 한다는 것이다. 많은 포유류가 가족이 아닌 존재를 향한 사회적 행동을 보이지만 이것은 쉽게 부서지는 관계다. 사자부터 미어캣, 생쥐까지 온갖 사회적 포유류가 서로를 죽일 생각을 접는 것은 짧은 순간뿐이다.

"꿈에서 저는 저 그대로였어요." 마침내 아이누르가 입을 뗐다. "선생님과 같은 보통 사람이요. 게다가 한 아이의 부모였는데, 기분이 이상했어요. 현실에서 제가 배 속에 키운 건 종양밖에 없었거든요. 그런데 아기들은 좀 달랐어요. 사람이라기보다 어른 엄지손가락보다 작고 민숭민숭한 잣알과 비슷했어요. 앞발 달린 분홍 물주머니처럼 생겨서는 어미 배꼽 털에 대롱대롱 매달려 젖을 찾아 먹고 숨 쉬는 것밖에 할 줄 모르는 캥거루 새끼처럼요.

꿈에 나온 모든 아기가 그랬어요. 게다가 현실보다 훨씬 무력했고요. 만약 그런 아기를 낳아 기른다면 사람은 배에 주머니가 없고 배꼽 털도 없으니 아기를 두 손에 감싸 쥐고 다녀야 했겠죠.

아기들은 몹시 작았고 배아가 그렇듯 생김새가 다 비슷비슷했어요. 선생님은 키워 봐서 너무 잘 아실 텐데, 아기는 한시도 혼자 둘 수 없기 때문에 늘 끼고 있고 어딜 가든 데리고 다녀야 했어요. 호숫가를 걷든 침엽수림을 산책하든 늘 인간의 작은 한 방울 온기를 품고 다니는 거예요.

그런데 제가 숲속에서 아이를 잃어버렸지 뭐예요. 언제 어떻게 빠졌는지는 몰라요. 왔던 길을 되짚어 가며 샅샅이 뒤졌지만 땅바닥에는 늦가을 다 삭아가는 낙엽뿐이었어요. 나무껍질과 뒤섞여 수북이 쌓인 침엽 더미를 미친 듯이 헤집어도 소용이 없었어요. 숲은 너무 넓고 아기는 너무 작았죠.

연약한 아기는 숲속 어딘가에서 아무런 도움도 받지 못한 채 추위에 떨며 죽어가고 있었어요. 아기를 찾아다니는 동안 저는 우리 둘을 연결하는 가는 실을 느낄 수 있었어요. 아기가 곧 나였고, 지금 내 일부가 나와 뚝 떨어져 나를 간절히 필요로 하고 있었어요. 바깥세상에선 실의 흔적도 보이지 않았지만 말이에요. 하지만 상실은 내 안에서 커다란 공간을 차지하고 있었고 저는 그걸 느낄 수 있었어요. 명치 안쪽, 가슴 속에서 팔까지 이어지는 심부 근육쯤에서요. 아이를 잃었다는 내면의 감정이 어째선지 그곳에 뿌리박혀 있었어요. 진화가 인간 마음에 심어 그렇게 느끼도록 가르친 이 감정은 절 행동하게 만들었어요. 감정이 내 몸을 조종해 땅을 파게 하고 내 팔을 움직여 오래도록 소중히 돌봐온 내 심장 조각을 찾게 했어요. 그건 공백의 감정, 흉포한 상실의 감정이었고 흙을 파헤치지 않을 수 없게 날 내몰았어요.”

흥분 세포와 억제 세포 사이에서

아이누르가 복잡한 상호관계를 편안해하는 것은 사회생활에서만이 아니었다. 그녀는 매사에 꿈, 기억, 과학 지식 등 자신이 가진 온갖 정보의 줄기들을 하나로 종합하는 것 같았다. 모든 것이 서로 연결되어 있었고 어느 하나 중요하지 않은 부분이 없었다. 그녀에게는 모든 가닥을 하나로 엮는 것이 조금도 힘들지 않은 일이었다. 반면, 어쩌면 이어지는 맥락으로, 찰스는 자신을 압도하는 사회 정보에만 반감을 느낀 게 아니었다. 자폐스펙트럼을 가진 많은 사람이 그렇듯 그는 넓은 범위의 예측 불허한 사건에 잘 대처하지 못했다. 예를 들어 갑작스러운 소리나 신체 접촉은 그의 심기를 보통 사람들보다 훨씬 크게 건드렸고, 가끔은 귀나 닿은 부위가 아프기까지 했다. 이처럼 누군가 자폐스펙트럼 안에서 어디쯤 있는지는 비단 사회 정보만이 아니라 모든 유형의 정보를 처리하는 능력에 따라 결정될 수 있었다. 사회 정보의 흐름이 유난히 빠른 탓에 사회성 측면의 증상이 독보적으로 두드러질 뿐이었다.

이런 식으로 사회 정보만이 아니라 모든 정보의 처리 속도가 자폐스펙트럼의 관건이라고 생각하면 예측 불가능성이 자폐증 환자에게 왜 그렇게 큰 문제인지도 금방 이해가 됐다. 오직 예측 불가능한 데이

만이 진정한 정보일 때 만약 누군가가 모든 것을 정확하게 예측하는 수준으로 시스템을 이해하고 있다면, 그에게 시스템에 대한 추가 정보를 알리는 것은 불가능하다. 그러므로 자폐증의 핵심이 정보의 속도 자체일 거라는 얘기가 된다.

지금도 그렇지만 찰스나 아이누르가 내게 치료를 받을 당시 나는 정보가 뇌에 제시되는 기전을 전혀 알지 못했다. 적어도 현재 우리가 가장 기본적인 수준에서 유전정보가 DNA에 담기는 암호화 방식을 이해하는 만큼 정확히는 아니었다. 하지만 오늘날 우리는 신경세포의 정보가 자극을 받은 세포 안에서는 전기신호 형태로, 세포와 세포 간에는 화학신호 형태로 전송된다는 것을 알고 있다. 그리고 이런 전기적·화학적 흥분 과정에는 자폐증과 관련된 여러 유전자가 관여한다.[6] 전기신호와 화학신호를 만들고 보내고 조정하고 받는 단백질을 그런 유전자들이 발현시키기 때문이다.

내가 알고 있던 유전학 지식은 자폐증의 경우 정보처리 과정이 변한다는 개념과는 적어도 통하는 면이 있었다. 단, 이 개념 하나로는 진단이나 치료에 활용하기가 애매하다. 그 대신에 자폐증의 정보 흐름 변화를 가리키는 다른 신호와 지표가 여럿 존재한다. 평균적으로 자폐스펙트럼에 속하는 사람들은 뇌의 흥분도가 커져 있거나[7] 뇌 전기 신호가 쉽게 유도된다. 통제되지 않는 신경 흥분이 발작 증세로 나타나는 간질과 비슷하다. 게다가 뇌전도검사 electroencephalogram, EEG (두피에 전극을 붙여서 대뇌겉질에서 신경세포들이 나타내는 종합적 활동성을 기록하는 검사)로 뇌파를 측정하면 초당 30~80회의 진동수를 가진 감마파라는 특정 고주파가 자폐스펙트럼 증상이 있는 사람들에게 더 강하게 나타나는 것을 볼 수 있다.

이 증거들을 바탕으로, 억제 같은 상쇄 효과와 비교한 신경 흥분도의 상대적 증가가 모든 자폐증을 관통하는 주제라는 개념[8]이 널리 자리 잡았다. 이 가설은 조리 있는 해설로 여러 분야에서 주목받았다. 특히 이와 같은 흥분과 억제 간 균형의 변화를 다양한 메커니즘―신경화학물질, 시냅스, 세포의 변화부터 신경회로 그리고 나아가 뇌 전체 구조의 변화에 이르기까지―이 유도할 수 있다는 유연성이 매력이었다. 예를 들어 뇌에는 흥분성 세포와 억제성 세포가 모두 존재해서, 흥분성 세포는 다른 신경세포들을 자극해 활성을 증가시키고 억제성 세포는 다른 신경세포들의 활동을 중지시킨다. 이 사실에 주목하면 자폐 증상이 흥분성 세포와 억제성 세포 사이의 불균형 자체, 더 구체적으로는 흥분성 세포의 우세 때문에 생긴다는 재미있는 가설을 세울 수 있다.

그런데 이 흥분-억제 균형 가설은 어떻게 증명할 수 있을까? 발작이나 불안 치료제처럼 뇌 전체의 활동성을 줄이는 임상 전략은 일찍이 나와 있지만 그런 약물들(예를 들어 벤조디아제핀_{benzodiazepine} 계열)은 흥분성 세포만이 아니라 모든 신경세포의 활동성을 억누른다.

그런 까닭에 벤조디아제핀은 흥분-억제 균형 가설이 예측한 대로 자폐증의 핵심 증상들에 별 효과가 없다. 자폐증은 단순히 뇌 활성이 커지기만 한 병이 아니다. 일례로 불안 증세 때문에 벤조디아제핀을 처방받아 여러 해 복용한 찰스의 경우 이 약이―내 예상대로―불안감을 없앴을지 몰라도 자폐증 증상은 전혀 개선하지 못했다.

오랫동안 검증되지 못하고 있던 세포 수준의 흥분-억제 균형 가설이 새 국면을 맞은 것은 광유전학이 등장하면서였다. 만약 자폐증의 이 불균형에 흥분성 세포와 억제성 세포가 어떤 식으로든 엮여 있다면, 이 가설을 시험할 기술로 광유전학만 한 게 없었다. 우리는 채널로돕신이라는 빛에 민감한 미생물 이온채널 유전자와 레이저 빛을 쏠 광섬유를 이용해 고급 인지 기능을 담당하는 앞이마엽겉질prefrontal cortex 같은 특정 뇌 영역에서 흥분성 세포 혹은 억제성 세포의 흥분 정도를 키우거나 줄일 수 있었다.

생쥐는 사람과 마찬가지로 모여 있는 것을 좋아해서 혈육이나 짝짓기 상대가 아니더라도 같이 있으려는 습성을 보인다. 그래서 대개는 혼자 있기보다 자신에게 위협이 되지 않는 다른 생쥐와 공간을 공유하는 환경을 선택한다. 또 생쥐는 서로 관심을 적극적으로 표현하는 동물이라, 사회적 접촉과 탐색 행동을 한참 해야만 직성이 풀린다. 그런데 유전공학 기술을 이용해 사람 자폐증의 원인으로 알려진 유전자 돌연변이를 생쥐에게 비슷하게 심으면 생쥐의 이런 사교성을 망가뜨릴 수 있다.

2009년까지 생쥐 광유전학 연구가 줄줄이 성공한 상승세에 힘입어 광유전학은 포유동물의 사회적 행동을 이해할 실마리로 급부상했다. 실제로 2011년 우리 연구팀은 앞이마엽겉질 흥분성 세포의 활동성을 광유전학 기술로 증가시켰을 때 다 자란 생쥐의 사회적 행동이 두드러지게 감소한다는 것을 확인할 수 있었다.[9] 이때 중요한 것은 광유전학적 조작이 움직이지 않는—그렇기에 충분히 예측 가능한—물체를 탐색하는 것 같은 비사회적 행동에는 아무런 영향도 주지 않았다는 점이었다.

그렇다면 효과가 사회성에 특이적이라는 얘기고, 더구나 이론으로 예측한 그대로니 세포 균형 가설을 뒷받침하는 셈이기도 했다. 그뿐만 아니다. 흥미롭게도 역시 가설과 일맥상통하게 아까 그 생쥐에게 이번에는 광유전학으로 억제성 세포의 활동성을 항진시키자 세포 균형이 복구돼 사회성 결핍이 교정되는 결과가 나타났다.

이 실험의 열쇠는 기존의 청색광 채널로돕신 버전을 보상하도록 적색광에 반응하는 채널로돕신을 새로 만든 것에 있었다. 이 신기술 덕분에 2011년 연구에서는 같은 개체 안에서 한 세포 집단(흥분성 세포)의 활동성을 청색광으로 항진하면서 동시에 다른 세포 집단(억제성 세포)의 활동성을 적색광으로 증가시키는 게 가능했다. 실험 결과, 흥분성 세포의 활동성 증가가 건강한 성년기 포유동물에게 사회성 결핍을 유발할 수 있다는 게 증명됐고, 억제성 세포의 활동성을 동시에 높임으로써 균형을 되돌려 이 효과를 약화시킬 수 있었다.

2017년으로 오면—아직 아이누르를 만나기 전에 찰스를 잠시 담당했던 때다—우리 팀은 조금 색다른 생쥐, 그러니까 사람 자폐증 환자에게서 발견되는 유전자 돌연변이를 유전공학으로 유도한 생쥐에게 우리 신기술을 적용하기로 했다. Cntnap2라는 유전자가 조작된 이 생쥐들은[10] 평범한 친구들과 달리 태어날 때부터 사회적 행동이 결핍됐다. 실험 결과, 우리는 사회성 결핍을 '유도'한 지난 2011년 연구와 정반대의 원리로 이 자폐증 관련 사회성 결핍 증세를 광유전학 처치를 통해 '교정'할 수 있음을 확인했다.[11] 이것은 앞이마엽겉질에서 억제성 세포의 활성을 높이거나 흥분성 세포의 활성을 낮춰(두 전략 모두 세포 균형을 보통 수준에 가깝게 되돌릴 것으로 기대된다) 자폐증의 사회적 행동 결핍 현상을 고칠 수 있다는 뜻이었다.

세포 균형 가설을 인과적으로 검증하는 개념 증거가 나왔다는 점 말고도 우리에게는 다 큰 성년기에도 사회성 결핍을 유도하거나 교정하는 것이 가능하다는 사실이 매우 인상적이었다. 이건 결코 당연한 일이 아니었다. 실험 결과는 얼마든지 다른 식으로 나올 수 있었다. 어쩌면 인간의 조작이 불가능하고 일단 일어나면 되돌릴 수 없는 아주 어린 시절의 특정 시기에만 현저한 불균형이 유도될 수도 있는 일이었다. 만약 이게 사실이었다면, 세포 균형 가설은 여전히 쓸모가 있긴 해도 이것을 실제 치료에 응용하는 것은 훨씬 어려워질 터였다. 우리 연구에서는 출생 전 변수의 기여를 딱히 고려 대상에서 배제하지 않았다. 그럼에도, 적어도 일부 사례에서는, 사회성 결핍을 유발하는 것도 고치는 것도 성년기의 조치로 충분하다는 게 증명됐다.

이 연구 결과—흥분성 세포와 억제성 세포 사이의 균형을 옮겨 사회적 행동을 바꾼다는 것—는 특정 과학적 접근법이 그 과학적 발견 자체의 값어치를 넘어서는 더 넓은 의의를 가진다는 것 또한 시사한다. 여기서 정신의학은 기초 신경과학 실험의 틀을 잡는 역할을 했고, 다시 기초과학 연구는 정신과 환자들의 평범하지 않은 마음속에서 어떤 일이 벌어지는지를 이해하게 했다. 힘을 합쳐 완벽한 원을 완성한 정신의학과 기초과학은 사람을 빠져들게 하는 아이누르의 말솜씨만큼이나 감정적으로 복잡하고 지적으로 심오한 의학의 순간들에 빛을 드리웠다.

연결은 강하다

"저희 벌써 한 시간이나 초과했죠?" 부지불식중의 짧은 침묵을 끊으면서 아이누르가 말했다. "저 때문에 점심을 못 드셨다면 죄송해요. 오늘 얘기 들어주셔서 감사해요. 그냥 다 털어놓고 싶었거든요. 프랑스 의사들이 여기서 계속 상담을 받으라고 했는데, 이젠 자살 생각을 안 해요. 그저 기운이 없을 뿐이에요.

과장 없이 솔직하게 말씀드리면, 제가 언제든 다시 예전처럼 약해질 수도 있을 거예요. 이제 전 제게 가족이 필요하고 가족 없이는 살 수 없다는 것을 알아요. 사람 사는 방식을 창조하고, 인간을 살아남게 하는 이 결속력이 사람을 약해지게도 하네요. 사람들이 다 그런 건 아니겠지만 지난 석 달만큼 제가 약하다는 느낌이 강하게 들었던 적이 없어요. 저는 음식, 집, 불임 같은 것과 아무 상관없는 문제 때문에 파괴되기 직전이었어요. 죽은 거나 다름없었죠. 새 친구를 사귀거나 새 애인을 만나서 어떻게든 여기서 버틸 방법을 쉽게 찾긴 하겠지만요.

지금도 가능은 해요. 제게 호감을 보이는 남자들이 있거든요. 한 명은 제가 보기에도 괜찮고요.

어느 날 저녁에 그 사람이랑 경기장 옆 카페에서 만나서 얘기를 나눴어요. 뭔가 폭발할 것 같은 기분이었죠. 어떻게 설명해야 하지? 분출한다? 넘쳐흐른다? 적당한 표현을 못 찾겠어요. 여러 가지 후보가 있겠네요. 그날은—반년도 더 전인데요—생각을 영어로 하지 않았지만 그건 중요하지 않아요. 어느 언어로든 딱 맞는 단어는 없을 것 같으니까요.

아무튼 별일은 없었어요. 그냥 투박한 보라색 잔에 커피를 마셨을 뿐이에요. 그러고서 집으로 돌아가는데, 이 사람과 아무리 가까워져도 이미 제가 속한 관계만 더욱 탄탄해진다는 것을 깨달았어요.

저와 커피를 마신 남자는 모르는 것을 저는 알았어요. 사회 구조는 독하게 쏘여본 뒤에야 똑바로 세워진다는 사실 말이에요. 진화생물학자들은 그런 혹독한 경험이 말벌 집단이 사회적 행동을 하도록 발전하는 데 필수였다고 생각해요. 작고 연약한 개체들이 뛰어난 방어 능력을 갖기 위해서는요. 여기엔 저도 동의해요. 인간은 자기 둥지와 어린 것들을 지킬 강력한 무기가 있어야만 사회적인 존재가 될 수 있어요. 그런 힘은 우리를 적들로부터 자유롭게 해요. 서로 연결하는 것은 강한 거예요. 약한 게 아니라요."

뇌의 존재 방식들

아이누르처럼 외향적인 사람과 거의 무한한 사교성을 자랑하는 타고난 정치인은 대화하면서 에너지를 얻고 되도록 혼자 있지 않으려 한다. 자폐스펙트럼 환자와는 정반대인 가치 순위다. 이렇듯 아이누르나 찰스처럼 사회성의 어느 한 극단을 선호하는 이들은 마치 대낮에 강제로 끌려나온 야행성 포유류처럼 자신과 대척하는 누군가를 억지로 마주하는 것을 불쾌하게 느낄 수 있다.

진화는 야행성 포유류의 낮 혐오 성향을 부추겨왔다. 이런 부정적 감정이 올바른 행동, 그러니까 빛을 피해 숨어서 바깥세상이 자신의 생리에 더 적합해지는 시기를 기다림으로써 위험은 줄이고 보상은 늘리는 행동을 하도록 만들기 때문이다. 비슷하게, 잘못된 환경 조건에 놓인 사회적인 혹은 비사회적인 뇌 상태는 개체에 해로울 수 있다. 그런 까닭에 유구한 세월 동안 진화가 조건 부정합 상황을 반감이나 부정적 감정과 연결하는 방향으로 이뤄졌는지 모른다.

야행성 동물과 주행성 동물에게 서로 다른 생존 전략이 어울리듯이, 정보처리 속도에 따라서도 기본적으로 상이한 뇌 모드가 존재할 수 있다. 각 모드는 전부 나름의 가치가 있지만 양립할 수는 없다(적어도 동시에는 불가능하다). 예측할 수 없는 동적 시스템―예를 들면 사회적 상호작용 같은 것―을 다루는 모드는 우리가 다른 상황에서 필요로 하는 다른 모드와 호환이 불가능하거나 최소한 팽팽하게 대치할 것이다. 이때 후자의 정적 모드는 불변하는 시스템―단순 툴, 코드 페이지, 알고리즘, 달력, 시간표, 증거물 등―을 침착하게 평가할 기회를 우리에게 제공한다. 이렇게 예측 가능한 정적 시스템을 이해하기에 가장 좋은 전략은 이번이든 다음이든 달라지는 부분이 없을 거라는 확신을 가지고 시간을 들여 시스템을 다양한 각도에서 들여다보는 것이다. 어쩌면 뇌는 이처럼 상이한 상태에 적합한 두 모드를 시시각각 켜고 끄면서 작동하는 것인지 모른다. (진화의 길고 긴 역사가 상대적 상태 선호도를 조정하고 각 상태의 강도와 안정성에 개인차를 벌리면서 말이다.)

광유전학을 이용한 우리의 세포 흥분-억제 실험 결과는 나중에 또 다른 생쥐 모델 연구에서 다시 한번 재현됐지만 중요한 의문점은 그대로 남아 있었다. 생쥐에게 사회성 결핍을 일으킨다고 증명된 세포 불균형은 찰스가 (그리고 어쩌면 다른 자폐스펙트럼 환자들도) 겪은 정보 홍수의 위기와 어떻게 관련되어 있을까? 우리는 광유전학의 도움으로 이 연결고리의 실마리를 찾을 수 있었다. 2011년에 처음 발표한 세포 흥분-억제 실험 논문에서 우리 팀은 앞이마엽겉질 흥분성 세포의 흥분 정도를 키웠을 때(즉 사회성 결핍이 생기도록 조작했을 때) 세포의 정보 적재 용량 자체가 초당 비트 단위의 정확한 계측이 가능한 방식으로 감소했다고 보고한 바 있다.[12] 그렇다면 사회성 결핍을 유발한 것과 정확히 똑같은 종류의 세포 흥분-억제 균형 변화가 뇌세포의 고속 데이터 전송 또한 어렵게 만들었다고 말할 수 있었다. 이것은 눈 맞춤을 통해 흘러드는 '정보들이 자신을 짓누른다'는 찰스의 고백과 상통하는 내용이었다.

풀어야 할 또 하나의 의문점은 정도 과부하의 불쾌한 성질이 어디서 기원했느냐는 것이었다. 이 불쾌감은 너무나 강렬해서 찰스를 비롯한 많은 자폐스펙트럼 환자들이 끔찍해하는 감정이다. 그들은 자신이 사회 정보를 따라잡지 못하는 것이 언짢지만 그 이유는 잘 모른다. 사실, 정보 과부하에 꼭 감정가가 붙을 필요는 없다. 심지어 어떤 사람은 긍정적으로 느낄 수도 있다. 따라갈 수 없다는 사실을 깨달을 때 해방감을 느끼고 혼자가 됨으로써 일종의 위로와 평화를 얻는 것이다. 그렇긴 해도 나는 환자들의 얘기를 워낙 들어서 그런지 모두가 내 능력치보다 높은 수준의 사회적 통찰력을 끈질기게 요구할 때 꿋꿋이 자기 소신대로 살아가는 게 얼마나 어려운지 알 것 같았다. 그래서 이 반감은 소소하게 스트레스를 주는 인간관계가 반복되면서 평생에 걸쳐 학습되고 오해가 깊어지는 식으로 사회적으로 조건화된 감정일지 모른다는 생각이 들었다.

그런데 만약 이 반감이 학습되는 게 아니라면? 혹시 한 사람의 적재용량을 초과하는 정보 과잉 자체가 혐오스러운 것은 아닐까? 사교적인 사람부터 단순히 내성적인 사람, 나아가 자폐스펙트럼 환자까지 사람이라면 누구나 지나치게 길어지는 사회적 상호작용에 싫증을 낸다. 사회성 신경회로가 일정 수준 이상으로 고갈되는 까닭이다. 그런 맥락에서 우리 인간처럼 태곳적부터 사회적이었던 동물종의 경우는 반감 메커니즘을 내장하도록 발달했다는 진화적 추론이 타당할 수 있다. 시스템이 피로해 자칫 상대를 오해하거나 신뢰를 깨뜨릴 것 같을 때 이 메커니즘이 중요한 사회적 상호작용으로부터 한발 물러날 동기를 부여하는 것이다.

능수버들 실크

함께 자리에서 일어나면서 아이누르가 입을 열었다. "한 가지만 더요." 나는 이제 오후 1시 일정을 준비해야 한다는 생각에 행동에 착수했지만 그녀의 반응이 워낙 민첩해서 누가 먼저인지 모르게 둘이 거의 동시에 몸을 일으킨 것이었다. "이게 그냥 의례적인 면담이었다는 걸 저도 알아요. 그래서 선생님을 다시 뵙지 못할지도 모르지만 아까

제 가족 얘기를 할 때 물으셨잖아요? 실크에 색깔을 어떻게 입히느냐고요. 그 답을 아직 못 드렸네요.

이게 진짜 재미있는데요. 어릴 적에 능수버들 실크의 연분홍색을 저일 좋아했던 기억이 있어요. 꽃이 만개한 나무를 눈앞에서 보는 느낌이었거든요. 색깔은 여리여리하지만 원단은 튼튼해요. 나무만큼요. 능수버들을 보신 적이 있는지 모르겠어요. 이 나무가 진짜 놀라운 생명체인데요. 사막에서도 잘 자라고 상록수지만 알록달록한 색감을 띠죠.

그런데 이 능수버들에 알을 낳는 말벌이 있어요. 그러면 알 주변으로 완전히 새로운 종류의 나무 한 그루가 생겨요. 단단한 열매와 뿌리가 뒤엉킨 혹 덩어리가 자라나거든요. 기형종과 비슷하지만 능수버들에 해롭지는 않아요. 나무 입장에서는 제거할 필요가 없는 거예요.

얼마 전에 읽었는데 요즘엔 이곳에도 능수버들 종이 퍼지고 있다고 해요. 여기선 솔트시더salt cedar 나무라고 하던데 전 이 이름도 좋은 것 같아요. 소문으로는 처음에는 장식용으로 아시아에서 들여왔다가 미극 서부에 아예 자리를 잡았다고 하더라고요. 이 나무는 염도가 높은 땅에서도 살아남고 땅을 짜게 만들기도 해요.[13] 그래서 버드나무와 미루나무에 이롭죠.

이 근처에서는 토착 식물과 야생동물을 보호한다면서 능수버들이 보이는 대로 뽑아달라고 등산객들에게 부탁하는가 보더라고요. 새들이 살 곳을 잃고 있다고요. 벌새도 그렇고 비둘기는 능수버들에 둥지 틀고 잘만 사는 것 같지만요. 다른 지방에서는 사람들이 포기하고 관망하는 모양이에요. 그래서 미국 서부 사막은 솔트시더 나무가 넘쳐나게 됐죠. 저는 사진으로 봤는데 선생님도 꼭 보셔야 해요. 오늘 보여 드릴 수 있으면 좋았을 텐데요.

어쨌건 우리 고향에서는 실크 공정이 느려터진 수작업이에요. 제가 아는 게 엄마가 가르쳐준 전통 방식뿐이긴 하지만요. 요즘 공장에서 대량 생산할 때 어떻게 하는지는 잘 모르겠어요. 우리 식으로는 먼저 누에고치를 골라요. 이물질이 묻었거나 모양이 이상한 것들은 삶아야 해요. 뜨거운 물 속에서는 모양이 전부 똑같아지거든요.

그런 다음엔 젓개로 저어서 실을 한 올 한 올 풀고 다시 그걸로 새 끼를 꼬아요. 튼튼한 새끼 한 줄을 만들려면 실 수십 가닥이 필요하죠. 색을 입힐 때는 꼰 실뭉치를 여러 가지 염료에 담그는데, 한 번에 한 묶음씩 물들여요. 이 모든 과정이 엄청 느리게 진행됐던 걸로 기억해 요. 특히 연분홍색과 자주색 같은 능수버들의 여리여리하고 밝은 색 들은 더더욱요."

환자와 의사의 전투

오늘날 인간의 상호작용은 자연적인 사회 정보의 총천연색을 갈수록 잃고 있다. 현대인은 사회의 풍성한 다차원성을 억누른다. 그래서 (스 스로 버린 것들을 나중에 아쉬워하거나 다시 갈망할지언정) 사회의 풍성함 이 주는 정신적 부담에서 스스로를 해방시킨다. 우리는 정보의 시각 적 흐름을 휴대전화 화면 안에 압축하거나 사회적 데이터 전체를 이 메일, 게시물, 문자 메시지라는 형식으로 단순화한다. 상호작용의 회 차마다 오갈 데이터의 양을 줄이는 이런 기술들은 하나하나가 일종의 절연제 역할을 하고, 원하는 이에게는 단발성 사회적 이벤트들의 발생 빈도를 높여 준다(그만큼 오해도 더 자주 빚는다).

한 번 연결될 때 전송되는 비트 데이터의 양은 줄면서 사회적 교류 상대와 접촉 횟수가 늘어나는 현상은 이미 현실적 임계점에 이르렀을지 모른다. 상호작용당 1비트(즉 '좋아요' 아니면 '싫어요'의 양자택일)의 데이터 양 수준으로 말이다. 이 마지막 1비트는 밀도가 어마어마해서 모두의 이목을 독차지하고 열정과 호기심을 불러일으킨다. 1비트 데이터에 사회적 맥락과 인간의 상상력—인간 대뇌겉질에 모델이 내장되어 언제든 가동할 준비가 되어 있는 기능—이 가득 충전되어 있기 때문이다. 현대인은 단어 몇 개 혹은 초성 몇 자로 서로 소통이 가능하다. 때로는 버튼을 누르거나 취소하는 단순한 동작만으로도 충분하다. 그럼으로써 우리는 사회의 복잡성과 예측 불가능성이 부과하는 압력을 덜어낸다.

이제는 오직 정보처리 속도가 빠른 대인 접촉만을 건강하거나 바람직한 상호작용의 표본으로 인정하던 사회성의 분류 기준을 완화할 때인지 모른다(사실 이미 살짝 늦은 감이 있다). 자폐증 환자들은—적어도 자-폐스펙트럼에서 최상위 범주에 속하는 사람들은—상호작용이 실시간과 엇박자로 일어날 때, 그런 까닭에 비트 전송률이 느리지만 정토가 맥락은 갖추고 있을 때 사회생활에 더 잘 적응하는 모습을 보인다. 비록 어느 상호작용 유형에든 여전히 오류와 오해의 소지가 있긴 해도, 적당한 시간 유예를 허락한다면 소통은 한결 원활해질 수 있다.

전송할 비트 데이터를 느긋하게 준비하고 준비가 다 되면 손짓 한

번으로 발송한다. 당장 답을 받을 필요는 없다. 데이터를 받은 사람은 전송된 비트 정보를 더 넓은 맥락에서 배치한다. 이 정보를 여러 각도로 평가하는 데는 수 분, 수 시간 혹은 수일이 걸린다. 그는 회신할 만한 대답 보기들을 찬찬히 공들여 검토하고 두 수 혹은 스무 수를 내다보는 체스 경기처럼 예상 시나리오들을 미리 돌려본다. 그러다 딱 맞는 답 하나가 떠오르면 손가락을 한두 번 까닥해 모두에게 알린다. 근대 후기의 모스 부호처럼.

자폐스펙트럼을 오직 마음 이론theory of mind(신념, 소망, 의도, 감정, 생각 등 사람의 정신 상태를 파악해 나와 다른 타인을 이해한다는 심리학 이론―옮긴이)의 문제로만 볼 필요는 없다. 마음 이론이 유명하고 편리하긴 하지만 자폐증 환자는 타인의 마음을 개념화하는 것이 근본적으로 어렵다고 여기기 때문이다. 많은 자폐 환자들의 경험을 설명하기에는 (광유전학 실험으로 뒷받침되기도 한) 비트 속도 제한 이론이 훨씬 더 나을 것이다. 이 이론은 자폐 환자들은 각자의 적재 용량에 맞추기까지 시간이 다소 걸릴 뿐 사고 모델을 돌리는 데에는 아무 문제가 없다고 간주한다.

정신의학 그리고 나아가 의학은―여전히 사람과 사람 간의 소통이 중심에 있긴 하지만―전통적인 대면 면담이 제공하는 것보다 훨씬 적은 양의 사회적 정보만 가지고도 살아남아 원활히 운영될 수 있다. 나는 이 사실을 근처 재향군인병원에서 레지던트로 일할 때 처음 깨달았다. 고강도의 밤샘 근무가 잦았던 그곳에서 나는 첫 만남의 수단이 빈약한 음성 채널일 때도 정신과에서 요구되는 특유의 인간적 유다가 형성될 수 있다는 것을 알게 됐다. 통화 시간이 충분히 길다면 전화 통화라는 저차원적 투영 기술을 통해 그게 가능했다.

그러다 시대적 요구에 따라 자의 반 타의 반으로 이 사실을 재발견 할 일이 생겼다. 코로나바이러스가 지구촌을 지배하던 2020년, 이제 는 임상교수가 되어 근무할 때였다. 나는 한 줄 통신선에 의지한 전화 통화로 정밀한 수준의 응급 정신과 상담이 가능하다는 사실에 순간순 간 감탄하지 않을 수 없었다.

재향군인병원(미국 캘리포니아 팰로앨토의 멘로파크 병원을 말한다—옮 긴이) 건물은 대학교 근처의 초록 푸르른 오르막 위에 신기루처럼 세워 져 있다. 한때 켄 키지 Ken Kesey가 쓴 소설《뻐꾸기 둥지 위로 날아간 새》 의 배경이었던 이 병원은 현재 세계 최고 수준의 연구 인력을 갖춘 대 학 연계 의료기관으로 변모했다. 모순들의 오아시스답게 이 병원은 아득한 시절 과학이라고 하기 힘든 정신의학의 부끄러운 과거를 여전 히 떠올리게 하는 동시에 신경과학이 새롭게 연 근미래의 희망을 제 시한다.

이곳에서는 당직 정신과 의사를 특이하게 엔포드(당번 신경정신과 의 사 neuropsychiatrist on duty, NPOD의 줄임말)라고 부른다. 엔포드—레지던트 한 명이 밤새 병원 전체를 상대한다—의 주 임무는 응급실에 들어온 환 자의 입원 여부를 결정할 때 의견을 보태고, 타과 입원병동의 자문 요 청에 응대하고, 정신과 격리병동의 환자들을 살피는 것이다. 하지만 지역의 자랑인 이 병원으로 도시 전역에서 걸려 오는 민간인의 전화 에 응답하는 것 역시 중요한 부속 업무다. 전화를 거는 이는 모두 퇴역군인으로, 특히 외상후스트레스장애_{PTSD} 환자가 많다(PTSD는 상당히 흔하지만 약물치료가 잘 듣지 않는 지독한 병이다).[14]

엔포드에게 연락한다는 것은 나머지 사람들이 전부 실패했다는 뜻이다. 다른 응급환자가 있든 없든 엔포드의 호출기는 병원에서 한참 떨어진 곳에 있는 퇴역군인 환자들의 부름으로 조용할 틈이 없다. 그들의 호출은 죄책감과 무력함에 시달리는 예민한 한 인간이 단지 자신을 이해해주는 누군가와 얘기하고 싶어서 내민 간절한 손길이다. 이런 통화는 일단 연결되면 한 시간 넘게 이어지는 게 다반사다. 직접 내원해주면 시간이 절약되련만, 순전히 청각에만 의지해 대화하려니 대면 상담할 때와는 다른 감각 모드를 켜야 한다. 그래야 자살 생각이라는 유령을 똑같이 예민하고 정확하게 감지할 수 있다.

전화는 항상 새벽 세 시쯤 걸려 온다. 입원실이나 응급실에 야단법석이 벌어지는 도중일 때도 있었고 허름한 휴게실에서 쪽잠이라도 자려고 눕자마자 일어서야 했던 순간도 셀 수 없다. 병아리 전공의 시절에는 그런 순간마다 솟구치는 화를 억누르기가 힘들었다. 무엇보다 그런 전화에는 뚜렷한 용건이 없다는 점을 나는 용납할 수 없었다. 전쟁을 경험한 참전용사들은 최소한 어김없이 그랬다. 그들은 단지 얘기할 상대가 필요한 거였다. 결국 나는 나 자신을 손발이 잰 의사에서 공감력이 뛰어난 말동무로 변신시키는 요령을 익혔다. 환자인 퇴역군인과 엔포드인 나. 우리는 각자의 방식으로 또 다른 전투를 벌이는 중이라는 것을 나는 차차 깨달았다. 그들은 과거의 상처에서 느꼈던 감정을 현재로 끌어오지 않으려고, 나는 한쪽의 추측과 비난을 다른 관점으로 확대하지 않으려고 고군분투하고 있었다.

보통 나는 당직 휴게실에서 쉬는 동안 몇 시간이고 이 전화를 받았다. 격리병동에서 누군가 흉통을 호소하거나 신체 구속 조치가 필요하다며 급히 호출이 왔을 때 바로 뛰어나가야 했기 때문에 수술복 차림 그대로였다. 전화기를 뺨과 어깨 사이에 불편하게 끼워 넣은 채 어처구니없이 딱딱하고 좁아터진 플라스틱 매트리스에 웅크리고 누워서 얇은 병원 담요 한 장을 덮었다. 뼈까지 시린 절망의 기운이 새벽부터 스미지 못하도록 하기 위해서였다. 친목을 도모하기에 좋은 상황이라고는 할 수 없었지만 어쨌든 매번 통화를 마칠 즈음에는 상대방도 나도 다음 관계, 다음 도전 혹은 한 토막 꿀잠을 향해 한 걸음 나아갈 수 있었다. 그것은 일종의 평화였고 전화선을 넘어 나눈 진실된 사회적 교류를 통해 다른 인간에게서 받은 온기라는 선물이었다.

재향군인병원에서 수련을 마치고 여러 해 뒤 코로나바이러스가 전 세계를 휩쓸자 이 시절의 경험이 새로운 방식으로 재현되기 시작했다. 전염병 통제를 위한 정부 정책 때문에 도심에서 전원 지역으로 인구가 뿔뿔이 흩어졌고, 각종 대면 모임은 제한되거나 금지됐다. 기존의 정신의학 문화는 더 이상 버틸 수 없는 상황이었다. 대안으로 의학 사상 유례없던 영상 진료와 전화 진료가 전국 규모로 승인됐고(대유행 기간에 병원을 함부로 갈 수 없는 형편이니 어쩔 수 없는 선택이었다) 환자들은 너도나도 원격 상담 예약을 잡았다. 가상 진료의 보편화가 기술적으로 가능해진 것은 이미 한참 전이지만 의료계의 반발로 답보 상태에 머물던 차였다. 당시 의료계가 부인할 수 없는 결점이라며 내세운

반대 이유는 대면 소통할 때만큼 충만한 정보 전달이 불가능하다는 것이었다.

젊은 환자들은 인터넷을 이용한 영상 진료에 금방 적응했다. 마치 이 방식이 다른 선택지들만큼이나 자연스럽고 심지어 더 낫다고 느끼는 것 같았다. 반면에 일부 나이 든 환자들은 신기술을 불편해하고 여전히 전화 통화를 선호했다. 그렇게 목소리에만 의존한 상담을 이어가던 중 한번은 나와 여러 해 동안 알고 지낸 팔십 대 중반의 스티븐스 씨가 연락을 해왔다. 통화하는 동안 나는 오직 음성 언어에만 몰입한 왕년의 집중력과 감정이 내 안에서 순식간에 되살아나는 느낌에 흠칫하지 않을 수 없었다. 시간에 따라 변하면서 전화기 너머로 흘러드는 소리의 가느다란 파동은 레지던트 시절 당직을 설 때마다 내게 정신과 맞춤 돌봄 기술 수련을 반강제로 시켰던 순도 100퍼센트의 청각 정보였다.

당시 스티븐스 씨는 4주 전 우울증이 재발해(코로나가 캘리포니아에 대유행하기 전의 일이다) 나는 처방 중 한 가지 약의 용량을 올렸다. 그날 본격적인 상담에 앞서 가벼운 안부를 나누는데(만약 자살 위험성이 있었다면 이렇게 시간 맞춰 통화할 일이 없을 거라는 사실을 알면서도 증세 얘기를 꺼내는 데에만 늘 예열 과정이 필요했다) 내가 그의 음색과 어조, 말을 잇고 끊는 박자와 운율에 집중하면서 재향군인병원 시절 퇴역군인 환자들로부터 배운 생사 판단 기술을 쓰고 있다는 것을 깨달았다. 나는 그의 정신 상태에 대해 파악해야 할 것들을 벌써 다 알고 있었다. 증세와 기분 얘기를 하는 단계에는 아까 알아낸 사실을 재확인했을 뿐이

었다. 그의 우울증이 약 20퍼센트 나아졌다는 정량적이고 확실한 사
실을 말이다.

우리 주변에서도 사회성이 유난히 좋은 유형의 사람은 이 기능을
상시 가동한다. 적재 용량이 보통이 아니어서 노력이나 연습이 따로
필요하지 않은 데다 산사태처럼 밀려 들어오는 사회적 데이터를 시간
차 하나 없이 적확하게 꿰뚫어 보고 순간의 의미를 명료하게 짚어내
는 사람들이다. 그러나 우리 모두는 온전한 전체가 각 부분에 투영되
어 담긴다. 정보 적재 용량이 아무리 적은 사람도 연결될 것은 다 연결
된다. 시간이 좀 걸릴 뿐이다.

히잡 쓴 소녀의 비밀

"얘기를 더 나눌 수 있으면 좋았을 텐데요." 아이누르가 진료실 문가
에 서서 말했다. 복도는 조용했고 카펫은 우중충해 보였다. "다시 뵙
고 싶지만 아마 그러기는 힘들겠죠. 아쉽네요. 시간이 없다는 거 아는
데 하나만 더 말씀드릴게요. 선생님이 아셔야 할 제 마지막 기억이에
요. 유럽을 떠나는 날 아침, 남자가 아니라 한 소녀를 지켜보게 된 얘
기거든요.

아침 여섯 시였고 아파트에서 마지막 차 한 잔을 마시면서 창문 밖
을 내다보고 있었어요. 공항으로 떠나기 전에 마지막으로 짧게 추억
에 잠기면서 감사의 마음을 표한 의식이라고나 할까요. 그렇게 멋진
전망은 아니었고 골목골목 늘어선 회색 건물들이 다였어요. 하지만
이제 파리와는 작별이었고 그래선지 조용히 감상에 젖었죠. 그곳에서

많은 걸 배웠고 저 자신이 여러 가지로 달라졌어요. 프랑스 의사들이 제 생명을 구한 걸지도 모르고요. 그런 생각을 하면서 연하게 낀 새벽 안개를 가만히 보는데 건너편 동에서 히잡을 쓴 열 살 남짓한 소녀가 작은 발코니에 혼자 모습을 드러냈어요.

전에도 가족과 함께 지나가는 것을 가끔 본 아이였어요. 소녀에게 는 여동생이 있는 것 같았고 자매가 부모님과 함께 사는데 온 가족이 프랑스 방식을 따르지 않고 전통 의상을 입고 다녔어요. 정확히 어느 나라인지는 모르겠지만요. 하지만 이건 훨씬 전의 일이고 그날은 아이 혼자였어요. 소녀는 동쪽을 한참 바라보다가 컴컴한 실내로 재빨리 시선을 돌렸어요. 표정은 비장하고 심각했죠. 해돋이를 감상하러 나온 게 아니었던 거예요.

소녀가 발코니 구석으로 가더니 해를 등지고 서쪽을 향해 섰어요. 저는 숨을 멈추고 소녀의 행동을 주시했어요. 그런 식으로 뛰어내리 는 저 자신을 수도 없이 상상했거든요. 바로 이 창문가에 서서요.

소녀는 휴대전화를 꺼내 잠시 보고는 다시 고개를 들더니 팔을 앞으로 쭉 내밀었어요. 한순간에 소녀의 분위기가 영화배우처럼 변하고 얼굴에서 환한 빛이 나더군요. 아이는 셀카를 찍으려던 거였어요.

잠시 후 소녀가 다시 고개를 숙여 휴대전화에 찍힌 사진을 확인했어요. 그 자세로 거의 1분을 있다가 반만 열어놓은 미닫이 유리문 안쪽을 흘끔 바라봤어요. 집 안은 여전히 어두컴컴했고 아무 이상 없는 듯했어요.

그렇게 10분을 더 마음 졸이며 관찰하는 동안 소녀는 두 자세를 번

갈아 가며 계속 사진을 찍었어요. 명랑한 셀카를 한 장 더 찍고 우스꽝스러운 오리 표정을 한 사진, 혀를 내민 사진, 턱 바로 밑에서 손가락으로 V자를 만든 사진도 찍더라고요. 그렇게 한 장 한 장 찍을 때마다 소녀는 빨려 들어갈 것처럼 고개를 숙이고 사진을 엄격하게 검사했어요. 대단한 집중력과 열정이었죠. 아주 어렵게 훔친 기회 같았어요. 엄마가 샤워 중이어서 언제든 나타날 수 있는 상황이던가 해서요. 소녀는 계속 앞으로 갔다 뒤로 갔다 하면서 무슨 꼭두각시처럼 똑같은 자세들을 반복해서 취했어요. 아이를 오래 봐왔고 애착 인형을 안고 다니던 꼬마 시절에는 아이 마음을 어림짐작할 수도 있었지만 이날은 전혀 다른 무언가가 소녀를 움직이고 있었어요. 전혀 어린아이답지 않은 욕구가 일으킨 새로운 본능이요.

마침내 흡족한 사진이 나왔나봐요. 소녀가 문을 열고 집 안으로 사라졌어요.

저는 깊은 슬픔과 기쁨과 질투를 동시에 느꼈어요. 영어로 이걸 뭐라고 하죠? 예전에도 느낀 적 있었어요. 세 가지가 뒤섞인 이 감정을요. 분명히 단어가 있을 텐데. 세 가지 기초 감정이 넘실대고 굽이치면서 단단한 하나의 공 모양으로 뒤엉켜 있었어요.

질투를 느낀 건요, 소녀가 종교와 성별과 나이대는 비슷하지만 여전히 우리 고향 문화와 다른 점이 있어서예요. 소녀는 축복받았고 재능이 있는 데다 제가 가져보지 못한 여행의 자유가 있었어요. 저는 저 자신에게 지나치게 엄격했어요. 억눌려 고통받는 고향 사람들 생각 때문에요.

기쁨은 소녀의 여정이 시작됐다는 사실에서 나온 감정이었어요. 소녀는 부모님의 고국을 떠나 큰 세상으로 들어왔고, 이제 문화라는 천을 새로 길쌈하듯 스스로의 길을 자주적으로 개척할 준비가 되어 있었으니까요.

물론 이런 순간이 하루에도 수천 번씩 전 세계에서 일어나겠지만, 아이 부모는 방금 발코니에서 무슨 일이 벌어졌는지 절대 모를 거라는 사실이 저는 슬펐어요. 완전히 남남인 저도 아는데 말이에요. 부모 손을 떠난 소녀에게 부모 입장에선 가슴 저미는 평생의 비밀이 생긴 거예요. 제 생각에 이 슬픔은 제 이기심 때문이기도 했던 것 같아요. 여러 면에서 제가 소녀와 비슷하다고 느끼면서도 소녀를 진정으로 알게 될 일은 없다는 것을 깨달았으니까요. 저는 여전히 유약하고 텅 빈 기분이었어요. 기형종 때문에요. 모든 일들 때문에요.

전 소녀의 일부분을 잃은 것과 거의 동시에 다른 일부분을 발견했어요. 제가 소녀를 위해 존재하는 사람이 아니고 앞으로도 그럴 리 없듯, 소녀 역시 제 인생에서 찰나를 장식한 씨실 한 가닥으로 사라졌어요. 그 실 가닥이 유난히 튼튼하고 견고하긴 했지만요. 날실보다 씨실이 훨씬 두꺼워서 가로로 홈이 패는 그로그랭_{grosgrain} 리본처럼요.

이상한 말이지만 소녀라는 굵은 실 가닥은 제 마음에 그 무엇의 접근도 가로막는 공백을 만들었어요. 고작 몇 분이나마 소녀에게 깊이 공감했지만 지금 제 안에 소녀는 사라지고 없어요. 막막하지만 소녀를 되찾을 방법을 찾아야 할 것 같아요."

Projections

상처가 건네는 이야기

고통을 주듯 기꺼이 고통을 느끼고, 쾌락을 주는 것만큼 쾌락을 느끼려 한 그녀의 인생은 실험적이었다. 어머니의 말을 엿듣고 계단을 뛰어 올라갔던 그날 이후, 중간 부분이 막혀 있는 강둑에서 책임감이라는 중요한 감정을 떨쳐냈던 순간부터 내내 그랬다. 첫 경험에서 그녀는 자기 자신 말고는 의지할 사람이 이 세상에 아무도 없다는 사실을 배웠다. 두 번째 경험은 의지할 수 있는 자아라는 것도 없다는 것을 가르쳐주었다. 그녀에게는 성장해갈 중심도 일말의 가능성도 존재하지 않았다.

—토니 모리슨, 《술라》

열아홉 소년 헨리는 버스 통로에서 알몸으로 구르는 모습으로 발견됐다. 구급대원이 도착했을 때 그는 사람을 잡아먹는 상상을 하고 있었다고 얘기했다. 피 칠갑을 하고 인육을 뜯는 자신의 모습을 봤다는 것이다. 그러나 경찰 손에 이끌려 가까운 병원 응급실로 들어오고 나서는 당직 정신과 의사였던 내게 누구라도 공감할 만한 다른 얘기를 들려줬다. 여자 친구와 헤어진 절망감에 자살을 생각하며 버스에서 난동을 부리다 여기까지 왔다는 얘기였다.

나는 진단명을 추측하지는 않고—가능한 선택지가 아직 너무 많았다—일단 마음 가는 대로 헨리가 묘사한 장면을 머릿속에 그렸다. 석 달 전 그는 태어나서 처음으로 마법처럼 사랑에 빠지는 느낌을 경험

했다. 의자 비닐 커버가 다 찢어진 교회 버스 안에서 안감이 털로 된 쇼트코트 차림의 셸리가 뒤돌아 그에게 입을 맞췄을 때였다. 순간 햇살이 나무 그늘과 안개를 뚫고 자신에게 쏟아지는 것 같았다. 해안가 삼나무 숲에 드리운 초봄의 쌀쌀한 공기에 익숙했던 헨리는 유리창을 뚫고 피부에 와닿은 급작스러운 온기에 화들짝 놀라 어쩔 줄 몰랐다. 셸리의 체온과 그녀의 붉은 입술 때문에 달아오른 열기가 그녀와 태양을 헨리 안으로 끌고 들어왔다. 셸리는 그를 온 세상과 연결시켰고 그녀 역시 헨리 안의 모든 것과 이어졌다.

하지만 석 달이 채 지나지 않은 지금은 모든 게 사라져 있었다. 한여름의 태양은 매섭도록 춥기만 했다. 이틀 전 셸리는 식당에서 만나 이별을 통보하고는 영영 가버렸다. 그때 헨리는 주차장에서 차를 몰고 사라지는 그녀의 뒷모습을 보지 않으려고 눈을 가렸다. 그는 두 손으로 깍지를 끼고 눈을 덮는 시늉을 내게 똑같이 해보였다. 그가 눈을 가린 것은 다른 남자에게 가는 셸리가 마지막으로 남긴 시뻘건 후미등의 잔상으로부터 자신을 보호하기 위해서였다. 헨리는 자신에게 아무것도 남지 않은 것 같았다. 셸리와도, 다른 그 누구와도 단절되어 버렸다.

여자 친구가 떠나는 것을 보지 않으려고 눈을 가리다니 성인 남자가 아니라 유아에게나 어울릴 미숙한 방어 행동이라고 나는 생각했다. 그는 여기 8번 진료실에서 당시 상황을 재연하는 일종의 공연을 하고 있었다. 그러면서 자신의 손 대신 나를 관찰하고 내 반응을 살폈다. 내가 쳐다보자 그가 팔을 더 높이 들어 헐렁한 소매가 팔꿈치까지 밀려 올라갔다. 그 순간 면도날로 새긴 지 얼마 된 팔뚝의 평행사변형 무늬가 드러났다. 거칠고 조악해 보이는 상처는 아직 진홍색이었다. 자신의 고통과 공허함을 보여주려고 일부러 그은 게 분명했다. 이제 는 누구나 그의 황량한 내면을 찢어진 살갗 사이로 볼 수 있었다.

그 순간 모든 이미지가 하나로 합쳐지면서 짧은 병명이 내 머릿속 에 떠올랐다. 타인에게 잔인한 폭력을 휘두르는 상상, 자해 행동, 버스 에서 저지른 기행 그리고 이별을 마주하기 싫어서 눈을 가리는 행동 까지, 증상 하나하나는 수수께끼 같더니 모든 실마리가 연결되어 순 식간에 전체 그림이 이해되기 시작했다.

생각한 진단명은 경계성격장애였다. 경계성격장애는 감정조절장 대증후군emotional dysregulation syndrom처럼 증상을 더 많이 고려하기 때문에 시간이 지나면 바뀔 수 있는 임시 명칭이지만, 이름표야 어쨌든 모든 인간에게 보편적인 요소인 사람 마음의 근본적 일면을 설명한다. 이 단어는 헨리가 어떤 혼란 상태에 있는지를 또렷하게 알려주고 그의 복잡한 심리를 어느 정도 헤아리게 했다. 무엇보다 그의 정신이 비현 실과 현실의 경계에서, 불안정과 안정 사이에서 왔다 갔다 한다는 것 을 알 수 있었다. 그는 빛을 가려 빛줄기에 담긴 잔인한 진실을 굴절시 키려 했다. 무방비한 상처투성이 내면을 보호하고 살갗이라는 경계 를 넘어 몸속으로 흘러드는 것들을 미련한 방법으로 통제하려 했던 것이다.

정신과에서는 모든 증례가 쉽지 않지만 헨리처럼 여러 증상이 뒤섞 인 환자는 처음이었다. 질문을 던지면 던질수록 일정 패턴에 딱 들어

맞는 새로운 사실이 자꾸 튀어나왔다. 결국 그는 구급대원을 아연실색하게 만들었던 식인의 환상을 다시 토로했다. 실제로는 남에게 손끝 하나 대지 않으면서 길에서 만나는 모든 행인이 단순히 인간이라는 이유로 밉다고 했다. 사람과 마주치면 그들의 내장이 보였고 어느 순간 그것이 자신의 배 속에 들어가 있었다.

햇빛은 아팠고 차가우면서 단단했다. 그래서 헨리는 교회 버스에서 셸리와 키스하던 순간의 감정을 다시 느끼기 위해 동네 버스에서 홀딱 벗은 채 태양이 예전처럼 살갑게 느껴지는 살 조각을 찾으려고 했다. 그의 눈에는 사방이 피투성이였다. 그는 그 속을 헤엄치고 다이빙하고 한없이 가라앉았다. 경찰이 주법령 5150호 조치를 발동해 내가 근무하던 인근 응급실로 데려오기에 충분한 상황이었다.

5150호 명령에 따라 병원에 실려 오는 사람들 중 일부는 입원을 기피하고 일부는 오히려 입원하고 싶어 한다. 이때 내 임무는 옆에서 누가 돌봐야만 목숨이 붙어 있을 수 있는 환자를 골라내 병원이라는 현실 세계의 경계선을 그어주는 것이다. 정신과 의사로서 내게 주어진 강제집행권에는 두 가지 선택지가 있었다. 하나는 헨리를 그날 바로 귀가시키는 것이고 다른 하나는 강제로 격리병동에 넣는 것이었다. 후자인 법적 감호 상태에서는 본인의 의지와 상관없이 환자를 최대 3일까지 묶어 둘 수 있었다.

진단이 얼추 결정됐으니 이젠 기록을 작성할 차례였다. 그런 다음에는 환자 평가를 마무리하고 치료 계획을 세워야 했다. 이는 곧 그의 진술을 처음부터 다시 정독한다는 것을 뜻했다. 나는 시선을 차트 위로 떨구고 헨리의 인생으로 걸어 들어간 순간으로 돌아갔다.

정상과 비정상의 경계에서

최근의 기술 붐이 지역에 자본을 유입시키고 응급의학과의 현대화를
실현하기 이전, 언덕배기 동네의 코딱지만 한 8번 진료실은 급히 도움
이 필요한 정신과 환자들에게 중요한 집결지 역할을 20년 넘게 해왔
다. 모든 게 고밀도 네트워크로 연결된 실리콘 세상의 설계자와 창조
자치고 고작 변소만 한 크기의 이 8번 진료실을 한 번쯤 들르지 않은
이는 찾기 힘들었다. 이 언덕 마을은 그들의 집이었고 이곳은 그들이
다니는 병원이었으니 당장 정신건강 관리가 필요한 사람들이 이 응급
실 골방으로 모인 건 당연했다. 창문 하나 없는 8번 진료실은 이 언덕
에 사는 사람들 대부분, 위태로운 마음들에게 숨 쉴 창문이었다. 집에
서 창문 너머로 보이는 풍경에 의미가 생기는 것처럼 8번 진료실은
중요한 곳이었다.

그러나 실제 8번 진료실은 어두침침하고 협소해서 간이침대 하나
간신히 들어갔다. 밖에는 제복 차림의 서글서글하게 생긴 안전요원이
지키고 서 있었고, 방 안에는 문 바로 옆으로 의사가 앉을 의자가 하나
놓여 있었다. 응급실에선 어떤 돌발 상황이 생길지 모른다. 그래서 응
급 환자를 보는 정신과 의사는 (모든 응급의학과 의사와 마찬가지로) 원
만한 대화가 어려워질 경우를 대비해 늘 탈출로부터 확보하고 출구
가까이에 자리를 잡으라는 가르침을 받는다.

헨리를 처음 만났을 때도 출구 확보가 중요하다는 생각이 들었다.

야구모자를 쓰고 청바지를 입은 헨리는 키도 덩치도 나보다 컸고, 운동선수만큼은 아니지만 근육이 탄탄했다. 이쪽을 보는 얼굴은 혐오로 일그러진 표정을 하고 있었다. 나는 최대한 덤덤한 체했지만 긴장감에 명치 아래가 딱딱하게 뭉치는 게 느껴졌다. 나는 문을 끝까지 닫지는 않고 내 소개를 하면서 의자에 앉았다. 그런 다음 응급실에 오게 된 까닭을 헨리에게 물었다. 문틈으로 응급실의 익숙한 소음이 들렸다. 나는 선배들에게 배운 대로 이 배경음악을 뒤로 하고 환자의 입에서 곧 나올 첫 단어들을 차트 맨 윗줄에 옮겨 적을 준비를 했다.

정신과 의사라고 해도 처음부터 뇌에 집중하는 것은 아니다. 응급실에서든 일반 병동에서든 몸 전체의 모든 장기 조직을 살피고 췌장염부터 심장마비, 암까지 다양한 병을 진단해 치료하는 보통 의사로 의업의 첫발을 뗀다. 의사 면허를 딴 후 1년에 걸쳐 이루어지는 이 전방위적 훈련 기간 동안 우리는 의료계의 규칙 같은 절차들을 몸에 익힌다. 환자 정보를 정확히 전임의―인턴과 레지던트의 업무 보고를 받는 상급 실무자―가 기대하는 순서로 전달하는 일도 여기에 포함된다. 이 신성한 순서는 나이, 성별, 주 호소 증상 혹은 주소主訴의 삼위일체로 시작된다. 주소란 쉽게 말해 환자가 자기 입으로 털어놓는 응급실을 찾아온 이유를 뜻한다. '78세 여성, 주 호소 증상-지난 2주간 점점 심해진 기침'이라는 한 줄 설명은 병력조사, 신체검사, 실험실 검사 등등 어떤 검사에도 우선한다. 의사들이 이 순서를 고집하는 것은 현재 두드러지는 문제에 집중하기 위해서다. 특히 환자가 지병을 여럿 앓고 있어서 한꺼번에 다 생각하면 어지럽기만 한 경우는 이 방식이 크게 도움 된다.

그러나 정신과에서는 의학의 관습이 실무와 잘 안 맞을 때도 있다. 인턴을 마치고 전공과로 들어가는 레지던트 1년차 때는 괴리감이 한층 크게 느껴진다. 새 환경에 적응하고 전공 공부에 매달리는 데만도 삐-듯한 병아리 레지던트에게는 인턴 시절의 리듬을 갓 합류한 정신과에 맞게 조율할 시간 여유가 없다. 그래서 질문을 받은 정신과 환자의 입에서 가장 처음 나오는 말들을 어처구니없이 받아쓰기 한 차트 기록들이 난무한다. '22세 남성. 주 호소 증상-당신의 에너지를 내 안에서 느낄 수 있어요; 62세 남성. 주 호소 증상-치료 받으면서 울려면 조-낙스가 필요해요; 44세 남성. 주 호소 증상-망할 병이 날 통제하려고 해. 이제 내가 죽으면 더 이상 따라오지 못할걸. 할 수 있으면 어디 해봐. 엿이나 드시지.' 이런 식이지만 아무튼 그대로 받아적는 수밖에 없다.

나는 헨리의 주 호소 증상을 파악하려고 어떻게 응급실에 오게 되었느냐는 미끼 질문을 던졌다. 그런 다음 그의 대답을 차트 첫 줄에 성실하게 옮겨 적었다.

"경찰에게 연행되어 온 19세 남성. 주 호소 증상-아빠가 그랬어요. 조-살할 거면 집에서 하지 말라고요. 엄마가 아빠 탓을 할 거래요."

당시 다음 질문을 쉴 틈 없이 쏟아부은 게 기억난다. 그럼에도 헨리는 단 한 순간도 머뭇거림이 없었다. 그는 이제 막 시작이었고 수문이 계속 열리고 있었다. 그의 입에서 나오는 단어들은 조리 있었고 청산유수로 흘렀다. 돌이켜 생각하니 모든 정황이 경계성격장애 진단을 가리키고 있었다. 그는 죽고 싶을 정도의 절망감의 근원이 결별이라는 식으로 얘기를 이어갔다. 몇 달 전 교회 야유회에서 달콤한 입맞춤으로 시작된 완벽한 사랑이 그저께 한 식당에서 그를 떠났다. 그날부터 지난 이틀 동안 고통스러운 시간을 어떻게 보냈는지 그는 술술 풀어나갔다. 몰래 자해하는 방법을 우연히 배운 일, 바로 아버지를 찾아가 상처를 보인 일, 아버지의 매몰찬 반응에 뛰쳐나가 길거리를 헤매며 미친 듯이 버스를 찾아다닌 일까지 얘기했다. 셸리와 처음 닿은 순간의 느낌을 되찾고 싶었다고 했다. 중간에는 부모의 이혼 얘기도 들려주었다. 그가 세 살 때였는데, 엄마 무릎을 끌어안고 "새아빠는 싫어."라고 소리 지르며 울었던 것을 생생하게 기억하고 있었다. 하지만 엄마는 단호했다. 어린 아들의 눈물 앞에서도 표정은 덤덤하고 침착하기만 했다. 헨리는 부서진 가정이 자신에게 안긴 혼란을 자세히 설명했다. 한때 서로를 세상 누구보다 사랑했던 두 사람이 하루아침에 가장 증오하는 사이로 변했다. 납득되지 않는 상황에 헨리로서는 부정적이든 긍정적이든 인간의 모든 가치가 뒤집힐 수밖에 없었다. 그는 두 집을 오가며 단절된 두 세상에서 사는 법을 배웠다. 저쪽 집에선 이쪽 부모 얘기를 꺼낼 수 없었고, 자신이 살아남으려면 공존 불가능한 두 개의 현실을 창조해 따로따로 유지할 수밖에 없었다.

마지막으로 그는 구급대원과 응급실 사람들에게 진술했던 피바다와 식인의 환상과 함께 타인에 대한 혐오 감정을 내게 고백했다. 그는 단순히 사람들과 거리를 두고 싶은 게 아니라 모든 인간이 역겨웠다.

만약 학부생 시절의 나였다면 그가 현실과 동떨어져 있다고 판단하

그 조현병이나 정신병적우울증_{psychotic depression}으로 오진했을 것이다. 하지만 헨리는 정신이 맑고 사고도 논리적이어서 딱히 현실에서 이탈했다고는 볼 수 없었다. 정상과 비정상의 경계에 있는 사람은 현실과 왜곡된 세상을 주체적으로 왔다 갔다 하면서 두 세계의 언어를 모두 쓴다. 망상까지는 아니지만 다른 틀의 생각과 말을 하면 혹독하고 예측 불가능한 현실을 버티는 데에 도움이 되기 때문이다.

　종종 경계성격장애 환자들은 자아와 자아 바깥 것들의 정의가 모호한 것처럼 보이곤 한다. 어느 한쪽도 일정한 속성과 가치를 지닌 독립적 존재로 인식되지 않는 것이다. 그들에게는 사는 동안 마주치는 여러 상황과 다양한 인간 상호작용 수준의 상대적 가치가 간단하게 비교되지 않는데. 그런 까닭에 적당한 중간 없이 허무맹랑한 걱정에 빠지거나 자연스러운 주고받음의 인간관계에 극단적인 반응을 보인다. 마치 일종의 가치 환산 시스템이 발달하다 만 것 같다. 그래서 서로 다른 카테고리에 속하는 인간 가치들을 공정하게 비교할 줄 모르고 감정과 행동을 딱 적당하게 계량해 내보내는 일에 서툴다.

　그러나 이처럼 부적절해 보이는 극단적 행동 패턴(이런 행동 패턴은 다른 정신질환에서도 나타날 수 있고 때로는 보통 사람에게서도 목격된다)은 어린 시절의 트라우마를 딛고 살아남기 위한 실용적인 전략이기도 하다. 어릴 때의 트라우마에 시달리는 많은 경계성격장애 환자의 극단적 행동은 세상을 이해하는 단일하거나 일관된 가치체계가 존재하지 않는 그들만의 현실을 반영한다. 이런 환자들은 인격 발달의 다른 측면들도 어린 시절에 얼어붙어 있는 경우가 흔하다. 어른이 되어서도 담요나 봉제인형 같은 애착 물건에 계속 의지하는 게 그 예다. 어릴 때 그랬던 것처럼 꼭 끌어안으면 안정감이 느껴져서 덜 안전한 환경으로 나아갈 용기가 생기기 때문이다. 셸리의 마지막 뒷모습에 헨리가 눈을 감아버린 것 또한 어린아이의 방어 행동이었다. 어린아이는 인정할 수도 감당할 수도 없는 현실을 마주하는 대신 회피해버린다. 이런 모든 행동은 친구와 가족, 의료진을 불안하게 만들지만 경험이 쌓이고 요령이 생기면 동정심을 유발하는 데 이용되기도 한다.

경계성격장애 환자들(그리고 환자라고는 할 수 없지만 비슷한 성향이 있는 많은 이들)은 폐부를 찌르는 공허함과 갑작스러운 감정 변화라는 이 약점을 혼자만의 비밀로 지키려고 애쓴다. 또 몇몇은 소리 없는 구원이자 저주이기도 한 또 다른 비밀을 간직한다. 바로 팔, 다리, 복부 같은 곳을 스스로 베어서 피부에 상처를 내는 것이다. 쓸모 있는 경우 말고는 절대 남에게 보일 필요가 없는 상처다. 헨리가 제 몸에 상처를 만들고 십중팔구 일부러 내게 보임으로써 채우고자 한 결핍은 무엇이었을까? 그의 상처가 마음속, 특히 내 마음속에 어떤 반응을 일으킬지 다 알면서 상처를 노출한 것일까? 경계성격장애 환자들은 거의 감정 유도의 전문가다. 그들은 압도적인 부정적 혹은 긍정적 감정을 불러일으키는 실력이 탁월하고, 자신뿐만 아니라 주변 사람들의 마음까지 움직인다. 이 기술은 그들이 원하는 결과를 일종의 보상으로 가져다줄 수 있다. 그런 보상에는 병원에 입원하는 것도 포함된다(가끔은 자살 의도가 없지만 입원하는 게 궁극적 목표인 환자도 있다).

헨리가 팔을 치켜든 시점과 내 반응을 티 나게 신경 썼다는 점을 곱

씹을수록 나는 그 순간의 모든 상황이 주도권을 쥐기 위한 연출이었다는 확신이 들었다. 내 생각에(사실 그의 작위적 행동 때문에 생각이 자꾸 흔들렸다) 그에게는 자살 위험성이 없어 보였고, 피바다 환각이나 식인 충동 역시 진짜가 아니었다. 그가 범죄자이거나 반사회적 인간형인 것도 아니었다. 내가 알아낸 바로는 그는 자기 자신 말고 어느 누구도, 벌레 한 마리조차 일부러 해친 적이 없었다. 무엇보다 실제로 자살을 시도한 일이 한 번도 없었기 때문에 나는 그가 죽고 싶어 하는 게 아니라고, 적어도 지금은 그렇다고 스스로 설득했다. 그의 고통은 진짜였지만 자해 행동은 또 별개였다. 자해는 현실과 비현실의 경계를 숨차게 넘나들면서 보살핌받는 느낌과 인간적 유대감을 찾아다니는 행위였다. 헨리는 자신의 피부를 뚫고 나가 사람들에게 다가가서는 살과 살이 맞닿은 온기를 느끼고 싶었다. 언제든 차게 식을 수 있는 온기지만 따뜻한 담요를 껴안듯 죽어라 움켜쥐고 싶었다. 다시 경험하지 못할 깊은 유대감, 살갗과 살갗이 맞닿은 기분을 되찾고 싶었다. 하지만 엄마의 얼굴은 냉정하고 무표정하기만 했다.

당시 내게는 촌각을 다투는 일거리가 줄줄이 대기 중이었다. 이런저런 과들은 협진 요청 때문에 계속 호출해댔고, 다른 병원에서 이송돼 오는 환자 소식에다 격리병동에는 위장관 출혈 의심 보고까지 있었다. 하지만 내 능력은 무궁하지 않았다. 어쩌면 헨리는 그걸 눈치채고 전략적으로 얘기를 들려주었을 것이다. 말만 잘하면 이 의사가 그 밤에 자신을 혼자 냉랭한 팰로앨토 평야로 돌아가게 두지 못하리라는 것을 알았으리라. 그는 내게서 무언가를 원하고 있었다. 하필 내게는 값을 매길 수 없을 만큼 귀중한 것, 나 자신―내 시간과 에너지―을 말이다.

생각이 여기에 미치자 찌릿한 감각이 등줄기를 타고 올라오는 게 느껴졌다. 흔히 사람들이 사적 공간을 침해당했을 때 피부로 느끼는 방어적인 분노였다. 그가 겪는 고통이 진짜임을 알면서도 내가 그에게 건넬 수 있는 연민은 의사로서 이성이 납득하는 범위 딱 거기까지였다. 지금 내 안에서 솟구치는 보편적이고 원시적인 본능은 나 자신에 대한 동정 외에는 그 무엇도 신경 쓰지 않았다. 목을 타고 두피로 올라온 감정은 온 머리털을 쭈뼛쭈뼛 세웠다. 이것은 오직 포유동물만이 태곳적부터 맹렬하게 경험해왔고 우리의 피부, 경계, 우리 자아를 정의하는 감정이었다.

방어기제와 감정전이

모든 감정에는 저마다 물리적 성질이 있다. 사랑에 빠지면 가슴이 몽글몽글해지는 느낌이 드는 식이다. 영역 침범이 불러오는 분노는 피부라는 물리적 경계에서 느껴진다. 우리 조상들은 털을 바짝 세워 덩치가 커 보이게 하는 특정 자세로 이 느낌을 표출했을 것이다. 하지만 벌거벗고 다닐 일이 없는 현대인은 감정을 속으로만 삼킬 따름이다. 각자 혼자 사용하려고 개인적으로 간직한 보이지 않는 유산인 셈이다. 헨리는 내게 다가와 1억 년 전 인류의 조상이 느꼈던 것과 똑같은 감각을 내 안에 깨웠고, 나는 각성하자마자 머리털이 일어섰다. 목을 따라 머리를 덮은 피부조직이 털구멍들을 조인다. 모발이 꼿꼿이 서서 키가 커지고 세상의 눈에 비치는 내 체격이 한층 커 보인다. 이게 나다. 나는 당신이 생각하는 것 이상의 존재다. 나는 훨씬 중요한 사람이다. 나는 대단하다.

이름은 없지만 모든 인간이 강렬하게 느끼는 이 감정은 긍정적인 내면 상태와 부정적인 내면 상태가 뒤얽혀 있어서 쾌감과 분노의 짜릿한 떨림을 선사한다. 고양된 마음에 시야는 확장되고 머리털이 곤두서면서 스스로 둥둥 떠오르는 느낌마저 든다. 나는 담대해진다. 이제 위험은 일부러 찾으러 다닐 목표물이다. 위험에 살고 위험에 죽는다. 지금 이 순간, 나는 어떤 결과도 감당할 수 있다. 나를 어디로 데려가든 기꺼이 위험과 함께 할 작정이다. 경계는 느낌이고 이 느낌은 곧 내 경계다. 그러고 나니 목과 등의 털들이 다시 천천히 눕는다. 내게는 의사 면허가 있다. 나는 문명화된 행성에서 하얀 가운을 입고 일하는 의료 전문가지만 한계도 있다. 파도가 몰려왔다가 밀려나듯, 느낌도 그 원시적 마력과 함께 잦아든다.

나는 예전에도 다른 경계성격장애 환자로부터 비슷한 경험을 한 적이 있었다. 그런데 아마 헨리는 자신이 그 순간 내게 이 감정을 깨웠다는 것을 몰랐을 것이다. 아기 역시 부모에게 강렬한 감정을 일으키지만 누가 가르쳐서 그러는 것은 아니다. 헨리는 어렸고 학교를 다니다 말았기 때문에 경계적인 아기나 마찬가지였다. 그는 망가진 굴에서 나온 인간 포유류였다. 그가 세 살 때 살던 굴이 망가졌고 그곳에서 그는 경계적 인간으로 다시 태어났다. 다시 태어났을 때 그의 시간은 멈춰버렸다. 그는 어린아이 수준의 방어 메커니즘만 갖춘 상태였지만 손에는 또 다른 도구가 쥐어 있었다. 타인의 경계를 찢고 넘어와 그 피부 아래로 들어가서 그 사람의 가장 은밀하고 오래된 자원을 캐갈 도구가.

피부는 경계이자 망루다. 피부는 배아기의 외배엽_{ectoderm}이 발달해 만들어진다.[1] 외배엽은 생애 최초의 경계막인 세포 표면층으로, 자아와 비자아를 구분하는 가장 기본적인 경계선이 된다. 자아와 바깥세상 사이의 경계에 자리한 이 망루에서 우리가 감지하는 느낌은 촉감, 진동, 온도, 압력, 통증을 감지하는 피부 속 감각 조직들과 함께 외배엽에 뿌리를 두고 형성된다. 더불어 지금은 머리뼈 안에 꽁꽁 숨겨져 있는 뇌 역시 기원은 외배엽에 있다. 외배엽 세포층이 심리적으로도 물리적으로도 개인의 모든 경계를 설정한다는 소리다.

그런데 머리카락과 몸의 털 역시 피부에서 난다. 아마도 시작은 수염이었을 것이다. 6,500만 년 전 거대 운석이 운명을 뒤바꿔[2] 대부분의 생물종이 멸종해가는 가운데 허허벌판이 된 세상으로 나오기 전, 인류의 멀고 먼 조상인 포유동물은 지구를 지배하던 공룡을 피해 4,000만 년 동안 굴을 파고 숨어 살았다. 굴속에서는 주둥이 근처 섬유조직이 중요한 촉각기관이었다. 이 원시 형태의 털을 이용하면 어둠 속에서 굴의 구조를 읽고 구멍이 제 머리가 통과할 크기인지 짐작할 수 있었다. 추위를 피하거나 도망치기 위해서는 내 몸이 들어가는 길을 정확히 판단하는 게 중요했다. 원시 포유류의 수염은 지구와의 친밀도를 재는 가늠자로 설계된 조직이었다.

컴컴한 동굴을 더욱 풍부한 감각으로 탐색할 수 있도록 수염은 진화하면서 점점 두꺼워지고 숱도 많아졌다. 우리는 그렇게 더듬대다 경계를 세우는 새로운 기술을 우연히 얻게 됐다. 털에 보온 효과가 있다는 사실이 드러나면서 자연선택의 압도적인 추진력에 의해 털이 몸 전체로 퍼졌기 때문이다. 굴속 포유동물은 감각기관이기도 한 털이 빽빽할수록 생명 에너지를 더 많이 품을 수 있었다. 기온이 떨어지는 밤마다 에너지 소모가 빨라 비용이 많이 드는 온혈 동물로서는 체온을 보다 잘 관리하고 햇빛 한 점 들지 않는 서늘한 이곳에서 살아남기에 유리해진 건 당연했다.

일찌감치 준비된 이 피부 감각기관은 헤아릴 수 없는 세월에 걸쳐 전신으로 퍼져 나갔고[3] 퍼진 부위에서는 새로운 용도마저 발견됐다. 가령 위협을 느끼는 상황에서는 방울뱀이 경고음을 내듯 목과 등의 털을 세울 수 있었다. 이와 같이 우리의 원시 피부조직은 국경의 파수병처럼 바깥세상에 속한 무언가가 침범할 때 영토를 넘어온 것으로 인식하고 반응하기 시작했다. 새로운 차원의 공간 개념이 생긴 것이다. 처음에 곤두세운 털은 그저 외부인을 쫓아내는 경고였지만, 감정을 표현할 줄 아는 포유동물인 우리 인간이 지구에 출현할 무렵에는 걸으로 보이는 이 신호가 또 다른 의미를 내포하고 있었다. 이제는 내면의 감각 역시 그 개체 상태의 일부였고 특히 자아에 더없이 유용한 신호였다. 뇌와 한참 먼 말초 피부조직인 털은 심리적인 혹은 물리적인 개인 구역의 침범 여부를 보고하는 임무를 맡아 세상에 진출할 때도 세상의 침략을 받을 때도 척후병 역할을 야무지게 했다.

우리 인류는 결국 몸에 있던 털 대부분을 다시 잃었지만 털을 통해 전달되던 느낌은 그대로다. 이처럼 오직 포유동물의 내면에만 최초로 허락된 위협과 성장의 고감도 탐지 기능은 먼 옛날 깜깜한 터널 속에서 태어난 진정한 원시의 감각이 아닐까.

우리는 피부로 자신의 경계를 정의하고 감지한다. 그런 까닭에 피부는 경계선이자 망루이며, 색으로 경고하고 신호한다. 한편 피부는 외부에 노출되어 있고, 피부를 통해 우리는 온기를 빼앗긴다. 게다가 생존하고 번식하기 위해서는 남과 피부를 맞닿지 않으면 안 된다. 이처럼 피부는 여러 일을 하기에 복잡하고 모순적인 조직이다. 목젖부터 복부를 지나 골반으로 이어지는 중앙선 근처의 말랑말랑한 배쪽 피부—사람에게는 앞면이고 사족보행 파충류나 원시 포유류는 땅에 붙이고 다니던 부분—는 혈액이 표면 쪽으로 흐른다. 붉어지고 부어오르고 무언가에 닿고 정해진 기능을 수행하고 연결되기 위해서다. 반면에 영역을 침범당해 털이 주뼛 서고 살갗이 따끔거리고 속에서 불길이 치밀어 오르는 느낌은 배가 아닌 등 쪽에서 느껴지고 표출된다. 눈앞의 상대와 멀찌감치 떨어진 데다 은밀하고 눈에 덜 띄는 등이라니 역설적으로 보인다. 하지만 진화사에서 인간이 직립보행하기 이전 시절에는 등이 눈에 훨씬 잘 띄는 신체 부위였다. 고양이와 늑대가 등에 주름을 잔뜩 잡고 털을 바짝 세워 존재감을 부풀릴 때처럼 말이다.

영역이 침해당했다는 생각에 분노로 털이 서는 이 느낌 자체를 일부 정신과 의사는 경계적 사례를 비롯한 성격장애 진단의 근거로 활용한다. 정신과에서 공공연한 비밀인 이 방법은 보편적 과학이라기보다 정신의학의 기술이다. 환자가 자신에게 유발하는 부정적 감정이 환자 주변인들도 겪는 공통된 반응이라는 사실을 깨닫고 의사가 이 통찰을 치료에 활용하는 건데, 말하자면 진화의 흔적이 진단 도구가 되는 셈이다. 다만 이때는 판단이 틀렸을 경우를 포함해 온갖 주의사항이 따라붙는다. 그렇기에 현명한 의사는 환자가 타인에게 이런 방어적 감정을 일으켜 곤란을 겪게 할 수 있다는 것을 인정하되 그 사실 자체에만 주목해 효과적인 치료에 써먹는다.

감정전이가 일어나는 것은 긍정적 감정도 예외가 아니다. 좋든 나쁘든 환자나 정신과 의사는 타인의 인생에서 창조되어 다른 누군가에 의해 초연된 한 과거 인물의 역할에 들어맞을 수 있다.[4] 종종 우리는 우연히 혹은 바람에 따라 자신을 네모난 구멍에 딱 들어가는 네모난 못으로 여기게 된다. 이때 만약 그 역할이 긍정적인 것이면 역할 대입이 치료 효과를 강화할 수 있다. 감정전이를 확실히 구분해 모니터링하면서 치료 과정에서 왜곡되지 않게 조심한다면 말이다. 돌이켜보건대 내 경우도 헨리가 마지막으로 흘린 한마디가 나와 그를 연결시켰다. 자신도 모르게 그랬는지, 나를 완벽하게 속인 건지는 모르겠다. 당시 나는 그가 당장은 위험한 짓을 할 가능성이 거의 없다는 확신이 점점 강해져 슬슬 면담을 마무리하던 참이었다. 다만 입원과 퇴원 중 어느 쪽을 선택해야 할지는 여전히 망설이고 있었다. 그때 그가 말했다. "부모님이 다시 함께 살기만 하면 좋겠어요."

이거였다. 온갖 눈속임과 방해 공작 가운데 최소한의 진실이 바로 여기에 숨어 있었다. 이 한마디가 지금까지 나눈 얘기를 통틀어 유일하게 중요하다는 생각이 들었다. 그것은 너덜너덜해진 이음새를 다시 연결하고 무너진 자아를 되찾고 싶다는 감춰진 소망이었다. 순간 나는 엄마 없이 크고 있는 내 아들의 목소리가 들리는 것 같았다. 아들이 두 살 때 집안이 산산조각 났던 일이 다시 떠올라 한참이나 머릿속에서 떠나지 않았다.

감정전이 때문이라는 것을 알았지만, 나는 내가 할 수 있는 일도 이해하는 것도 별로 없다는 사실을 새삼 절감하면서 법령 5150호에 따라 헨리를 입원시키기로 했다. 서류를 작성하고 사람을 부르자 그들이 헨리를 밤을 따뜻하게 보낼 입원실로 안내했다.

사람은 왜 자신을 해치는가?

대부분 약이 효과 없는 경계성격장애는 버려지는 것에 대한 광적인 두려움, 극단적인 기분 변화, 피할 수 없는 공허함, 사람 많은 곳에서 보이는 기행, 병적인 환각 등 서로 무관해 보이는 증상들이 뒤섞여 나타나곤 한다. 경계성격장애 환자는 다른 어느 정신질환 환자들보다 자주 자살을 시도한다.[5] 맨살을 일부러 긋는 것처럼 자살 의도가 없는 자해 행동에서 큰 심리적 보상을 얻는 것 또한 경계성격장애의 특징인데, 심하면 집착 수준으로 자해에 매달린다. 제대로 이해하는 전문가가 손에 꼽을 정도로 어려운 현상이지만 자해는 빈도가 흔하기 때문에 우리에 대해, 인류에 대해 무언가 반드시 시사하는 점이 있다.

다른 정신질환—예를 들어, 특이 증상이 관계 분리를 강요해 주변 사람들을 밀어내고 환자를 고립시키는 조현병—과 달리 경계성격장애의 증상은 적어도 한동안은 사람들에게 다가가고 그들을 엮어 끌어들이는 것으로 나타난다. 헨리가 했던 것 같은 자해 행동은 실제로 이런 식으로 사람들을 환자 곁에 묶어두는 효과가 있지만, 환자가 모종의 심리적 목적을 충족하는 수단도 된다. 아마 다른 성격의 아픔이 이미 존재할 때 자해를 하면 훨씬 더 깊고 큰 내면의 상처가 가려지기 때문일 것이다.

우리는 이런 많은 이들이 부당한 짐을 떠안고 살아간다는 것을 알고 있다. 어린 시절 그들의 몸과 마음에 지워지지 않는 상처를 새긴 장본인은 종종 부모다.[6] 삼나무 숲 기슭에 꽁꽁 숨은 아담한 집은 헨리가 온기를 얻는 유일한 곳이었다. 그런데 가정이 파탄 나자 모든 가치가 뒤집혀버렸다. 부모에게 무슨 사정이 있었든 어린 헨리가 보고 느낀 현실은 단순명료했다. 자신이 너무 어릴 때 몹시 큰 상처를 받았다는 것이었다. 그러나 아픔에 보살핌이 뒤따를 때 현실적인 셈의 결과는 생존이다. 어지럽고 혹독한 세상에 적응하게 되기 때문이다. 만약 우리가 신뢰하고 마땅히 여기는 것들이 돌연 예측 불가능해지거나 내게 해로워지고 경계가 흐트러진다면, 그래서 근본적으로 가치가 역전된다면, 사람이 어떻게든 계속 살아가기 위해서는 이상한 새 논리가 필요하다. 생존은 보호자가 곁에 머무는 환경을 요구할 뿐, 온기만 유지된다면 모든 것이 일리 있을 필요는 없다. 다만 망가진 세계 질서는 감정적으로 온전치 못한 삶으로 이어진다. 그런 세상은 어느 하나 안정한 게 없지만 안정화를 요구하고, 사람들과의 연결은 절박하게 필요한 동시에 철저히 피해야 하는 모순이 된다. 이 점을 고려하면 환자가 자신과 타인을 자꾸 대체 현실에 가져다놓는 이유가 어느 정도 납득되기 시작한다.

이처럼 다채로운 증상들의 상호 연관성은 진짜라서 역학 연구에서 정량화가 가능하다. 일례로 경계성격장애 환자는 의존성이 큰 시절—특히 사람의 온기와 보살핌이 절실한 유소아기—에 생긴 트라우마를 토대로 어른이 된 후 자살과 무관한 자해 행동의 성향을 예측할 수 있다.[7] 인간은 의존기가 긴 편이다. 인간은 뇌를 크고 정교하게 발달시켜야 하고 다양한 문명—즉 문화마다 제각각이라 복잡하기 그지없는 인간 관습과 인지 체계—에도 익숙해져야 한다. 그런데 뇌 발달도 사회적응도 가장 잘 해낼 수 있는 시기는 사람을 잘 신뢰하고 뇌의 작업 속도와 수용력이 뛰어난 어린 시절이다. 우리 두뇌는 뇌 전역에 깔리는 기본 구조로 전기 절연막인 말이집myelin—대뇌 백질이 하얀 것이 바로 이 말이집 때문이다—을 스무 살이 넘어서도 계속 만든다.[8] 영장류로서, 또 인간으로서 우리는 살갗—피부 혹은 감각신경 혹은 자아의 경계막 혹은 뇌—을 가장 바깥쪽에 두고 계속 노출시킨다. 할 수 있는 한 오랫동안 사용하거나 남용하도록 말이다.

인간의 유년기는 영장류가 현생인류로 진화하는 과정에서 현저하게 길어졌다. 그에 따라 양육자에게 의존하는 약한 시기도 대폭 연장됐다. 그런데 최근에는 인간 평균수명에 비해 이미 긴 유년기가 끝까지 내밀려 생식능의 경계선마저 넘으려는 모양새다. 오늘날 이 현상이 어디보다 뚜렷한 곳은 끝이 보이지 않는 의학 수련의 중심부인 의료 현장이다. 병원 교육동에 가면 복도마다 레지던트 혹은 펠로 이름표를 단 어린 의사 무리를 어렵지 않게 마주칠 수 있다. 흰색 가운으로 복장을 통일한 수련생 신분의 소수정예 약자 집단이다. 다들 성년을 넘긴 지 오래지만 여전히 배울 게 산더미처럼 쌓여 있고 틈틈이 연애를 꿈꾸면서 죽지 않고 버티려 애쓴다. 자아의 경계인 피부 위로 드문드문 섞여 나는 새치는 그들의 권위보다는 연약함을 드러낸다.

우리는 인간의 미숙기가 어째서 이렇게 길어졌는지 알지만, 경계성격장애가 세포 혹은 신경회로 수준에서 어떤 생물학을 따르는지는 여전히 이해하지 못한다. 이 의문에 과학적으로 접근하는 가장 편리한 방법은, 늘 그렇듯, 딱 그것만 보면 믿게 될 수 있는 측정 지표 하나로 환원해 단순화하는 것일지 모른다. 제 살을 칼로 긋는 게 경계성격장애만의 고유 특징은 아니지만 이 자해 행위로 얻는 보상은 경계성격장애와 뗄 수 없는 관계다. 그런 면에서 살을 베는 자해 행동은 격해진 환자의 심리 상태를 알려주는 더없이 확실한 측량 지표가 된다.

인간이 스스로 제 살을 찢도록 만드는 것은 뭘까? 이미 어려운 질문이지만 한 걸음 더 깊이 들어가 이렇게도 물을 수 있다. 과연 무엇이 어떤 존재로 하여금 무언가를 실행하게 하는 것일까? 아마 반사, 본능, 습관, 불편함이나 고통의 회피 혹은 소소한 쾌감이나 두근두근하게 만드는 보상 등 상황에 따라 여러 답이 나올 것이다. 아니면 이런 서상을 상상할 수도 있다. 통증에서 그리고 통증으로부터 벗어나고 싶다는 바람에서 모든 행동이 비롯된다고 가정하는 것이다. 우리는 종종 긍정적 감정을 기대하고 움직이지만 어떤 이에게는 괴로운 마음을 억누르는 것이 모든 행동의 동기일 수도 있다.[9]

만약 한 생물종 혹은 한 개체를 어떤 즐거움도 없이 오직 고통을 줄일 임시방편으로 올바른 행동을 하게 한다면, 생존이 행동의 충분히 강력한 동기가 될 수 있을까? 그런 개체는 생존과 번식을 독려하는 적절한 행동을 함으로써 내적 고통을 잠시나마 줄일 수 있을 터다. 우리가 인간을 설계한 신이었다면 아마 이 전략이 먹혔을 것이다. 정신적 고통에 시달리는 게 기본 상태인 사람은, 그래서 행동 하나하나가 이 고통을 줄이거나 분산하기 위한 것인 사람은 어떻게 보이고 어떻게 행동할까?

쾌락 센서는 언제든 꺼둘 수 있지만 인간이 통증을 무시하는 것은 쉬운 일이 아니다. 오히려 통증의 행동 지배력은 갈수록 커질 것이다. 이때 내면의 통증을 줄이거나 분산하는 것은 아침에 눈을 뜨고 친구를 사귀거나 어린이를 보호하는 행동의 동기로 작용할 수도 있다. 지금 우리가 그렇게 느끼는 듯 틀에 박힌 행동이 어색해 보이기는 하겠지만 말이다. 일분일초가 고난이고 오직 고통을 줄이기 위해서만 움직이는 존재는 행동이 맥락이나 리듬 면에서 어딘가 삐걱대고 기이하고 종잡을 수 없어 보인다. 하지만 그런 존재 방식도 누군가에게는 이미 현실일 수 있다. 그런 이들의 겉모습은 경계성격장애 환자와 크게 다르지 않을 것이다. 그들 모두는 부정적인 감정과 생각에 짓눌린 채 살아가는 우리 형제자매이고 아들딸이다.

이 깨달음은 한편으로 이해와 치료의 실마리를 제공한다. 사람의 내면 상태와 가치체계는 고정된 것이 아니고 나아가 변화가 쉽도록 설계됐을지 모르기 때문이다. 개체가 성장하고 환경이 변하고 종이 적응하고 진화하면 세상 곳곳에 매겨졌던 가치―예를 들면 무언가를 소유하거나 어떤 장소에 머무는 것의 가치―도 조정되기 마련이다. 이 내적 가치는 다른 가치들과 비슷하게 일종의 화폐이기 때문에 절대불변의 기준으로 고정되어 개체의 성장을 방해해서는 안 된다. 대신 가치는 명목―즉 생존에 도움 되는 것은 다 좋은 것이라는 규칙―을 기준으로 평가돼야 하며 그런 가치 평가는 쉽고 정확하고 빨라야 한다. 사람이 태어나 자아와 인생이 새 차원을 맞을 때마다 실존적 위험―생명을 위협하는 환경, 포식자 같은 것들―은 사소한 골칫거리로 쪼그라들거나 아름다운 감상품 혹은 먹잇감이 된다. 압도적이던 두려움과 공포는 사그라져 즐거움이 되고 추격전이 선사하는 스릴로 변모한다.

　가치의 변화는 순간적으로 새로운 통찰을 얻을 때처럼 빠른 경우도 있지만 개인의 성장과 성숙 과정에서는 느리고, 세상과 동물종들이 함께 진화해온 지구의 역사 규모에서는 훨씬 더 느려진다. 이런 가치 변화는 어느 시간 척도에서든 고통과 보상이라는 두 내적 화폐의 교환율을 조정함으로써 인간으로 하여금 환경 변화에 적응하도록 돕는다. 경계성격장애 환자들의 사례와 현대 신경과학이 밝혀낸 지식을 종합하면, 감정가―긍정적인 혹은 부정적인 경험, 호 혹은 불호, 좋음 혹은 나쁨의 잣대―는 본디 변하도록, 그것도 쉽게 변하도록 만들어졌다는 것을 알 수 있다.

오늘날 신경과학은 이 교환율을 주도적으로 정해 실험동물이 어떤 행동을 하는 성향을 정교하게 조율할 수 있다. 광유전학으로 뇌 안의 특정 세포와 신경회로를 조작하는 게 가능해진 덕분이다. 예를 들어 겨냥한 신경회로가 무엇이냐에 따라 실험동물의 공격성과 수동성을 높이거나 줄일 수 있고, 얼마나 사교적인지, 이성을 밝히는지, 먹을 것과 마실 것에 얼마나 집착하는지, 잠이 얼마나 많은지, 얼마나 활동적인지에도 변화를 줄 수 있다.[10] 비결은 광유전학 기술로 신경활성neural activity을 만드는 것인데, 쉽게 말해 특정 세포나 신경회로 안에서 전기가 몇 번 찌르르 흐르게 하면 된다.

목표가 이쪽에서 저쪽으로 돌변하는, 그래서 가치의 변화가 자연스럽게 추측되는 급작스러운 행동 변화를 목격할 때 정신과 의사는 경계성격장애를 떠올리지 않을 수 없다. 경계성격장애 환자들은 가치 할당이나 가치 변화에 대한 반응이 빠르고 극단적이기 쉽다.[11] 가령 알게 된 지 얼마 안 된 지인이나 새로 만난 정신과 의사를 금방 단짝 친구, 가장 믿음직한 의사라는 한 범주의 원형으로 대하는 식이다. 이런 긍정적 분류 인식은 두드러지게 표현되는 만큼이나 순식간에 사라지거나 전복될 수 있다. 의사의 실수를 알아채거나 짝꿍의 관심이 불충분하다고 느낄 때 상대를 최상에서 최하로, 끔찍하리만큼 부정적인 존재로 전락시키는 가치 전이가 일어나는 것이다.

이분법적 가치 전환은 능숙한 연기와 상대를 조종하려는 의도 때문에 생길 때도 있다. 하지만 내 생각에(그리고 나와 생각이 같은 여러 전문가의 견해로도) 이 불안정한 심리가 당사자에게는 진심이고 그래서 더욱 그들을 압도하는 듯하다. 극단적 반응은 중간 없는 양극단의 감정을 반영한다. 이런 감정은 불확실한 세상살이에 적응한 개인의 주관적 상태다. 모든 경계성격장애 사례가 어린 시절의 트라우마로 설명되는 것은 아니지만, 트라우마를 가진 어린아이의 생존 기술은 어른이 되어서도 고통받는 주인공의 왜곡된 가치관으로 자리 잡는다. 그런 이들은 하루하루를 부정성에 갇혀 살면서, 어떤 것이 영혼에 울려 퍼지는 심리적 통증의 날카로운 사이렌 소리를 가릴 만큼 탄탄하거나 순수한가라는 틀로 모든 것을 정의하려 한다.

뇌에는 이 해석의 강력한 근거가 될 수 있는 심부 구조가 존재한다. 그런 신경회로와 뇌세포 중 몇몇(뇌줄기 근처에 있는 도파민 세포 같은 것)은 뇌 거의 전역에 가지를 뻗어 자신의 영향력을 널리 퍼뜨린다. 그렇게 영향을 받는 곳에는 원초적 생존 욕구의 진원지인 영역들뿐만 아니라 가장 최근에 진화해 통합적 의사결정과 고급 인지기능을 담당하는 이마엽 부분도 포함된다. 이 도파민 세포들은 평범한 방 같은 중립적 대상에도 긍정적이거나 부정적인 가치를 쉽게 부여한다. 생쥐가 흔하게 생긴 방 하나에 들어갈 때마다 광유전학으로 빛을 번쩍여 중뇌_{midbrain} 도파민 신경세포의 전기활성을 감소시키면 마치 그곳에서 끔찍한 고통을 겪었던 것처럼 그 방을 피하기 시작하는 생쥐의 모습을 볼 수 있다.[12]

이 실험은 원래 자연적으로 일어나는 생체반응으로도 접근할 수 있을 것이다. 똑같지는 않지만 연관된 고삐라는 뇌 심부 구조(물고기도 가지고 있을 정도로 역사가 깊은 구조로, 무력감과 좌절감에 휩싸여 주체할 수 없는 부정적 감정이 들 때 활성화한다)가 광유전학 실험에서 빛이 그런 것과 똑같이 중뇌의 도파민 신경세포들을 억제하는 작용을 하기 때문이다.[13] 그러므로 이 신경회로가 원래 아무 감흥도 없던 대상에 어떤 기호나 감정가를 부여할 수 있다는 얘기가 된다.

어릴 때 경험한 스트레스와 무력감이 고삐의 활성을 증가시킬 수 있다는 보고가 있다.[14] 그런 까닭에 경계성격장애 환자는 고삐에서 시작되는 도파민 신경회로나 기타 관련 회로로부터 피어난 통제 불능의 부정적 감정에 갇힐 수 있다. 그들은 통증의 기준선을 고정한 채 힘든 경험 후 유년의 마음에 박제된 세계관으로만 세상을 바라보며 살아가는 것일지 모른다.

살을 베는 자해는 경계성격장애 환자 내면의 이런 부정성을 드러내는 신호일 수 있다. 자해 행동은 어린 시절 경험한 일방적이고 이해할 수 없던 느낌에 자신이 조절할 수 있고 납득되는 날카로운 통증을 새로 덮어씌움으로써 이 부정성을 재측정하는 것일지 모른다. 효과는 그때뿐일지라도 이런 식으로 평생의 고통을 새로 만든 상처의 감각에 비하면 아무것도 아닌 것으로 만드는 것이다. 주체적으로 통제 가능하고 타당한 이유가 있다면, 극단적인 부정성도 간절히 추구할 만한 목표가 될 수 있다.

헨리가 유년기에 겪은 트라우마는 어리고 유약한 마음에 부정적 감정가의 씨앗을 뿌리고 인간관계에 대한 가치평가 체계에 불안정성을 깊숙이 심었다. 현대 신경과학은 헨리 같은 사람들이 어떻게 이런 심리 상태에 빠지는지를 설명할 단서를 하나둘 찾아내기 시작했다. 인간과 공통 조상 여럿을 공유하는 물고기와 생쥐를 이용해 실험을 하면 척추동물 뇌에 존재하는 특정 세포와 신경회로 몇 개의 활성만 조작해도 절대 원칙의 가치가 얼마나 크게 급변하는지 알 수 있다. 하물며 우리 뇌도 예외는 아닐 것이다.

모든 사람에게는 저마다 마음속에 담아둔 이야기가 있다. 그런 이야기는 나 자신과 다른 사람들을 주제로 한창 작업 중인 회화 작품과 같다. 나와 그들을 설명하고 자아의 감각을, 그리고 나와 이 순간의 관계성을 증명하려는 노력이다. 우리는 자신을 그린 그림을 친구들, 가족, 그리고 자신에게 중요한 여러 사람을 묘사한 그림들과 함께 가슴에 품고 살아가면서 수시로 꺼내 참고한다. 하지만 가장 사랑하고 소중히 생각하는 이가 경계성격장애 환자인 사람들에게는 이게 어려웠다. 사랑하는 사람의 아픔과 생각을 거울처럼 비춰 보이는 그림이라는 것은 그리기도 간직하고 다니기도 힘들기 때문이다. 하지만 이젠 사정이 다르다. 현대 신경과학의 힘을 약간 빌리면 친구, 가족, 담당 의사와 간호사 등도 이런 삶이 어떤 것인지 상상하고 이해할 수 있다.

어린 시절의 트라우마는 모든 동물이 경험한다. 다만 트라우마의 타격이 유년기의 인간에게 유독 클 수는 있다. 유년기는 경험의 대부분을 내면화하는 시기이기 때문이다. 인간은 진화와 문화 번영을 위해 유년기를 늘리는 것을 학습 전략으로 삼았지만, 그 결과 위험기가 길어지는 부작용을 낳았다. 어쩌면 다른 동물들 역시 인간과는 다른 저기로 부정적인 감정을 품고 사는데 단지 그런 내면 상태를 겉으로 드러낼 수단이나 이유가 없는 것일 수도 있다. 그러나 경계성격장애 유사 증상들은 인간 사회의 복잡한 네트워크 안에서 가장 쉽게 드러나는 것 같다. 계획 수립과 도구 제작이라는 인간 특유의 재능이 팔 긋기 같은 행동을 가능하게 할 때는 더더욱 그렇다. 나중에 알게 된 사실인데, 헨리 역시 이 특별한 행동을 스스로 깨달아 시작한 게 아니었다.

복수와 보상 그리고 위안의 의식

헨리의 팔에는 그어서 생긴 흉터가 많았지만 전부 합병증 없이 잘 아물고 있었다. 병증이 경계 수준인 헨리는 아직 증세가 약했고 막 파악하기 시작한 참이었다. 유년기의 트라우마가 있긴 해도 얘기를 들어보니 그리 최악은 아니었다. 적어도 내가 접해본 다른 사례들과 비교했을 땐 그랬다. 부모의 이혼은 물론 힘든 일이다. 그러나 훨씬 나쁜 일도 얼마든지 일어날 수 있다.

그렇더라도 헨리의 고통은 실제 상황이었다. 가정은 파탄 났고 근원적 상실인 이 날실에 그가 얘기한 지난 모든 경험이 어떤 식으로든 꿰여 있었다. 한 군데에 몽땅 때려 넣어 마음 한구석에 처박아둔 짐 덩어리는 그의 내면을 변형시켜 긍정과 부정, 흑과 백, 현실과 상상의 대립 개념을 어지럽혔다. 결국 그에게는 모든 것의 중심을 관통하는 단 한 가지 변증법적 진리만 남았다. 연결되는 것과 버려지는 것은 물과 기름처럼 절대 섞일 수 없다는 사실이다.

우리 병동에 들어온 첫 사흘 동안 5150호 조치의 의례적 절차가 정해진 속도와 일정에 맞춰 착착 진행됐다. 무리에 새로 들어온 새끼 사자를 반기듯 신입 환자를 따뜻하게 맞고 마음을 풀어준다. 일단 침대가 배정된 뒤에는 간호팀의 성실한 방문이 이어진다. 이런 공손하고 집요한 관심은 며칠 동안 지속된다. 간호사, 의대생, 레지던트, 물리치료사와 작업치료사, 임상심리학자, 의료 컨설턴트, 사회복지사, 주치의뿐만 아니라 다른 환자들까지 한몫 거든다. 모두 저마다의 이유로 이곳에 집결한 낯선 이들이다. 본능이나 직관만으로 대비하기 어려운 복잡하고 난해한 집단 구성이 아닐 수 없다.

환자들은 보통 격리병동에 며칠만 머문다. 세포나 신경회로가 완전히 새것으로 교체되거나 치료요법으로 확실한 행동교정 효과를 보기에는 턱없이 부족한 시간이다. 그래도 격리병동의 의료진은 아침마다 생과 사의 결정을 내려야 한다. 5150호 조치 대상 환자를 평가할 때 진짜 회복 중인 환자와 말만 그럴싸하게 하는 환자를 가리는 것은 쉬운 일이 아니다. 판단을 내릴 때 통계 자료와 개인적으로 쌓은 임상 경험 말고 의료진이 의지할 것은 환자와의 인간적 상호작용과 환자가 하는 말밖에 없다. 당연히 이것으로는 충분하지 않다. 그럼에도 의료진은 이 위기 상황의 정도를 추측한다. 왜냐하면 딱히 할 수 있는 일이 없고 더 잘 아는 사람도 없기 때문이다. 그래서 우리는 환자를 더 두고 볼지 아니면 놓아줄지 매일 결정해야 한다.

마감일이 다가온다는 사실은 의료진을 더 초조하게 만든다. 3일째 아침이면 보호 기간이 끝나 환자의 족쇄가 자동으로 풀린다. 추가 조치가 없다면 환자가 여전히 위험할 텐데도 말이다. 아무래도 이 법조항은 숫자 점 같은 걸 참고해 만든 게 아닐까 싶다. 3일이라는 제한 시간은 의학이나 정신과의 어떤 치료 과정과도 들어맞지 않는다. 그보다는 구약인지 신약인지의 한 구절—요나가 밤낮 사흘 동안 큰 물고기 배 속에 있었던 것 같이 인자도 밤낮 사흘 동안 땅속에 있으리라—에 나오는 것처럼 종교적이고 강제적이다.

당장 자살할 위험성이 계속 보이는 환자는 5250호라는 또 다른 캘리포니아 주법 조항에 따라 2주 보호 연장을 신청할 수 있다. 그런데 그러려면 절차가 엄청 번거롭다. 정신과 의사의 영역을 당당하게 침범하는 외부인을 불러들여야 하기 때문이다. 게다가 이 심사관은 환자 변호인이라는 또 다른 외부인을 대동하고 병원에 나타난다. 변호인은 퇴원을 주장하는 역할을 한다. 그럼에도 여전히 귀가 조치가 안전하지 않다고 생각되면 의사는 환자를 더 원내에서 관리해야 한다고 간절히 호소한다. 반대에 부딪히고 나서야 입을 열 수 있는 셈이다. 의사의 소명과 정체성이 환자가 안전한 환경에서 치유하도록 돕는 것임에도 환자 변호인이라는 인물과 맞서 논쟁을 벌이다니 참으로 불편한 촌극이다. 그래도 의사와 변호인은 짐짓 의롭고 품위 있게 대립해야 한다. 어정쩡하게 선 옷깃 때문에 따가운 목덜미를 참으면서.

같은 종 동물끼리 갈등이 생길 때 원시 신경회로의 메커니즘은 손해를 최소화하는 방향으로 유도하곤 한다. (하마나 도마뱀이 누가 입을 더 크게 벌리는지 겨루는 것처럼) 크기를 암시하는 의식적 행동을 통해 체급이 낮은 쪽이 안전하게 도망치고 양측 모두는 체력을 아낄 틈을 주는 식이다. 이 충돌 회피 기전은 보통 사안이 생사를 가를 일은 아닐 때 작동한다. 지금이 아니면 나중에라도 비슷한 기회를 잡을 수 있는 짝짓기 경쟁이 그 예다. 그런데 만약 그런 기회가 드물다면 대안적 의식을 통한 갈등 완충은 훨씬 어려워진다. 특히 격리병동의 청문회 자리에서는 이런 의식적 행동이 아예 먹히지 않는다. 게다가 판결에는 사실상 생사의 문제인 한 사람의 실존이 걸려 있다. 단, 그 주인공이 지금 서로 으르렁대는 양측 대변인들은 아니다. 청문회의 결과에 생사가 결정되는 당사자인 환자는 현장을 참관하거나 목소리를 내지도 못하고 다른 방에서 조용히 기다려야 한다.

이전의 청문회들에서 나는 대부분 이기는 쪽이었다. 그래서 이번에도 마찬가지일 거라고 내심 기대하고 있었다. 그런데 불과 몇 분 뒤, 내 제안이 기각됐다는 심사관의 판결이 떨어졌다. 이것은 번복할 수 없는 신성한 최종 선고였다. 판결문은 헨리를 자유와 위험 가득한 세상으로 내보내라고 명령하고 있었다.

나는 개인적으로 이 청문회에 아무런 이해관계도 없으니 판정을 순순히 받아들이는 게 맞았다. 하지만 이번만큼은 그럴 수가 없었다. 어느새 나는 심리 과정을 머릿속으로 몇 번이고 돌려보며 곱씹고 있었다. 객관적으로는 심사관의 결정이 납득이 갔다. 확실한 약속을 받지 못했다는 게 마음에 걸리긴 해도—헨리는 앞으로 자살 시도를 하지 말라는 설득에 끝까지 넘어가지 않았다—지금까지 보인 자해 행동들이 생명에 조금도 지장을 주지 않는 수준인 것은 사실이었다. 심사관은 이 점만으로 충분하다고 여겼다. 아마 나도 그렇게 생각해야 했을 것이다.

게다가 개인의 자율성이 높이 평가됐다는 방증이라는 점에서는 이

번 판결에 기뻐해도 모자랐다. 나 역시 인간의 자유가 소중하다고 믿는 사람이었으니까. 만약 헨리가 몰래 자살을 계획했다면 보호조치가 연장될 수 있었지만 이번 사례에서는 인간의 두 가지 기본 가치를 놓고 저울질했을 때 크지 않은 위험보다 개인의 자유가 훨씬 중요하다고 판단됐을 것이다. 나는 그것을 이해했고 청문회에 참석한 모든 이가 그랬다. 이번 판결의 함의는 개인의 자유와 환자의 안전 사이의 양자택일이라는 모든 청문 건의 중심 쟁점과 닿아 있다. 그런 점에서 양측 모두 사실은 환자를 위하는 사람들이다. 자율성이냐 안전이냐. 이 딜레마보다 오래되고 심오한 갈등이 또 없고 경계가 어디인가라는 뜨거운 감자에 근접하는 논제도 없다.

　나는 평결에 항의했지만 내 심적 갈등이 어디서 비롯되는지 잘 알고 있었다. 나는 감정전이에 무딘 사람이 아니었다. 헨리의 인생은 여러모로 내 지난날과 닮았고—어릴 때 가정이 해체됐다는 점은 일단 확실히 그랬다—고작 다섯 살인 내 아들은 아빠의 상황을 또 어떻게 받아들일지 고민하지 않을 수 없었다. 아들은 헨리와 비슷한 증세를 단 한 번도 보이지 않았지만 청문회 날만 해도 나는 확신하지 못했다. 더구나 헨리는 증상이 늦게 나타난 유형이었다. 한여름의 결별 후 살갗에 닿는 햇볕이 여전히 시린 열아홉 소년은 노트북으로 영화를 보고 있었다. 그런데 열세 살 소녀가 손목을 긋는 장면이 적나라하게 나왔고 영상은 헨리의 머릿속에 즉시 각인됐다. 그는 바로 실행에 옮겼다. 조잡한 도구를 챙겨서 대학 체육관 건물 뒤로 가 영화에서 본 것처럼 제 살을 찢었다. 그런 다음 바로 아빠에게 가서 상처를 보였다.

상처를 보여주려고 가장 먼저 찾아간 사람이 왜 하필 아빠였을까? 어쩌면 아무라도 알아주길 바랐을 것이다. 아마 피를 보고 놀라는 상대와 마음이 통하길 바랐을 것이다. 그런데 어째서 엄마가 아닌 아빠가 먼저였을까? 헨리에게 엄마는 원망의 대상이었다. 식구들을 버리고 가정을 떠난 사람이 엄마라고 지목하기도 했으니까. 헨리는 "아빠가 그랬어요. 자살할 거면 집에서 하지 말라고요. 엄마가 아빠 탓을 할 거래요."라고 말한 적이 있다. 혹시 이 진술이 아버지의 문제를 우리가 아직 이해하지 못한 방식으로 드러내는 중요한 단서였을까?

어떤 미스터리는 고작 며칠 지켜보는 것으로는 드러나지 않는다. 헨리도 그랬다. 그의 이야기는 여전히 두루뭉술하고 도무지 진실 같지가 않았다. 그러나 숨은 연관성을 찾기에는 시간이 너무 부족했다. 헨리는 입원해 있는 이틀 반나절 동안 우리가 어떤 식으로든 포착할 만한 중요한 단서를 거의 흘리지 않았다. 대신 표면적으로 호전되는 모습을 보였다. 폭력적 언어 사용이 점차 줄었고 피에 잠겨 죽고 싶다는 얘기도 점점 덜 했다. 하지만 그가 필요에 따라 말을 바꾼다는 것을 알고 있던 나는 그의 회복을 믿을 수 없었다. 진정으로 그를 도우려면 시간이 더 필요했다.

만약 내가 청문회에서 더 잘했다면 방법을 찾을 수 있었을지 모른다. 캘리포니아 주법은 자살 위험성뿐만 아니라 가해 가능성과 정신 장애의 위중도를 이유로도 입원을 명령하거나 입원 기간을 연장할 수 있다. 하지만 헨리의 경우 행동은 과격했어도 난폭하지 않았고 사람을 폭행한 적도 없었다. 그저 혼자 핏빛 환각에 빠졌을 뿐 휘몰아치는 폭력적인 상상이 행동으로 연결되지는 않았다. 이는 그의 정신장애가 심각하다는 것을 증명할 실마리였다. 어쩌면 버스에서 나체로 난동을 부린 행위에서 그에게는 의식주라는 인간 기본 생활의 세 요소 중 적어도 하나가 결핍됐다는 논리적인 주장을 이끌어낼 수도 있었을 것이다. 그러나 헨리가 자신의 욕구를 해결할 자원을 가지고 있었고 자원을 구할 방법도 알았다는 것은 부인할 수 없는 사실이었다. 버스 소동은 손목을 긋는 자해만큼 심각한 일이었지만 그의 목숨을 위태롭게 하진 않았다. 결국 헨리는 안개 자욱한 일요일 아침 제 발로 병원을 떠났다.

나는 그가 에스컬레이터를 타고 내려가 병원 정문을 나서는 모습을 지켜봤다. 어깨에는 캔버스 헝겊 가방이 걸쳐져 있었다. 그는 완치는커녕 조금도 낫지 않은 상태였다. 하지만 나는 더 이상 병원에서 해줄 게 없다고 스스로 다독였다. 그의 병은 약으로 다스릴 수 있는 수준이 아니었고 본인도 입원한 순간부터 하루빨리 나가고 싶어 했다. 퇴원하는 날에는 앞으로 외래에서 그룹 행동요법 치료를 받자는 내 제안도 거절했다.[15] 임상 논문들은 그의 앞날에 손목을 긋는 등의 유사 자살 행동이 더 있을 거라고 예견하고 있었다. 이런 행동은 나로서는 백날 고민해야 결코 이해하지 못할 복수와 보상의 의식이었다. 자해 상처는 나았다가 다시 생기기를 반복할 터였다. 그럼으로써 주기적으로 위안을 얻겠지. 자해는 헨리가 원하는 부상이었고 보통 사람의 상상을 뛰어넘는 내적 고통을 향한 역습이었다. 헨리에게는 선택의 여지가 없었다. 당분간은 이 거룩한 상처를 계속 만들고 싶어 할 테고 다른 것들도 계속 목말라할 게 뻔했다. 살갗과 살갗이 닿는 나눔이 아니라 공간을 초월하는 인간의 온기를 스스로 자아에게 강요하는 것이다.

장기적으로는 대체로 나이가 들면서 순해지는 경계적 증상들의 특징 때문에 그의 상태가 모호해질 가능성이 있었다. 대신 시간이 길어지면 스스로 생을 끝내는 결말로 이어질 수 있고 그 비율은 15퍼센트나 된다. 인간사의 어떤 우환과 비교해도 높은 자살률이다. 그를 아끼는 사람들이 그를 볼 때 들었던 마음을 잘 이용하는 법을 배우길 바랄 뿐이다. 나는 그들이 자아 침해라는 터곳적 감정을 100배로 확대해 그들이 헨리에 대해 갖고 있는 각자의 심상 위로 투영했으면 했다. 때로는 분노의 불꽃이 옮을 때 공감이 더욱 깊어지기 때문이다.

내 경우는 분노의 불길이 꺼진 지 오래였지만 여전히 그를 생각하면 마음이 약해졌고 앞으로도 그러리라는 것을 잘 알았다. 헨리는 내게 투영됐고 종이에 꾹꾹 눌러 쓴 글자처럼 나와 가까워졌다. 그런 한편으로 내가 그에게는 괴로움을 덜어주고 싶은 간절함에 너무 비위를 맞추는 사기꾼 같은 모습만 보여준 것 같았다. 게다가 아들을 볼 때마다 자꾸 헨리가 떠올랐다. 그는 내 얘기 위로 자신의 얘기를 덧새겼다. 한번 사용했던 양피지를 긁어내고 얇게 편 짐승 살가죽 위로 심판과 계시의 기호를 새로 적는 중세 수도승처럼.

그들이 내 머리를 해킹해요

헤겔은 이성적인 것은 모두 현실적이고 현실적인 것은 모두 이성적이라는 유명한 격언을 남겼다. 그러나 많은 이가 헤겔의 말을 인정하지 않고 진정으로 현실적인 것은 비이성적이라고 여전히 믿고 있다. 이성은 비합리성 위에 비로소 세워진다는 것이다. 위대한 사상가 헤겔은 마치 대포는 먼저 구멍을 내고 그걸 쇠로 완전히 덮어서 만든다고 얘기하는 포병대 하사처럼 정의定義를 이용해 우주를 재건하려고 시도했다.

—미겔 데 우나무노, 《생의 비극적 의미》

계절의 변화가 더없이 선명해지자 온갖 징조가 하나로 합쳐지는 것처럼 새로운 생각들이 떠오르기 시작했다. 초가을 공기가 그러듯 첫 몇 주는 마음의 기압이 살짝 달라지는 정도였다. 마음속에서 한 줄기 바람이 자기 존재를 드러내자 우거진 신경망 꼭대기의 잎사귀들이 일렁이며 바스락 소리를 냈다.

변화는 피부로도 느껴졌다. 쌀쌀한 초가을 기운에 살갗이 따끔따끔했다. 오래된 기억 하나를 떠올리게 하는 감각이었다. 12년 전 9월, 삼 남매는 위스콘신의 한 호숫가에서 거위 떼를 쫓으며 놀고 있었다. 그때 위니는 열일곱 살이었고 여름 내내 받던 림프종 화학요법에서 겨우 벗어난 참이었다. 그해 가을, 항암치료를 끝내고 밖으로 나가니 그렇게 벅찰 수 없었다. 주변 세상과 그녀 안의 모든 것이, 심지어는 폐부와 뇌까지 계절의 한가운데 녹아들어 투명한 결정이 된 것 같았다. 병원에서 내린 완치에 가까운 판정이 옳았던 게 확실했다.

그런데 지금은 낙엽의 소란스러움 뒤로 왠지 불안한 예감이 들었다. 스산한 바람은 똑같은데 저 높이 보이지 않는 곳에 연 같은 게 떠 있었다. 무엇보다 그녀의 약점을 다 드러내는 것만 같은 꺼림직한 개방감이 느껴졌다. 그녀는 한 달 동안 쉬기로 급히 결정했다. 산더미 같은 일거리가 기다리는 상황에서 전에 없던 일이었다. 회사에선 다들 투덜댔지만 위니는 그동안 쌓인 신용이 탄탄했다. 법학과 공학 양쪽에 빠삭한 머리를 무기 삼아 어떤 난관에서도 특허를 따내며 수당을 휩쓰는 그녀는 일 잘하기로 유명했다. 모든 게 서로 얽혀 있는 인공지능 분야에서 지식재산권 문제를 해결하는 것은 그녀의 특기였다. 그녀의 법률팀은 대형 고객들을 대신해 분할출원 건과 연속출원 건을 합쳐 작년에만 1,700여 건의 특허를 따냈다. 그런 그녀가 지금은 휴식을 원하고 있었다. 마음을 짓누르는 일이 너무 많았다. 그녀는 무방비 상태였다.

갑자기 사람들이 이상해졌다

첫 번째 골칫거리는 옆집에 사는 오스카였다. 그가 자기 집 지붕에 위성접시(위성방송 수신기)를 달았는데 위니에게는 그게 그녀의 생각까지 다운로드하려는 것처럼 느껴졌다. 그녀는 누군가가 옆집에 가서 접시를 떼어내고 오스카를 잡아가야 한다고 생각했다. 입주자협의회

보안 담당자가 적임자일 테지만 어쩌면 이미 옆집 남자와 결탁한 사이일지 몰랐다. 믿을 수 없는 것은 경찰도 마찬가지였다. 그녀는 자구책을 찾아야 했다. 언제나 그래왔던 것처럼.

그러다 아이디어가 하나 떠올랐다. 급조한 임시방편이지만 전파를 꽤 잘 막을 것 같았다. 그녀는 장농을 뒤져 빛을 받으면 레이더스Raiders 로고가 반사되는 두툼한 검은색 니트 모자를 찾아냈다. 버클리에서 대학교에 다니던 시절 이후로는 꺼낸 적 없는 물건이었다. 그녀는 귀가 다 덮이도록 모자를 눌러썼다. 그러자 대번에 모든 게 안정된 느낌이었다. 이렇게 효과가 좋다니 살짝 놀라웠다. 은색 풋볼팀 로고가 전자장 절연막 기능이라도 하는지 확실히 위성 신호가 약해졌다. 혹은 그녀의 생각이 덜 새어나가거나. 착 달라붙는 모자가 머리 주변에 공기막을 만들어 경계를 확실하게 분리하는 것 같았다.

급한 불은 껐으니 이제는 영구적인 해결책을 공학에서 찾을 차례였다. 가만 보니 침실 벽 안쪽에 전도 물질을 덧대 경계를 보강할 만한 공간이 있었다. 위성접시 신호를 차폐할 일종의 패러데이 케이지Faraday cage를 만드는 것이다.[1] 그녀는 바로 내벽 공사에 들어갔다. 기본적인 공구 상자뿐이던 집은 쇠 지렛대, 육각 철조망, 철판, 전압계 등 몇몇 특수 장비를 사려고 몇 번 자동차로 오간 뒤 번듯한 철물점으로 변했다.

하지만 이상하게 이번 가을에는 골칫거리가 자꾸 생겼다. 전부 그녀의 능력 밖인 데다 더 생물학적이어서 더 신경 쓰이고 훨씬 어려운 문제였다. 그리고 그 모든 일의 중심에는 에린이 있었다. 에린은 위니

보다 젊었고 공동대표 래리의 비서로 근무한 지 다섯 달된 직원이었
다. 얼마 전 그녀가 임신을 했는데, 자식 없이 혼자 사는 위니를 조롱
하려고 그런 게 분명했다. 프로답지 못한 일이었고 위니는 불쾌했다.
에린이 최고 권력자의 측근이라는 사실에 약간 겁도 났다.

이번에는 상대방의 선공에 대응할 확실한 공학적 해결책이 없었다.
래리에게 직접 이 일을 알려야 했다. 그는 에린을 꾸짖을 수 있는 유일
한 인물이었기 때문에 그에게 직언해 행동을 촉구할 필요가 있었다.
주말 내내 위니는 모든 부서장과 임원을 건너뛰고 최고위급을 급습할
계획을 짜는 데 몰두했다. 그녀는 진입 전략을 정하고 상사와 나눌 대
화를 미리 연습했다. 초반 준비는 컴퓨터나 인터넷 검색의 도움 없이
오직 머릿속에서만 이루어졌다. 에린이 해킹을 해서 오래전부터 이메
일을 감시해왔을 수도 있기 때문이다.

대강 틀이 잡히고 나서는 계획을 공책에 옮겨적었다. 책상 방향이
며 화장실 위치며 그녀가 기억하는 모든 정보를 끄집어내 현장을 정
교하게 재현했다. 그럼에도 그녀는 불안했고 몸을 움직여 뭔가 하지
않으면 안 되었다. 그래서 위성접시에 다시 며칠 동안 매달렸다. 동쪽
벽면에서 석고판을 뜯어내고 속살이 다 드러나도록 방음재까지 벗겨
냈다. 그런 다음 새로 준비한 금속판을 대기 시작했다.

짙어 가는 가을과 함께 이번엔 저음의 음울한 목소리가 새롭게 그
녀를 찾아왔다. 어떨 땐 솔직히 너무 무서웠다. 한 달 휴가의 둘째 주
에 그녀는 창백한 잿빛 입술을 가진 정보 뱀파이어의 존재를 알게 됐
다. 황소의 심장처럼 억세고 단단한 존재들이 쓰레기통 그림자에 숨

어서 그녀의 생기와 생각을 빨아들이는 것도 모자라 지금은 그녀 몸에 직접 손을 대고 있었다. 이젠 예전과 상황이 달랐다. 그냥 바람 한 줄기가 잎사귀를 흔드는 정도가 아니었다. 부드럽게 쓰다듬던 유령의 정중한 손길은 사라지고 성마른 손가락들이 그녀의 세포 하나하나를 거칠게 꼬집는 것 같았다. 그녀의 머리통은 아무짝에도 쓸모없는 소금그릇이 되어 있었다.

마지막으로 또 다른 목소리가 들리기 시작한 건 일요일이었다. 성별이 모호한 중간 높이 음성이 '끊어버려'라는 말을 자꾸 반복했다. 어쩐지 친숙한 목소리였는데, 생각하는 게 머릿속에서 그대로 음성으로 지원되던 십 대 때의 기억 속 음색과 비슷한 면이 있었다. 다만 이번엔 소리가 훨씬 크고 또렷하다는 게 달랐다. 그녀 안의 어떤 낯선 존재가 양쪽 관자놀이 사이에서 고함을 질러댔다.

월요일 아침, 목소리의 주인공이 에린이라고 단정한 위니는 참을 만큼 참았다고 생각했다. 마음을 단단히 먹은 그녀는 밖으로 나가 운전석에 올랐다. 차는 주차장 구석의 음침한 쓰레기장을 무사히 지나 길을 부드럽게 빠져나갔다. 그런데 고속도로에 진입하기 직전 정지신호가 눈에 들어온 순간, 갑자기 어떤 날카로운 느낌이 전신에 흘렀다. 팔각형 표지판이 존재감을 드러내며 그녀에게 엄하게 경고하는 것 같았다. 빵빵거리는 뒤차의 경적에 정신이 번쩍 든 그녀는 다시 액셀러테이터를 밟았다.

10분 뒤 오크나무가 드문드문 서 있는 길가에 차가 멈췄다. 위니는 차에서 조심조심 내렸다. 주차장 콘크리트 바닥을 보니 그녀의 차 근처에 납작하게 눌린 나사 하나가 있었다. 그녀는 저들이 표시 삼아 떨어뜨린 것임을 바로 알 수 있었다. 위니가 올 줄 알고는 그녀를 골탕 먹이려고 일부러 갖다 놓은 게 틀림없었다.

하늘이 갑자기 어둑어둑해졌고 공기는 불길하기 짝이 없었다. 그녀는 차로 돌아가야겠다고 생각했다. 불안감이 그녀를 엄습했다. 나사는 그녀의 계획이 속속들이 노출됐다는 증거였다. 저들은 오늘 위니가 올 줄 알았고 사생활, 사적인 기록, 병원 치료 내역 등 그 밖에도 많은 것을 꿰고 있었다. 게다가 그녀는 불과 며칠 전 유산을 겪은 터였다. 생각하자니 피가 거꾸로 솟았지만 자기 일인데도 기억이 흐릿해지는 것을 느꼈다. 유산이 진짜 있었던 일인지 의심이 들 정도였다. 그녀는 자신에게 무슨 일이 벌어졌는지, 그때 상황이 어땠는지 잘 떠오르지 않았다. 무슨 일이 있었는지 갑자기 기억하기가 힘들었다. 마치 마음속의 소슬바람이 토네이도로 부풀어서 그녀를 가지란 가지는 죄다 부러져 헐벗은 나무로 만든 것 같았다. 비를 머금은 먹구름 아래로 거세게 몰아치는 회오리바람에 그녀의 기억 대부분이 사라져 있었다.

위니는 떨리는 몸으로 나사를 밟고 멈춰서서 관자놀이를 누르며 정신을 집중했다. 모든 파급효과와 불확실성을 따져봐야 했다. 멀찌감치 아는 사무장 하나—데니스였나, 쥐어짠 기억으론 뭐 그 비슷한 이름이었다—가 빠른 걸음으로 회사 정문을 향하고 있었다. 그는 위니가 있는 곳을 향해 수상하다는 듯한 눈길을 던졌다. 그녀는 몸을 획 돌려 선글라스를 다시 끼고 레이더스 모자를 당겨 내렸다.

'다른 변리사나 행정직원, 사무장 같은 사람들에게 들켜서 일이 복잡해지기 전에 지금 가야 해.' 그녀는 속으로 한 단어 한 단어 꾹꾹 눌러가며 마치 훈계하듯 자신에게 말했다. '포기하고 도망치면 안 돼. 이 조그만 나사는 에린이 남긴 거야. 래리는 설득할 수 있어. 그는 내 편을 들어줄 거야.'

마음을 다잡은 그녀는 벽과 최대한 거리를 유지하면서 건물 안으로 발걸음을 옮겼다. 딱딱한 미소를 지으며 로비 경비원에게 출입증을 보여주고는 엘리베이터를 타고 래리의 사무실이 있는 4층까지 올라갔다. 그런 다음엔 래리의 방을 지나치는 동안 눈이 마주치지 않도록 주의하면서 또 무슨 말썽을 피울까 고민하며 책상에 앉아 있는 에린을 확인했다. 에린이 뭘 입고 있는지 알아낸다는 첫 번째 임무는 성공이다. 꼴사나운 노란색 원피스였다. 위니는 다시 화장실로 가서 한 칸에 들어가 문을 닫았다. 거기서 틈새로 지켜보면서 에린이 오기만 기다릴 작정이었다. 그리 오래 걸리지는 않을 터였다.

한 시간 가까이 그러고 있을 때, 마침내 노란 옷자락이 펄럭이며 나타났다. 위니는 옆 칸 문 닫히는 소리를 들은 뒤 슬며시 일어서서 밖으로 나갔다. 그녀는 화장실 입구로 직행해 모자를 꾹 눌러쓰면서 사무실 쪽으로 갔다.

예전에 어려운 국제 소송 두어 건으로 일을 도운 적은 있지만 래리와 가까운 사이는 아니다. 하나는 외교관형 달변가에 다른 하나는 숫자광인 내향인이라 둘은 완전히 다른 부류의 인간이었다. 그러나 오늘부로 그도 위니를 인정할 것이고, 일단 얘기를 들으면 사태의 시급성을 깨달을 게 틀림없었다. 그녀는 에린의 책상을 지나 닫혀 있는 방문을 두드린 뒤 래리의 사무실로 들어갔다. 래리가 노트북컴퓨터에서 눈을 들어 그녀 쪽을 봤다. 위니는 당당한 태도로 맞은편 의자에 앉았다.

잠시 후 그녀는 엄청난 혼란에 빠졌다. 더 나빠질 수 없는 최악의 상황이었고 정신을 차렸을 때는 인사부 사무실 곁방에서 구급차를 기다리며 앉아 있었다. 출동한 제복 차림의 보안팀 한 무리가 땀을 뻘뻘 흘리며 그녀를 지켜보고 있었다.

그녀는 단호하지만 아주 정중하게 래리를 대했다. 에린이 동료를 욕보이려고 임신한 게 얼마나 프로답지 못한 행동인지 차분하게 설명했다. 지금껏 자신의 이메일을 해킹해온 것이며 섬뜩했던 방금 전의 나사 사건까지 빠짐없이 얘기하되 침착하고 논리적인 태도를 일관했다. 적어도 그녀의 생각은 그랬다. 위니는 딱딱한 무표정을 유지하려고 애썼다. 감정을 드러내거나 과도한 동작으로 래리를 언짢게 만들면 곤란했으니까. 그러나 몇 분 뒤 상황이 예상치 못한 방향으로 흘러갔다. 래리가 어딘가로 전화를 했고 곧 첫 번째 제복 사내가 나타나 그녀의 팔을 붙잡았다. 그녀는 수치심에 눈앞이 깜깜해지는 것을 느끼면서 에린의 코앞에서 끌려가는 모습을 보여야 했다. 그런 와중에도 위니는 틈을 보이지 않으려고 가면을 유지한 채 계속 시선을 피했다. 그리고 지금은 예전엔 있는지도 몰랐던 창문 하나 없는 이 공간에 갇힌 것이다.

구급차는 금방 도착했다. 보라색 라텍스 장갑을 낀 남자 둘이 서류철과 튜브와 끈 다발 같은 것을 들고 나타났다. 그들을 보자 위니는 안

도감을 느꼈다. 좁아터진 골방에서 빨리 벗어나고 싶었다. 응급구조 요원은 둘 다 말랐지만 산악등반가처럼 은근한 근육질이었고 예의가 발랐다. 그들은 간단한 신체검사 후 정신과 병력이 있는지 위니에게 물었다. 그녀는 사실대로 답했다. 가족 중에 정신질환자는 하나도 없 었다고. 단, 오빠인 AJ만은 남달라서 엉뚱하고 이해하기 어렵지만 사 람 마음을 사로잡는 말을 자주 했었다. 그는 평생 자신의 길을 찾지 못 했고 그럴 기회조차 허락되지 않았다. 위니는 찌는 듯한 여름날 AJ가 시내 광장 버스정류장 근처에서 죽은 채 발견된 사연을 응급구조요원 에게 털어놨다.

원인은 동정맥기형_{arteriovenous malformat on} 이었다. 쉽게 말해 동맥이 잘 못 연결된 건데, 그러면 두꺼운 동맥 근육 벽의 힘찬 움직임이 고압의 혈류를 연약한 정맥으로 바로 밀어 보내게 된다. 문제는 진화가 정맥 을 다른 용도로 디자인했기 때문에 원래 이 정맥은 뇌에서 다 쓰이고 졸졸 흘러나오는 혈액을 모으는 역할밖에 못 한다는 것이다. 의사는 동정맥기형이 더 근본적 문제인 결합조직병_{connective tissue disease}의 징조 일 수 있다고 말했지만 아무도 정확히는 몰랐다. 다만 적어도 한 군데 이상의 동정맥기형이 AJ의 뇌 속 깊이 숨어 있었다는 것은 확실했다. 맹렬하게 박동하며 쉬지 않고 밀어붙이는 경동맥의 기세를 정맥이 몇 년이나 버텼지만 안 그래도 힘없는 혈관내막이 점점 얇아져 결국 터 져버린 것이었다.

위니는 며칠 전의 유산 얘기도 했다. 기억이 흐릿해서 진짜 있었던 일인지 아닌지는 여전히 긴가민가했다. 구급대원들은 확실하지도 않은 얘기에 짜증이 난 것 같았다. 충분히 이해되는 반응이었다. 자신도 그랬으니까. 반면에 옛날에 앓았던 암에 대한 기억은 지금도 또렷했다. 귀에 못이 박히게 들었고, 다시 생각해도 소름 끼치는 그 이름 '중추신경계에 침범한 피부 거대 T세포 림프종'이다. 그녀는 이 병의 진행 과정을 누구보다 잘 알았다. 병은 이중시야와 두통으로 시작됐다. 병원에서는 뇌척수액 검사로 암세포를 발견한 뒤 그녀의 허리 척추관에 메토트렉세이트 methotrexate 라는 약을 직접 주입했다. 우여곡절 끝에 완치한 그녀는 현재 12년째 암을 잊고 자유롭게 사는 중이었다.

그녀의 손마디에는 침실 벽을 허물다 떨어진 부스러기가 덕지덕지 묻어 있었다. 하지만 구급대원들이 그녀의 셀프 인테리어 작업에 별로 신경 쓰는 것 같지 않길래 간단하게만 설명했다. 대신 그녀는 그들이 유독 약에 대해 집요하게 알고 싶어 한다는 것을 알아챘다. 아마 발목을 잡으려는 심산이었을 것이다. 그러나 그녀가 줄 수 있는 답은 약은 하지 않고 담배는 평생 피운 적도 없으며 가끔 와인이나 한 잔 마시는 게 다라는 똑같은 말뿐이었다. 조사가 끝나고 마침내 차 안이 고요해졌을 때 그녀는 모든 상황에 대해 잠시 골똘히 생각했다. 가능성들의 조각이 어지럽게 맞물린 이 암울한 퍼즐에 대해.

가장 유력한 가능성은 그녀의 생각이 누출됐고 정보 뱀파이어가 그녀의 계획을 래리와 그의 부하 직원들에게 미리 찔러주었다는 것이었다. 그런 한편 그녀는 응급구조요원이 누군가와 한참 통화하던 걸 기억했다. 그들은 병원에 미리 연락하는 거라고 말했지만 통화 상대는 창백한 입술의 음산한 존재였던 게 틀림없었다. 그때 그들은 "오십일

오십"_{On a fifty one fifty}이라는 말을 되풀이했다. 무슨 뜻이었을까? '50-1-50'인가? 아니면 '50-150'이나 '51-50'? 어쨌든 중요한 코드임이 틀림없다. 시작하라는 신호였을 수도 있고 가속하거나 다운로드하라는 신호일지도 몰랐다. 평소 위니는 이런 암호쯤 거뜬히 풀어냈다. 그녀는 모자를 더 푹 눌러 쓰고 시간을 거슬러 몇 주 전의 기억을 더듬었다. 이 모든 게 어떻게 시작됐더라. 그녀는 상쾌한 9월 공기를 처음 들이마시던 순간의 느낌을 떠올리려고 애썼다.

응급실에선 간호사와 의사들이 보라색 장갑을 낀 신사들이 했던 것과 똑같은 질문을 던졌다. 의료진이 손과 청진기로 그녀 몸 여기저기를 지그시 누르고, 주삿바늘을 꽂아 피를 뽑고, 반사검사용 망치를 통통 튀기는 사이사이 그녀는 몇 번째 재탕인지 모를 답을 말했고, 그들은 그 말을 각자 태블릿에 받아 적었다. 마치 서로 말을 섞기도 귀찮은 사람들 같았다.

인테리어 공사에 털끝만큼도 흥미가 없는 것은 이 사람들도 마찬가지였다. 의료진은 AJ의 이야기에만 큰 관심을 보였고 반응의 온도 차가 구급요원들보다 심했다. 죽은 오빠 얘기를 네 번짼가 다섯 번째 반복하려니 위니는 진이 빠졌다. 입 밖으로 나가는 얘기는 갈수록 짧아졌지만 그녀 안에서는 이야기에 자꾸 살이 붙었다. 갑자기 이미지들이 머릿속을 휩쓰는 바람에 말을 하다가 멈추는 순간이 많아졌다. 문장이나 단어의 허리를 잘라먹는 경우도 부지기수였다. 말문을 막는 이미지는 다름 아닌 마지막 순간 AJ의 모습이었다. 오빠는 곁에서 손을 잡아줄 여동생도, 엉망진창이 된 그의 머리를 감싸안아줄 친구 하나도 없이 외롭게 쓰러져 있었다.

AJ는 세상을 떠나기 오래전부터 이미 길 잃은 아이였다. 학교는 필기를 깔끔하게 하고 논리와 공학을 사랑하는 위니와 넬슨에게 더없는 놀이터였지만 AJ에게는 어렵기만 한 곳이었다. 일터라고 쉬울 리는 없어서, 자동차정비소든 빵집이든 임시직도 얼마 버티지 못했다. 그의 도전은 매번 불운이나 어리석은 판단이나 어이없는 사고로 끝나곤 했다. 그럼에도 AJ는 대체로 무탈하게 지냈다. 푹푹 찌던 여름날 쓰러질 때까지는. 그날 위니는 장례식에 참석하기 위해 동부에서 비행기를 타고 급히 날아갔다. 눈에 익은 고인의 이마 주름이 마침내 영면에 들고 나서야 펴진 걸 보자 비통함에 눈물이 주체할 수 없이 흘렀다. 생전 내본 적도 들어본 적도 없는 소리가 그녀 목에서 나오고 있었다.

위니는 8번 진료실에서 간이침대에 누운 채로 몸을 웅크렸다. 빵집에서 은행을 향해 달리는 AJ의 마지막 모습을 떠올리느라 넋이 나간 상태였다. 당시 그녀는 넬슨과 함께 AJ의 주머니에 들어 있던 종잇조각과 동료들에게서 들은 말을 단서 삼아 상황을 재구성했다. AJ는 독립적인 삶을 찾으려는 간절한 최후의 도전으로 흥분 상태에서 전력으로 질주했을 것이다. 의사는 그날 여러 가지가 겹쳤다고 말했다. 고민거리를 안은 채 그 더위에 뛰었으니 혈압에 무리가 갔을 테고, 그래서 동정맥기형 부위가 파열됐을 거라고. 고작 혈관의 작은 취약점 하나였다. 그게 서서히 헐거워지면서 결전의 날을 조용히 기다린다. 그러다 그를 옭아매던 악재들이 한꺼번에 쏟아진 그날이 온 것이었다.

병원 사람들이 언제든 와서 또 여기저기 누르고 피를 뽑고 사진을 찍고 할 수 있었지만 위니는 이미 지쳐버렸다. 중천에 있던 해가 어느덧 저물고 말라서 퍽퍽해진 샌드위치와 팩에 담긴 주스가 그녀의 시야에 등장했다 사라졌다. 하지만 여전히 아무 소식도 없었다.

벽 너머의 정보 뱀파이어

노크 소리가 들리더니 의사가 병실로 걸어 들어왔다. 부스스한 갈색 머리의 의사는 흰 가운 안에 커피 얼룩이 진 파란색 수술복을 입고 있었다. 그가 자기 소개를 했다. 원래 웅얼거리는 스타일인지 아니면 피곤해서였는지 반은 먹는 발음 때문에 이름이 제대로 들리지는 않았다. 하지만 '정신과 의사'라는 단어만은 확실하게 귀에 박혔다.

위니는 등을 세워 침대에 걸터앉은 채 다리를 흔들었다. 의사는 악수를 하고 문가에 있는 의자에 가서 앉았다. "응급실에서 넘겨준 파일을 다 읽어보고 응급의학과 의사와도 얘기했습니다. 하지만 괜찮으시다면 본인의 얘기를 직접 듣고 싶어요. 오늘 어떻게 여기까지 오게 됐는지를요." 위니는 의사의 모습을 찬찬히 뜯어봤다. 그러고는 대답하기 전에 의사의 눈을 응시하면서 그의 시각과 자신의 시각에 대해 잠시 생각에 빠졌다.

그녀는 도움이 필요했지만 종일 조력자는 한 명도 찾지 못했다. 그녀는 긴 설명 없이 가장 중요한 말을 골라 한마디 내뱉었다. "정보 뱀파이어." 이건 의사가 꼭 알아야 했다. 그는 노트에 뭔가 적고는 다시 그녀를 마주 봤다. "좋습니다. 그 얘기를 좀 더 해주세요."

그래서 그녀는 그렇게 했다. 아주 자세히는 아니지만 누구도 부정하지 못할 확실한 사실은 다 알려주었다. 정보 뱀파이어는 그녀의 뇌에 구멍을 뚫고 생각을 쭉쭉 빨아냈다. 그건 더없이 명확한 사실이어서 그녀는 침착하고 논리적으로 설명할 수 있었다. 댈 수 있는 증거도 차고 넘쳤다. 첫째는 두 주 전 옆집이 지붕에 안테나 접시를 단 일이었다. 위니의 생각을 엿볼 요량이었겠지만 그녀에게는 방비책이 있었고 여전히 보강 중이었다. 그녀를 해킹해 생각과 감정을 훔치려고 한 것은 회사 동료들도 마찬가지였다. 그래서 그녀는 휴가를 내고 출근하지 않았다. 주차장에서 발견한 나사 얘기도 했다. 그녀의 적이 얼마나 막강한 상대인지, 어째서 그녀가 연결을 끊어 자신을 보호할 수밖에 없었는지 의사가 납득했으면 했다.

'끊어버려' 목소리는 간단하게 언급했다. 목소리는 무섭지만 타당했다. 그녀 스스로도 떠올렸을 것 같은 생각을 말로 내뱉고 그녀는 물론이고 그녀의 적들도 원하고 있을 일을 소리 내 제안했다. 그녀는 그 단어가 머릿속에서 들렸는데 소리의 모든 요소를 갖춘 제대로 된 목소리였다고 의사에게 설명했다. 누군가―아마도 에린이―그녀의 의식에 접속한 게 틀림없었다. 하지만 왜 그랬는지는 도통 알 수 없었.

잠시 후 의사는 구급대원이나 응급실 의사들이 한 것과는 다른 성격의 질문을 던지기 시작했다. 눈썹까지 눌러 쓴 레이더스 모자에 대해 의사가 물었을 때 그녀는 기어가는 목소리로 이렇게 대답했다. "제 생각을 지키려고 쓰는 거예요." 그가 침대를 가리키면서 왜 벽에 붙어 있던 걸 방 한가운데로 옮겼냐고 물었을 때는 이렇게 대꾸했다. "벽 너머에 뭐가 있는지 모르니까요." 그는 위치가 바뀐 침대 주변을 크게 한 바퀴 돌았다. 다른 의사들은 아무도 관심 갖지 않은 부분이었다. 그러고는 침실 벽을 부순 일과 그 까닭에 대해 처음으로 질문했다.

문답이 한창 이어지고 있는데 호출기가 징징 울렸다. 의사는 사과한 뒤 어디론가 사라졌다. 그녀는 정면의 벽만 보면서 한 시간 동안 혼자 있었다. 그러다 의사가 돌아왔고 마치 자리를 비운 게 고작 1분 정도였다는 듯 바로 다음 질문으로 넘어갔다. 위니는 무슨 일이냐고 물었다. "죄송합니다. 응급상황이었거든요. 우리 면담은 거의 끝났고요. 대충 어떻게 되고 있는지 말씀드릴게요." 그가 다시 의자에 앉으면서 말했다. "지금 몇 가지 검사 결과를 기다리고 있어요. 하지만 일단은 당신의 몸에서 아무 이상도 발견되지 않았습니다. 검사 수치도 사진도 전부 정상이에요. 그래서 저희는 문제가 심리적인 것 아닐까 생각하고 있어요. 좋은 소식은 도움이 될 만한 치료법이 있다는 겁니다."

위니는 놀라지 않았다. 의료진의 생각이 진즉 그쪽으로 쏠리는 것 같았지만 상관없었다. 이젠 그들이 무슨 말을 해도 신경 쓰지 않았다. 그녀가 원하는 것은 집에 가는 것뿐이었다. 응급실에서는 그녀가 '법적 감호 상태'라고 말했다. 그 말은 정신과 의사가 그녀를 보기 전에는 구가할 수 없다는 뜻이었다. 하지만 이제는 만나야 할 사람을 다 만났다. 집도 직장도 내팽개치고 나온 그대로였기에 그녀는 마음이 급했다. 어쩌면 회사는 아까보다 상황이 더 나빠졌을지도 몰랐다. 그녀는 오래에서 통원치료를 계속하면 안 되겠냐고 의사에게 물었다. 집에 도착하는 대로 전화해서 예약을 잡으면 간단할 일이었다.

"알겠습니다. 그럼 그 얘기를 해보죠." 의사가 말했다. "저희가 알아보는 동안 병원에 입원해 계시는 것은 어떠세요? 만약 퇴원을 원하신다면 돌아가셔서 어떻게 하실 계획이세요? 그걸 알아야 저희가 도와드릴 수 있을 것 같아요.”

어떻게 대답할지는 고민할 필요도 없었다. 위니는 더 이상 회사에서 문제를 일으키지 않을 것이다. 실수는 한 번으로 족했다. 대신 바로 집으로 가서 남은 휴가 기간 동안 동쪽 벽 작업을 마무리할 작정이다. 천장 보수도 시작해야 한다. 어느 누구도 엿볼 수 없게, 안전하게 말이다. “퇴원할래요.” 그녀가 말했다. “할 일이 너무 많거든요. 집에 가서 패러데이 케이지를 완성해야 해요.”

이 대목에서 의사가 고개를 주억거렸다. 위니는 의사에게 패러데이 케이지의 원리를 아느냐고 물었다. 패러데이 케이지는 전자기파를 상쇄시키기 위해 만들어진 도체 그물 구조다. “그럼요. 실험실에서 항상 쓰는걸요.” 그가 또 고개를 끄덕이며 말했다. “신경세포의 전기신호를 측정하는 장치가 있는데 저희도 여기에 정육면체 그물망을 씌워 놨어요. 댁에서 짓고 있는 패러데이 케이지와 똑같은 겁니다. 방 안의 다른 전기원이나 벽 뒤에서 나오는 소음을 차단하죠.” 의사가 원래 침대가 있던 구석 자리를 가리켜 보였다. “그래서 그 기계로 뇌세포 하나하나에서 나오는 전류를 감지할 수 있습니다. 실험동물이 살아 있을 때도요.”

여전히 미심쩍은 구석이 있었지만 이 의사와는 얘기가 통한다는 사실에 약간 신이 났다. 그녀는 이 차폐 원리의 발단이 된 벤저민 프랭클린Benjamin Franklin의 실험(일명 코르크볼 실험. 프랭클린이 자화시킨 병 속으로 떨어뜨린 코르크볼이 바닥에 닿고 나면 더 이상 전하를 띠지 않는 현상을 발견했고, 나중에 패러데이가 그 이유를 알아내 패러데이 케이지를 만들었다—옮긴이)을 의사가 기억하는지, 전도성 폐쇄 구조 안에는 외부의 힘이 작동할 수 없다는 아름다운 전자기 이론을 아는지 궁금했다. 전하 분포를 전도체와 완전히 반대로 만들면 전기장 전체를 사라지게 할 수 있다. 이것은 본연의 성질로 스스로를 소멸시키는 힘이다. 스스로의 안티테제(반대 명제)를 창조하는 진정한 테제(명제)다. 위니는 이것을 '정보 자살'이라고 불렀다.

그런데 의사가 앉은 자세를 이리저리 바꾸는 것이 왠지 초조해 보였다. "이제 좀 고민스러운 얘기를 해야 하는데요." 의사가 입을 열었다. "당신도 그랬고, 다들 당신은 자해할 마음이 없고 누군가를 다치게 하지도 않을 거라고 했습니다. 저는 그 말을 믿습니다. 하지만 당신은 지금 멀쩡한 집을 부수고 있고 계속 그럴 계획이죠. 옆집이 위성접시로 당신의 생각을 다운로드할까 걱정돼서요. 그래서 집을 다 뜯어고치고 계세요."

위니는 다음에 나올 말을 알 것 같았다. 지금 이 사람들은 그녀를 병원에 묶어두려 하고 있었다. 그녀는 의사의 입술이 움직이는 모양을 자세히 관찰했다. 그도 누군가의 조종을 받는 게 아닌지 확인해야 했다. 멀쩡한 집을 부순다고? 그건 전혀 사실이 아니다. 그녀는 집을 '지키기' 위해 할 수 있는 유일한 일을 할 뿐이었다.

"작성해야 할 서류가 몇 개 있습니다. 여기 보시면 오늘 밤부터 법적 감호 절차에 따라 당신이 입원할 거라고 되어 있어요. 법적 감호는 병원이 꼭 필요하다고 결정할 때 장애가 심각한 분들에게 실행할 수 있는 조치입니다.” 의사가 계속 설명했다. “저희는 정신적 증상이 당신에게 실질적인 문제를 일으키고 있어서 이 조치가 불가피하다고 판단했어요. 현실과 단절되고 있기 때문에 정신병이라고 부를 만한 상태거든요. 머릿속에서 목소리를 듣고 물리적 실체가 없는 존재를 두려워하고 계세요. 그런 심리 상태가 집에 손을 대게 하고 자신의 안전을 해치고 있고요.”

순간 세상이 쪼그라드는 것처럼 느껴졌다. 의사 얼굴 주위의 일그러진 후광 외에는 전부 다 잿빛으로 보였다.

“이제부터 저희는 문제의 원인을 찾을 겁니다. 여러 가지 원인이 있을 수 있어요. 모쪼록 약 처방이 당신에게 도움이 되면 좋겠네요.” 불현듯 생뚱맞은 단어들이 머릿속에 떠올랐다. ‘비누 거품’, ‘웨이트리스 없음’, ‘마틸다’. 위니는 단어들을 의사의 입술 모양과 맞춰보려고 애썼다.

의사는 몇 마디를 더 한 다음 자리에서 일어섰다. 그녀는 그가 내는 소리의 의미에 다시 집중했다. 의사는 자신이 이번 주에 격리병동에서도 근무하니까 내일 만나러 오겠다는 얘기를 하고 있었다. 그는 글자와 숫자가 빼곡히 적힌 종이 몇 장을 두고 갔다. 그중에 ‘심각한 장애’라는 단어와 5150이라는 숫자가 눈에 들어왔다. 구급차에서 들은 숫자였다. 심각하다니. 그래서 그들이 여기 데려온 거였구나. 그녀는 여전히 화석처럼 굳은 표정으로 여기저기 긁힌 자국이 있는 정면의 노란색 벽을 똑바로 쏘아봤다. 저 벽 뒤에 무엇이 도사리고 있을지 상산하기도 끔찍했다.

'이 의사는 말이 통하는군'

병원 사람들은 그날 밤 그녀에게 생전 처음 보는 약을 먹이고 안내문을 건넸다. 그녀는 안내문을 꼼꼼하게 읽었다. 비정형 항정신병 약물이라고 적혀 있었다. 병원 사람이 그녀에게 종이에 서명해달라고 요청했다. 약에 어떤 효과가 있는지는 잘 모르지만, 이 자그마한 흰색 알약은 그녀를 확실하게 녹다운시켰다. 그렇게 그녀는 14시간 동안 내리 잤다.

잠에서 깨고 보니 그녀는 몇 층 위의 격리병동으로 옮겨진 상태였다. 방 안에는 비슷한 처지의 여행자 몇이 더 있었다. 저마다 폭풍우 속에서 볼 장 다 보고 이곳으로 떠밀려 온 난민이었다. 그날 오전, 위니는 입을 꾹 닫고 다른 사람들 얘기를 듣기만 했다. 덕분에 이런저런 팁을 얻을 수 있었다. 새로 얻은 정보는 그녀만의 폭풍이 쉬어갈 일종의 육지를 다지는 데 쓰였다. 그러느라 첫날부터 상당한 에너지가 소도됐다. '끊어버려' 목소리는 여전히 들렸지만 위압감은 확연히 줄어있었다. 이젠 고함치는 것처럼 느껴지지 않았기 때문에 사람들에게 더 집중하면서 그들의 대화를 따라갈 수 있었다.

그렇게 얻은 정보 중 하나가 치약 튜브로 손목을 긋는 방법이었다. 행동으로 옮기지는 않았고 그럴 마음도 없었지만 알아둬서 나쁠 것은 없었다. 아침 먹는 휴게실에서 다른 환자 둘이 하는 얘기가 들리는 바람에 알게 되었는데, 두 사람은 서로 다른 이유로 시도한 각자의 경험담을 마치 요리 레시피처럼 주고받았다. 듣자 하니 노라라는 젊은 여자는 그냥 살짝 체험해보고 싶어서 그랬던 것 같았다. 이만큼 아프고 피가 난다는 것을 직접 확인하고 흉터를 남겨 남들에게 보여주려고 말이다. 한편 다 큰 자식이 있을 법도 한 클로디아라는 덩치 큰 여자는 진지했다. 그녀는 진짜로 동맥을 잘라 모든 피를 몸 밖으로 내보낼 작정이었다. 클로디아는 심한 우울증 때문에 곧 전기경련요법 치료를 시작할 예정이었지만 의사의 기대와 달리 그녀에게는 다른 계획이 있었다. 그녀는 삶을 끝내는 일에 전력을 다하고 있었다. 모든 감정과 생각이 하나의 결론으로 모인 뒤론 방에 가두든 손발을 묶든 어떻게 해도 그녀의 결심을 늦추거나 바꿀 수 없었다.

그래도 의료진이 한발 빠르긴 했다. 병동에는 치약 튜브가 하나도 남기지 않고 싹 치워져 있었다. 간호사들은 참 신기한 존재였다. 제정신이 아닌 스무 명 남짓 되는 남녀가 생활하는 이곳에서 오직 말과 몸짓만으로 평화를 유지했다. 격리병동은 위니가 경험한 그 어떤 곳과도 달랐다. 엄격하면서도 유연하고, 절망적이지만 안전한 모순적인 장소였다. 거기에 다른 환자들. 위니는 평생 그들 한 명 한 명의 일그러진 세상에 대해서만 생각해도 시간이 부족할 것 같았다. 그만큼 격리병동은 무시무시하면서도 매력적인 온갖 대체 현실이 뒤섞인 혼돈의 세계였다.

위니는 치약에 대해 생각했다. 치약이 그 일에 어떻게 쓰이는 것일까? 치약 튜브는 밑동이 충분히 단단하기 때문에 날카롭게 다듬기에 좋았다. 그녀는 노라와 클로디아가 감시가 덜한 다른 입원실에서 지냈을 때를 상상했다. 기회가 생길 때마다 의료진의 눈을 피해 몰래 거친 벽면 같은 데다가 튜브를 갈았겠지. 그렇게 문지르기를 몇백 번쯤 했을 것이다. 위니는 바늘이나 칼날을 버리는 것처럼 같은 동작을 수백, 수천 번 반복할 때 몰입감이 얼마나 클지 생각했다. 그러자니 반복적 행동에 대한 보상이 인간이 두뇌를 써서 이룬 최초의 성과였을 거라는 난데없는 생각도 들었다. 나무막대, 부싯돌, 뼈 같이 단단하고 뭉툭한 재료를 리듬에 맞춰 미친 듯이 갈아 뾰족하게 만든다. 바위에 대고 비비고 또 비비는 짓을 겨우내 반복한다. 다만 그땐 완전히 다른 목적 때문이었겠지. 죽는 것이 아니라 살아남는 것 말이다.

위니는 정신병에 관한 지식도 습득했는데, 환자들로부터가 아니라 의료진이 정신병이라고 부르는 것에 대해 의사와 문답하면서 얻은 것이었다. 그녀는 자신을 이곳에 입원시킨 의사를 하루에 두 번 정도 만났다. 한 번은 오전 여덟 시쯤에 노라와 함께 쓰는 병실로 그가 회진을 왔을 때고, 다른 한 번은 가끔 오후에 복도에서 우연히 마주쳐서다. 위니는 의사가 첫날 자정에 봤을 때만큼이나 낮에도 피곤해 보인다는 것을 알아챘다. 그녀는 패러데이 케이지를 잘 아는 이 의사가 마음에 들었고 그를 D 박사(이 책의 저자인 칼 다이서로스를 말한다―옮긴이)라고 불렀다. 마음속의 폭풍우가 하루하루 잦아들면서 그녀는 의사에게 이것저것 묻기 시작했다.

"정신병psychosis이 정확히 뭔가요? 제 말은, 저도 알긴 아는데 선생님 입으로 들으니 뭔가 고대 언어 같고 어감이 묘해서요."

D 박사가 대답했다. "현실과 단절되는 겁니다. 당신에게 들리는 '끊

어버려' 목소리 같은 환각도 여기에 포함되죠. 망상도 마찬가지고요. 망상은 분명히 틀렸는데도 이미 굳은 신념을 말해요."

위니가 다시 물었다. "굳었다는 게 무슨 뜻이에요?"

"이 굳었다는 부분이 중요한데요." D 박사가 말했다. "망상 환자는 설득이 먹히지 않아요. 증거를 내밀어도 아무 소용이 없죠. 예전에는 저도 환자들을 설득해보려고 노력했어요. 아마 정신과 의사라면 누구나 그런 적이 있을 겁니다. 하지만 오래가지는 못해요. 망상은 뜯어고치는 게 불가능하거든요. 자신이 그 무엇도 뚫지 못하는 절대 갑옷을 입고 있어서 아무도 해치지 못한다는 몹시 비현실적인 믿음을 가진 환자도 있었어요."

굳어버린 신념 얘기는 위니의 전공인 공학 지식 하나를 상기시켰다. 어쩐지 칼만 필터kalman filter와 유사점이 많은 것 같았다. 칼만 필터는 복잡한 미지의 계를 모델링하는 알고리즘이다.[2] 이 알고리즘에서는 계의 속성값을 추측할 때마다 그 값에 대한 대략적인 신뢰 수준이 함께 표시된다. 그 상태에서 계를 모델링할 때는 더 높은 신뢰도를 가진 추측치에 더 많은 가중치가 부여된다. 위니는 뇌 역시 이런 식으로 작동할 거라는 생각이 들었다. 뇌 안에서 지식은 확실성 정도가 적힌 인식표를 단 채로만 존재한다. 그런데 망상을 비롯한 어떤 종류의 지식은 굳었다고 표현될 정도의 신용을 얻어 '진실'truth이라는 그릇에 담겨 보호된다. 그래서 회피되지도 평가 절하되지도 않는 특별 대우를 받는다. 이 '진실'이라는 카테고리 덕분에 우리 뇌는 통계 연산에 시간 낭비할 필요 없이 신속한 결단을 내리고 의심의 여지 없는 사실들 위에 복잡한 논리체계를 세울 수 있다. 그러나 위니는 의사에게 이걸 구구절절 설명하진 않았다.

"생각이 그렇게 꽂히는 게 단순히 정신병은 아닐 것 같아요." 위니가 머뭇거리며 말했다. 떠오르는 말들을 의사가 가버리기 전에 다 전하고 싶으면서도 조심스러웠다. "다른 생각을 가진 거라고 볼 수도 있지 않을까요?" 그녀는 모자를 아래쪽으로 당겼다. 최근엔 항상 쓰고 있을 필요는 없었지만 습관적인 행동이었다. "가족에 대한 신뢰, 결혼관, 종교관, 사회적·정치적 신념처럼요. 그런 건 정상이잖아요. 지식마다 신뢰도 값이 매겨지는데 그러다 가끔 만점을 받는 아이디어도 나오는 거예요."

의사가 입을 열었다. "그런 것 같군요. 옳은 말씀이에요. 우리는 모두 그 뭐냐, 점수 매기기가 필요해요. 신뢰도 값 추정치요." 어색한 정적이 내려앉았다. 의사가 고개를 숙여 환자 명단을 훑었다. 위니는 지금 이 행동이 그가 곧 옆 병실로 갈 거라는 뜻임을 알아챘다. 조증으로 늘 방글거리는 수다쟁이 금발 대학생을 보러 가서 다시는 그녀에게 돌아오지 않을 터였다.

그때 의사가 다시 말을 걸었다. "그렇지만 저는 어떤 사상이든 만점이라고 특별히 좋은 것 같진 않습니다. 게다가 어떤 관념들은 몹시 비현실적이어서 대다수가 신뢰하는 사실이 될 리도 없고요." 그가 잠시 숨을 골랐다. 두 사람은 간호 스테이션 근처 복도에 서 있었다. 환자복 차림에 레이더스 모자를 쓴 위니와 버튼다운 셔츠와 면바지를 입은 의사는 그녀가 봐도 이상한 조합의 한 쌍이었다. 대화를 나누는 내내 수감자 한 명과 자유인 한 명 주위를 다른 환자들이 계속 스쳐 지나갔다. 그럼에도 둘 사이에는 탄탄한 연결고리 같은 게 있었다. 두 사람은 잡음 속에서도 아무 방해 없이 둘만의 로컬 네트워크 안에서 정보를 계속해서 주고받았다. 의사가 말을 이어갔다. "이렇게 개연성 없는 아이디어들은 애초에 머릿속에 떠오르지 않아야 합니다. 깨어 작동하는 의식 위로 부상하지 않아야 해요. 혹시 입원하기 전에 그런 종류의 생각을 갖고 있었던 것 같으세요? 의식의 표면에 떠오르기 전에 걸러졌어야 할 실현 가능성 없는 어지러운 생각들요."

의사는 필터에 대해 얘기하고 있었지만 그녀가 말한 것과는 의미가 조금 달랐다. 폭풍우가 가라앉아 정신이 한결 차분해진 위니는 의사가 다른 것을 암시하는지도 모른다고 생각했다. 왠지 응급실에서 그녀가 했던 주차장 나사 사건 얘기일 것 같았다. 이제 그녀는 선명하게 보였다. 에린이 자신을 괴롭히려고 나사를 가져다 놓았다니. 확실히 터무니없는 억측이었다.

그래도 그게 어때서? 그녀는 생각했다. 사고의 경직은 망상의 특징이지만 건실한 품행의 필수요소이기도 했다. 마찬가지로 가능성이 희박한 아이디어에 여지를 주는 것 역시 정상적이고 꼭 필요한 일 같았다. 위니가 다시 나섰다. "그런데요, 실현 가능성 낮은 일에 주목하는 게 꼭 병은 아니에요. 필터 얘기를 하려면, 먼저 작동 방식을 이해하셔야 해요. 좋은 필터는 통과시키고 싶은 신호도 약간은 차단하고[3] 막고 싶은 신호 역시 어느 정도 통과시켜요. 그래야 이상적인 필터죠."

위니는 10분에 걸쳐 체비쇼프chebyshev 필터와 버터워스butterworth 필터에 대해 얘기했다. 어떻게 체비쇼프 형 필터가 불필요한 잡음을 잘 막는 대신 통과시켜야 할 신호까지 일부 차단하는지도 설명했다. 이런 필터는 전자기기나 다른 신경계에는 괜찮을지 몰라도 사람의 뇌에는 아니다. 생사를 지능과 정보에 전적으로 의존하는 인간 같은 동물 종은 가치 있을지 모를 아이디어를 원천 봉쇄하고 포기하는 무모한 짓을 해서는 안 된다.

한편 버터워스 필터 같은 다른 필터 디자인들은 정반대의 약점을 갖고 있다. 이런 필터는 신호를 과감하게 상쇄하지 않는 대신 자잘한 것까지 너무 통과시킨다는 게 문제다. "사람의 뇌에는 버터워스 필터가 더 어울리는 것 같아요." 위니가 말했다. "아, 인간종 전체적으로 그렇다고 해야 하나요. 그래서 몇몇 개인의 얼토당토않은 믿음이 종 전체가 무사히 돌아간다는 징표가 되는 거죠." 그녀는 나중에 〈필터 증폭기 이론에 관하여〉라는 버터워스의 1930년 논문을 보내주겠노라고 의사에게 말했다. 모든 시스템은 다른 대안들과 균형을 맞추고자 어느 정도의 오류율을 허용하면서 작동한다는 것을 의사가 꼭 알아야 할 것 같았다.

"신경과학에서 연구하는 전기생리학 신호와 똑같군요." 의사가 동의한다는 듯 말했다. "신경과학에서는 미세한 전류를 측정하기 때문에 그걸 제대로 분석하려면 잡음을 걸러야 합니다. 그런데 가장 잘 만들어진 필터조차 여전히 유용한 신호를 막거나 왜곡시키고 쓸모없는 일부 신호를 그대로 통과시키더라고요." 위니는 계속 대화하고 싶었지만 이 정도 얘기한 것도 다행이라는 생각이 들었다. 지금쯤이면 의사도 이 왜곡이 병이 아니라는 것을 알게 됐을 것 같았다.

망상과 환각

내면의 목소리는 다음 날 더 잠잠해졌다. 혼자서도 나름대로 평정심을 유지하게 된 위니는 레이더스 모자를 벗어두기 시작했다. 상태가 나아지는 것이 느껴졌지만 의사에게 얘기해도 될지는 망설여졌다. 의사는 약이 효과가 있다고 생각하고는 자신이 추측한 진단이 옳았다고 결론내릴 게 뻔했다.

D 박사는 법원명령 기간을 채우기 전에 5150호 조치를 철회했다. 그래도 위니는 퇴원할 때까지 격리병동에 있기로 했다. 개방병동이 만실이기 때문이었지만 속으로는 남은 검사를 받는 동안 지금 담당자들과 계속 어울릴 수 있어서 기뻤다. 어쨌든 지금 그녀는 휴가 중이었고 이곳에서 배우는 것도 많았다. 게다가 집이 안전하다는 생각은 여전히 안 들었다.

"정신병이 생기는 이유는 여러 가지입니다." 5150호 조치가 철회된 날 오후, 나중에 복도에서 D 박사가 말했다. "당신에게서 모든 의심이 걷힌 건 아니에요."

"그렇지만 선생님께서 동의한 줄 알았는데요." 위니가 말했다. "제게 아무 문제도 없고 그냥 제가 그렇게 생겨 먹은 거라고요. 원래 저 같은 사람도 있는 거라고요."

"네, 그래요." 그가 대꾸했다. "말씀하신 대로 사람은 저마다 다른 필터를 끼고 태어나죠. 개인마다 음향 시스템 설정이 다 다르듯이요.

그런데 그게 바로 문제예요. 예전에는 경험하지 않았던 일들을 지금 겪고 계시니까요. 제가 말씀드릴 수 있는 것은 당신이 효과적인 필터 덕분에 언제나 논리정연한 분이었다는 겁니다. 아마 당신이 가진 최대의 장점일 거예요. 그러니 이 모든 일은 당신의 태생적 성향 탓이 아닙니다.”

“그럼 무엇 때문에 이렇게 변한 거죠?” 위니가 몰아세우듯 물었다.

“일단 약 때문일 수 있는데 당신의 체내에서 약물이 검출되진 않았어요. 감염이나 자가면역질환도 후보에 들어가지만 마찬가지로 혈액 검사에서는 증거가 나오지 않았고요. 심한 우울증이나 조증도 생각해볼 수 있는데 당신에게는 해당 증상이 없습니다. 다만 조현병은 아직 가능성의 여지가 있어요.”

위니는 조현병이 뭔지 어느 정도 알고 있었지만 자신의 증세와는 전혀 들어맞지 않는 것 같았다. 그녀가 물었다. “조현병은 십 대 때 시작되지 않나요? 그럼 아주 오래전부터 증상이 있어야 하잖아요.”

“남성은 보통 그렇습니다만 여성의 경우는 스물아홉에 첫 발작을 경험하는 게 전혀 특이한 사례가 아닙니다.” D 박사가 설명을 이어갔다. “망상과 환각 같은 증상이 나타나면서 조현병이 자신의 존재를 처음 드러내는 것을 저희는 첫 발작first break이라고 부르는데요. 때로는 자신의 행동이 낯설게 느껴지기도 해요. 마치 제3자가 내 몸을 조종하는 것처럼요.”

“혹시 환각을 일으키는 원인에 대한 이론이 있나요? 그런 걸 생물학으로는 어떻게 설명하죠?” 위니가 또다시 물었다.

"과학적으로는 사실 확실하게 밝혀진 게 없습니다. 일각에서는 당신이 듣는 것 같은 내면의 목소리가 뇌의 한 부분이 다른 부분들의 상황을 몰라서, 그러니까 뇌가 무슨 생각을 갖고 있는지 스스로 인지하지 못해서 생기는 현상이라는 견해가 있어요. 그래서 '끊어버려'라는 단어 같은 자기 내면의 독백이 마치 다른 사람이 하는 말처럼 들리고 해석되는 거라고 하죠.

비슷하게, 행동 역시 자신의 의지가 아니고 누군가 조종하는 대로 몸이 움직이는 것처럼 느껴질 수 있습니다. 조현병이 있으면 뇌의 한 부분이 다른 부분들의 취향이나 의도를 알지 못하는 탓에 몸의 반응을 외부 간섭의 결과로 해석하는 것일 수 있어요. 그래서 뇌가 평소처럼 오만 곳을 뒤져도 무선통신이나 위성 신호를 이용한 원격조종 같은 허무맹랑한 해명만 찾아내는 겁니다."

"잠시만요." 위니가 끼어들었다. "이런 설명들은 어째서 항상 이렇게 기계적이고 어디서 보고 외운 것 같은 내용뿐이죠?" 이참에 확실히 결판을 봐야 했다. 남은 시간이 얼마 없었다. "왜 위성이냐고요? 이게 진짜 병이 아니라는 뜻 아니겠어요? 위성은 나온 지 얼마 안 된 최신 기술이잖아요, 안 그래요? 저는 과학기술에 반응했을 뿐이에요."

"글쎄요, 멀리서 외부의 힘이 나를 통제하고 정보를 엿본다는 의심은 어느 시대든 조현병을 대표하는 증상이었습니다. 위성이나 라디오가 개발되기도 전부터, 어떤 형태든 에너지파의 존재가 세상에 알려지기도 훨씬 전부터요." D 박사가 복도를 따라 옆 병실을 향해 천천히 발걸음을 옮기기 시작했다. 회진 돌 때 매일 봐서 위니에게도 익숙한 패턴이었다. "이제 가봐야 합니다. 하지만 저희가 이 모든 것을 어떻게 알고 있는지 내일 보여드릴 수 있을 것 같아요."

이튿날, 오전 회진을 기다리는 동안 위니는 인간 정신이 오작동해 생기는 병 가운데 조현병이 가장 덜 밝혀진 정신질환 아닐까 생각했다. 그녀는 어디서도 조현병에 대한 충분한 해설을 듣지 못했고 자신이 너무 무지하다는 느낌이 들었다. 단지 빈칸만 많은 게 아니라 그릇된 정보투성이일지도 몰랐다. 조현병은 사람의 일상에 쉽게 대입되는 우울증이나 불안장애 같은 병과는 달랐다.

단, 달라진 현실을 느끼는 것은 어떤 면에서 공통점이라고 할 수 있었다. 대학 시절, 그녀는 사람이 잠들었을 때 착란과 환각을 짧게 경험할 수 있다는 것을 배웠다. 그녀는 그게 어떤 상태인지 직접 체험해서 알고 있었고 잠깐이었는데도 무섭다고 느꼈다. 그런데 만약 어느 날 밤 그 상태에 빠져 영원히 벗어나지 못한다면? 그렇게 산다는 것은 어떤 인생일까? 한번 틀어진 현실이 박제돼 며칠이고 몇 년이고 그 안에서 옴짝달싹 못 한다니. 상상만 해도 끔찍해 위니는 이 문제에 대해 그만 생각하기로 했다.

차라리 자아 해체가 그녀의 구미를 더 당기고 생각하기 즐거운 주제였다. 자아의 한 부분이 나머지 부분이 뭘 하는지를 알지 못할 수도 있다고 생각하니 애초에 자아의 통합이 어떻게 이루어지는지가 궁금해졌다. 그녀는 지금껏 자신의 자아가 온전한 하나임을 당연히 여겨왔다. 그런데 이제 보니 사실은 그렇지도 않은 것 같았다. 다시 한번 수면 상태를 떠올리자 좀 더 쉽게 이해할 수 있었다. 잠에서 깰 때를 보면 항상 처음 잠깐은 현실 혹은 자아 감각이 희미하다고 느껴지지만 곧 쫀쫀한 짜임새로 돌아가면서 현실과 자아가 다시 제 모습을 갖추기 때문이다. 장소, 목적, 사람들, 중요한 것들, 일정, 현재의 속성 같은 순간의 짧은 실 가닥들이 정체성, 삶의 궤적, 자아라는 기다란 가닥들과 교차하면서 맞물린다. 그렇게 자아를 재통합하는 정보는 어디서 오고 어디로 갈까? 만약 이 과정이 도중에 방해를 받으면, 불완전한 자아가 형성될 것이다. 그런 자아의 행동은 단절되고 기이해 보이기 십상이다.

연결이 끊어진 자아 상태 생각에 한참 빠져 있을 때, 위니의 머릿속에 심란한 생각 하나가 떠올랐다. 만약 무형無形의 기본 상태—자아와 무관한 욕구가 존재하고 계획과 상관없이 행동이 나오는 상태—가 진짜라면? 그런 정신병적 상태에서 혼란과 무질서처럼 보이는 것이 실은 우리 자아의 경계가 임의적이라는 현실의 방증일지 모른다고 위니는 생각했다. 고유한 자아라는 것도 사실은 목적을 위해 만들어진 것이고 어떤 면에서도 진짜가 아닌 인위적 개념인 것 같았다. 일체적 자아는 환상이라는 얘기다.

게다가 지금은 거의 들릴락 말락 한 그 목소리는 또 어떤가. 의사는 '끊어버려'라는 목소리에 그녀가 집착하면서 본인의 생각으로 인식하지 못한다는 식으로 말했다. 하지만 의사는 숨은 요점을 놓치고 있었다. 머릿속에서 목소리가 들리는 것이 어떤 식으로든 그녀 자신의 생각이라고 치더라도, 그 생각을 하라고 지시한 건 누구였을까? 이제부터 목소리를 생각하자고 적당한 어느 시점에 그녀가 결정한 것일까?

아니다. 이 생각이든 다른 어느 생각이든 그녀는 그런 적이 없다. 생각이란 본래 스스로 떠오르는 것이다. 모든 사람은 그저 생각이 들기 때문에 생각을 한다.

위니는 오직 정신병을 앓는 사람들만 이 사실을 불편해한다는 것을 깨달았다. 오직 그들만이 진상을 꿰뚫어보는 것이다. 정신이 똑바로 깨어 있어서 가려진 현실을 투시하고 인간의 모든 행동, 감정, 생각이 의식적 자유의지 없이 일어난다는 진실을 알아채는 것은 그들뿐이었다. 모두가 진화가 우리를 위해 마련한 딱딱한 병원 침대에 얌전히 누울 때, 정신병 환자만은 인간이란 스스로 원해서 행동을 하고 생각하고 싶은 것을 생각하는 존재라는 대뇌겉질의 달콤한 속삭임을 용감하게 걷어찬다. 나머지 인간들은 주체성이라는 실용적 허구를 추앙하고 애지중지하면서 비몽사몽인 상태로 삶을 이어간다.

이튿날 아침 D 박사의 회진 시간이 가까워 올 무렵, 위니는 자신이 아픈 게 아니라 깨달음에 눈뜬 거라고 확신하고 있었다. 그녀는 꽁꽁 가려진 게 아니라 드러나 있었고 사방에 감도는 에너지장과 전하를 느낄 수 있었다. 그런데 그녀가 입을 열기도 전에 의사가 인쇄해온 그림 한 장을 꺼내 그녀에게 건넸다. 의사의 설명으로는 19세기 산업혁명의 열기 속에서 제임스 틸리 매슈스_{James Tilly Matthews}라는 한 영국인이 당시 사람들의 표현으로 '광기'에 사로잡혀 그린 그림이라고 했다. 매슈스는 '공기 베틀'_{Air Loom}이라 직접 이름붙인 장치를 떠올리고[4] 무시무시하게 생긴 대형 직조기에서 뻗어 나온 줄에 사지가 묶여 무력하게 통제되는 모습으로 본인을 묘사했다. 그림 속의 그는 저 멀리서 기다란 실 몇 가닥에 조종당하고 있었다.

위니는 그림을 흥미롭게 살펴봤다. 환자들은 도무지 이해되지 않는 조현병의 증상과 감정을 각자의 시대에 가장 강력한 원격 조종 기술이라고 알려진 현상―위성, 베틀, 천사, 악마 등 설명이 될 만한 것이라면 뭐든―탓으로 돌리고 있었다.

그림 덕에 하고 싶은 말이 더 많아진 위니는 퇴원을 조르는 대신 이 아이디어를 탐구하는 재미에 흠뻑 빠졌다. 그녀가 보기에는 행여 자신에게 조현병이나 그 엇비슷한 문제가 있더라도 그것은 진짜 병이 아니라 본질적인 무언가가 표출된 현상임이 틀림없었다. 그것은 통찰력과 창의성이 터뜨린 불꽃이었고 인류 발전을 견인하는 동력이었다.

그래서 다음 날 위니는 자신의 추론이 사실일 수도 있지 않느냐고 D 박사에게 물었다. 그녀는 인간의 두뇌와 손재주를 고려하면 비현실적이고 기이한 아이디어를 관용하는 것이 인간에게 유익할 것 같았다. 비현실적으로 보이는 것들―기적에 가까운 가능성, 속세의 어느 문물과도 연결되지 않는 개념―이 현실이 될 수 있는 것은 오직 이 길뿐이었다. 이런 사고는 오직 인류에게만 가치가 있을 터다. 생쥐나 돌고래에게야 무슨 쓸모일까? 마법 같은 일들을 생각하고 희박한 가능성을 기대하고 요상한 무언가가 진실일 수 있다거나 어딘가 다른 세상이 존재할지 모른다고 무턱대고 믿는다 한들 그것을 계획할 큼지막한 뇌나 조몰락조몰락 만들어낼 야무진 손이 없는데 말이다.

그러나 D 박사의 반응은 기대와 달리 시원치 않았다. "다른 사람들도 그런 생각을 합니다. 아이디어가 식상하다거나 흥미롭지 않다는 얘기는 아니에요. 어떤 면에서는 아주 지당한 해석일지 몰라요. 그래도 조현병은 단순히 들뜬 생각 이상으로 몹시 안 좋은 병입니다. 조현병에는 부정적인 증상이 있는데, 그런 증상들은 기본적이고 유용한 사고조차 할 수 없게 방해합니다. 의욕과 사회적 흥미를 잃는 무감동 증상이 그중 하나예요.”

그가 설명을 이어갔다. “그리고 사고장애thought disorder라는 증상도 있습니다. 뇌의 사고 과정 전체가 엉망진창이 되는 건데요. 생각한다는 것에 대해 잠깐 생각해볼까요? 방금 말씀하신 그런 생각 말고 사고의 흐름에 대해서요. 우리는 항상은 아니더라도 가끔은, 적어도 우리가 그러고자 할 땐 어떤 것을 생각하자고 결심하고 생각을 시작하죠. 우리는 여러 가지 소재를 사유하고 그 가운데 살을 붙여 키울 일련의 생각을 선택합니다. 결정을 내린 지점부터 여러 갈래로 갈라져 나가는 생각의 경로들을 상상하고, 각각의 경로를 체계적으로 탐색할 계획을 세운 다음, 정한 순서대로 한 발 한 발 나아가는 거예요. 이게 바로 인간 정신의 백미인데 이 아름다움이 망가질 때가 있습니다. 환자들이 자신이 직접 짠 생각 경로에서 방금까지 어느 지점에 있었는지 잊어버리는 것처럼요. 심지어 경로 자체를 그리지 못하게 되기도 하고요. 그런 까닭에 말과 생각이 엉뚱한 데 끼어 들어가거나 툭툭 끊기는 식으로 뒤죽박죽되는 겁니다. 그러다 결국은 생각 자체가 얼어버려요. 우리는 그걸 사고 차단thought blocking이라고 부르는데, 환자가 잘 얘기하다가 돌연 문장 혹은 단어를 끝까지 말하지 못하고 가만히 있습니다. 생각이란 원치 않게 떠오르기도 하지만 또 필요할 때 전혀 떠오르지 않기도 하죠. 아무리 노력해도요.”

위니는 며칠 전 응급실에서 자신이 한참 말을 잃었던 걸 알고 있었다. 하지만 그땐 죽은 오빠에 대해 생각하느라 그런 거였다. 그녀는 AJ를 언급하면서 의사에게 피력했다. “첫날 제가 침묵했던 건 사고 차단이 아니었어요, 선생님. 너도나도 오빠 일을 물어보는 바람에 옛 기억이 떠올라 주체할 수 없는 감정이 솟구친 것뿐이죠.”

“그래요. 그건 사고 차단이 아닐 수도 있겠군요.” 의사가 맞장구쳤다. “그냥 그렇게 보인 것뿐이었네요. 그래도 좋은 소식은 약을 복용하고부터는 그런 일이 줄었다는 거예요. 아무튼 알려줘서 고맙습니다. 저희는 당신 마음속에서 무슨 일이 벌어지는지 이해하려고 노력하지만 사고장애는 명료하게 개념화하기 쉽지 않은 주제라서 의사도 헛다리를 짚을 수 있거든요. 사고장애가 심신을 가장 많이 약화시키는 조현병 증상인데도 설명하기가 참 어려워요.”

아마 가장 인간적인 증상이기 때문일 거라고 그녀는 생각했다. 사고장애는 가장 진보한 두뇌 시스템의 결손이라서 다른 동물종이든 그 어떤 존재든 대등한 비교 대상이 존재하지 않는 것이다. 그러나 더 중요한 사실은 자기 자신의 생각을 통제한다는 게 근본적으로 환상에 불과하다는 것이었다. 내가 나를 통제한다는 것은 오직 인간만이 하는 착각이다. 본디 생각은 본능이 내가 뭘 원하는지를 결정한 뒤에만 정돈된다. 가상의 생각들은 그제야 거꾸로 차례가 매겨져 배열되고 입력된다. 즉, 인간 사고에 질서가 있다는 인식은 나 자신이 내 행동의 주체라는 믿음만큼이나 비현실적이다. 둘 다 신경계가 뒤늦게 대응한

합리화에 지나지 않는다.

샴페인 뇌

퇴원 전날 의사가 마지막으로 찍은 MRI의 결과를 알려주려고 위니를 찾아왔다. 그녀의 뇌에는 눈에 띄는 이상이 하나도 없었다. 오빠를 죽음으로 몰고 간 동정맥기형도, 종양도, 심지어 염증 소견도 하나 없이 깨끗했다. 의사가 입을 열었다. "이건 당신의 발작이 정신병의 징후일 가능성이 높아졌다는 뜻이에요. 아직 확실하진 않지만 일단은 그쪽으로 진단이 내려질 것 같습니다. 다만 검사 하나가 아직 남았어요. 뇌척수액을 좀 살펴봐야 합니다. 세포나 감염체, 항체 같은 단백질처럼 원래는 거기 있으면 안 되는 물질이 들어가 있어서 치료가 필요한지 확인하려면요. 그래서 요추천자를 해야 할 것 같습니다. 척추에 바늘을 꽂는 시술 말이에요."

마지막 말에 위니는 움찔했다. 무시무시하게 긴 항암치료용 주사침의 기억이 떠올랐기 때문이었다. "이해합니다. 저도 유감이에요. 예전에 해보셨다는 것을 알아요. 불편한 검사지만 통증은 거의 없을 겁니다. 안전한 검사를 방해하는 위험 요소가 없다는 것을 뇌 사진으로도 확인했고요." 의사가 시술동의서를 준비하는 동안 십 대 시절의 기억이 불청객처럼 되살아났다. 어떻게 벽을 보고 옆으로 누워야 하는지, 허리가 잘 보이도록 어떻게 엄마 배 속의 아기처럼 웅크리는지 그녀는 다 기억하고 있었다. 하지만 의사의 말은 사실이었다. 아팠다는 기억은 없었고 뭔가가 깊이 들어와 뻐근하니 불편했던 느낌이 생각났다.

의사가 설명을 이어갔다. "격리병동에서 이 검사를 하는 일은 거의 없어요. 그래서 잠시 밖으로 나가실 겁니다. 여긴 긴급상황을 제외하곤 주사침 반입이 안 되거든요." 위니가 동의서에 서명하자 의료진이 그녀를 검사용 가운으로 갈아입혔다. 그녀는 D 박사랑 간호사 한 명과 함께 격리병동 출구를 향해 걸어갔다. 안내 직원이 그들을 위해 버튼을 눌러 문을 열어주었다. 일주일 전 입원한 이후 처음으로 쐬는 바깥공기였다.

사람들이 시술을 준비하는 동안 그녀는 곧 일어날 아이러니에 대해 생각했다. 누군가 자신의 머릿속을 원격으로 훔쳐본다는 광적인 의심 때문에 여기 들어왔는데, 지금은 다른 사람이 그녀의 중추신경계에 접속하는 것을 자진해서 허락하고 있었다. 이 사람들은 중추신경계 내용물—그녀 안 깊숙이 들어 있던 체액—을 빼내 그것으로 검사를 한다고 했다. 게다가 검사 결과는 데이터베이스에 입력돼 영구 박제될 예정이었다.

하지만 어쨌든 그녀가 동의한 일이었고 이미 벌어지고 있었다. D 박사는 위니를 옆으로 누이고 등을 살짝 구부리게 했다. 환자복 자락이 들렸고 허리의 맨살이 드러났다. 첫 순서는 피부에 마취 주사를 놓는 것이었다. 얇은 바늘이 콕 찌르는 순간 살짝 따끔했다. 이제 진짜 큰 바늘은 의사가 손으로 정확한 위치를 잡은 다음 들어올 것이다. 의사는 손을 바삐 움직이는 와중에도 설명을 잊지 않았다. "지금 경계를 찾고 있어요. … 요추 천장과 바닥이요. 4번 요추와 5번 요추 사이의 공간에 해야 하거든요. 아, 찾았다." 잠시 숨을 멈추고 얼마 뒤, 허리

깊숙한 곳에서 잊고 있었던 뻐근한 아픔이 느껴졌다. 천자침이 척추 안에 들어왔다는 신호였다.

그녀는 시선을 벽에 고정한 채로 옛 기억을 떠올렸다. 이제 어느 신체 부위와도 다르게 투명한 액체가 나오겠지. 병원에선 이 액체를 가지고 세포, 당 분자, 이온 따위를 분석할 것이다. 뇌척수액은 뇌와 척수를 푹 적셔서, 생각과 사랑과 두려움과 욕구를 관장하는 신경세포의 완충재 역할을 한다. 우리 물고기 조상에게 딱 맞는 농도의 염분에 약간의 글루코스가 첨가된 뇌척수액은 모든 인류가 간직하고 있는 고대 바다의 달콤한 흔적이다.

검사 결과는 다음 날 나왔다. 걱정할 거 하나 없이 아주 깨끗하다는 반가운 소식이었다. 의사는 딱 샴페인 샘플이었다고 자랑스럽게 말했다. 모세혈관이 긁혀 피가 새거나 해서 섞여든 적혈구 세포 하나 없이 뇌척수액이 맑고 투명하다는 뜻이었다. 그가 말하길, 이게 숙련도도 경지에 올랐고 운도 따랐다는 증거라서 요추천자를 처음 하는 레지던트와 인턴 사이에서는 샴페인을 터뜨려 축하할 만한 경사라고 했다. 물론 이 결과가 가장 의미 있을 사람은 다름 아닌 위니였다. 뇌척수액에 백혈구도 염증도 단백질도 항체도 전혀 없다. 글루코스와 이온 수치 역시 모두 정상이다.

의사가 덧붙인 얘기로는 암세포를 정밀 분석하는 검사인 세포학cytology이라는 검사 결과는 아직 처리 중이었다. 하지만 분석실 담당자가 림프종 재발이 의심되지 않는다고 말했단다. 그렇다면 의사의 약속대로 오늘 퇴원이 거의 확정인 셈이었다. 곧 그녀는 새 약 처방전을 손에 들고 집으로 돌아갈 수 있을 것이다.

위니가 물었다. "진단은 어떻게 나왔어요? 조현병인가요, 아닌가요?"

의사가 대답했다. "여전히 결론이 안 나긴 했는데 일단 조현병이 유력합니다. 어떤 병명은 모든 기타 가능성이 배제되고도 다른 해석 없이 충분한 시간이 지나야 확정할 수 있거든요. 그래서 지금은 조현형장애schizophreniform disorder라는 임시 진단을 내릴 겁니다. 외래에서 추적 관찰하다가 나중에 조현병으로 바뀔 수 있어요." 별로 달갑지 않은 전망이었다. 위니는 그런 일이 일어나지 않으면 좋겠다고 생각했다.

'샴페인 샘플'이라. 위니는 병실에서 퇴원 절차를 기다리는 동안 자신의 뇌가 샴페인이 된 것 같다는 생각이 들었다. 그녀는 의사가 사용한 이 단어가 맘에 들었다. 그래서 심심풀이로 고전적 여과장치의 이미지를 가지고 상상 놀이를 하기 시작했다. 요즘 전자기기용 필터보다는 산업혁명 초기 제임스 틸리 매슈스가 술 한 잔 따라놓고 떠올렸을 법한 거품여과장치에 더 가까운 이미지였다. 생각들이 샴페인의 기포처럼 머릿속 저 아래 가라앉아 있다. '저기 나사가 왜 있지?'라는 생각처럼 세상을 이해하려고 궁리하다 나오는 이런 추측들은 정신이라는 샴페인 잔 한 귀퉁이에 방울방울 모인다. 그렇게 만들어진 세상의 모형이 충분히 커져 거대한 하나의 공기 방울로 변하면 오직 작고 미약한 기포만 잡아두는 필터를 뚫고 나온다. 개연성 없고 근거가 부족한 추측들은 여전히 필터 아래 붙들려 있고 한층 완성도 높아진 가설은 힘차게 솟아오른다.

그 가운데 가장 빠르게 일어 가장 크게 부푸는 공기 방울은 더 많은 지지를 얻어 샴페인 잔의 테두리—무의식과 의식 사이의 경계—에 닿고 마침내 의식 위로 넘쳐 흐른다. 일단 잔을 넘은 거품은 주워 담을 수 없다. 흘러나온 생각은 더 이상 추측이 아닌 하나의 진실이 된다. 이젠 정신이라는 분자의 산소 부분을 책임지는 어엿한 구성 요소다. 진실이 다시 기포로 돌아가는 일은 없다. 한번 나온 거품은 샴페인 잔 안으로 돌아가지 않는다.

여기서 잊지 말아야 할 사실 하나. 가끔은 갇혀 있어야 할 작은 기포가 스리슬쩍 필터를 빠져나가기도 한다는 것이다. 위니는 생각했다. 어째서 조그만 기포는 올라가면 안 되지? 세상은 늘 변하고 있는데?

위니는 이곳에 온 지 열흘째 되는 날 퇴원했다. 입원 후 매일 자기 전에 간호사가 가져다주어 꼬박꼬박 먹던 약을 이날 마지막으로 복용했다. 대신 집에서 계속 약을 먹을 수 있게 처방전을 받아왔다. 임시여도 진단명—즉 조현형장애—이 나오니 그녀의 귀갓길을 막는 사람은 없었다.

현실은 진짜가 아니라 다수의 믿음이다

이후 위니는 한 번도 처방전으로 약을 타거나 외래 진료를 받지 않았고 그럴 생각도 없었다. 그녀는 자신이 멀쩡한 것 같았다. 그녀는 집에 들어가자마자 D 박사의 명함을 아무렇게나 던졌다. 명함이 난롯가에 떨어졌지만 그냥 내버려두었다. 위치 표시 테이프처럼 내려앉은 흰 종잇조각을 보고 있자니 더 급히 할 일이 있다는 게 기억났다.

지금이라면 에린을 신경 쓰지 않고도 인터넷에 들어갈 수 있을 것 같았다. 의심을 완전히 거둔 것은 아니지만 설사 해킹이 있다고 해도 예전처럼 벌벌 떨 정도는 아니었다. 지금은 해커가 예의 바른 손님 정도로 느껴졌다. 위니와 손님은 서로 방해하지 않고 나름 잘 지낼 수 있었다. 마음속의 좁은 복도에서 손님을 마주쳤을 때는 고개를 끄덕여 정중히 인사하고 어깨를 살짝 돌려 지나가면 그만이었다.

심지어는 울타리가 되어주는 자신의 몸이 더 탄탄해졌다고 느꼈다. 모자도 다시 창고 자리로 돌아갔다. 하루는 벽장을 정리하다가 1755년부터 벤저민 프랭클린이 쓴 글을 모아 출간된《전기에 관한 서신과 논문》이라는 오래된 책을 우연히 발견하고 곧장 제일 좋아하는 구절이 있는 페이지를 펴들었다. 프랭클린이 L 박사(존 라이닝John Lining, 스코틀랜드 출신의 의사. 운석, 전기, 식물, 의학 등을 두루 연구했다—옮긴이)에게 훗날 패러데이 케이지라 불릴 현상의 발견에 대해 적어 보내는 편지였다. 짐짓 겸손한 듯 써 내려간 그의 글은 몇 번을 읽어도 재미있었다.

은으로 만들어진 병에 전기를 흘려 자화시키고 지름 약 2.5센티미터짜리 코르크볼을 명주실에 매달아 바닥에 닿을 때까지 병 안으로 천천히 집어넣었습니다. 병 안에서는 코르크가 병 바깥쪽에서와 달리 어느 한쪽으로 끌려가지 않더군요. 다시 끌어올릴 때는 바닥에 닿았는데도 전하를 띠지 않았습니다. 병 밖이었다면 달랐을 텐데 말입니다. 아주 특이한 현상입니다. 원인을 물으신다면 저도 아는 바가 없습니다. 어쩌면 선생님께서 알아내실 수 있을 겁니다. 만약 그날이 오면 제게도 너그러이 소식을 전해주시길 바라겠습니다.

위니는 또다시 코르크볼에 마음이 끌리는 것을 느꼈다. 한동안 바깥세상의 이런저런 힘들에 휘둘리던 그녀가 마침내 돌아왔다. 그녀만의 은색 병, 차폐 상자, 모든 인간이 비슷하게 생겼지만 오직 그녀 것인 자신의 몸속으로.

어쩌면 유산은 없었던 일인지도 몰랐다. 유산의 기억은 그녀로부터 끊어져서 타고 남은 재처럼 희미하게 깜빡이며 어둠 속으로 사라져 가고 있었다.

퇴원한 첫 주, 위니는 닥치는 대로 먹어댔다. 이렇게 강렬한 허기는 태어나서 처음이었다. 음식에 대한 통제권을 되찾은 건 계시였고 해방이었다. 그녀는 파스타를 만들고 케이크를 샀다. 그렇게 한 주가 끝나갈 무렵 이상한 생각이 들기 시작했다. 그녀는 자신에게 입이 있는지 확신이 들지 않았다. 밥을 먹고 있는데도, 아니 밥을 먹고 있을 때 더더욱 입이 자기 것인지, 여전히 자리에 붙어 있는지 확인하기 위해 자꾸 입술을 만져야 했다.

식사 시간이 아닐 때는 변리사로서의 자아가 다시 모습을 드러냈다. 기가 세고 활기차며 지칠 줄 모르는 자신이 된 위니는 회사에서 새로운 분야인 예술 쪽 특허와 씨름하던 시절처럼 매일 몇 시간씩 컴퓨터 앞에 앉아 논문을 뒤졌다. 그녀는 지식과 사례 위주로 조현병의 유전학을 다루는 논문들을 집중적으로 팠다. 인간 유전체의 DNA 서열

정보를 분석한 논문들[5]에서는 유수의 과학자들이 조현병 환자 수만 명의 유전자에 담긴 명령을 알파벳 하나하나 풀어내고 있었다. 그녀는 발견되고 서로 연관 지어진 수백 개 유전자들을 알아가는 이 일에 온 마음을 빼앗겼다. 보아하니 여러 유전자가 힘을 합해 조현병에 모종의 역할을 하는 것이고 유전자 하나하나의 영향력은 미미한 듯했다. 마음이라는 직물에서 무늬를 혼자 다 그리거나 전체 짜임을 홀로 결정하는 실 가닥 같은 것은 없었다.

즉 모든 실 가닥이 모일 때 비로소 건강 혹은 질병 상태가 드러났다. 실 가닥들은 오직 전체 안에서만 완전한 직물의 모습을 보여줄 수 있었다. 위니가 보기에는 정신질환이—조현병뿐만 아니라 우울증, 자폐, 섭식장애 같은 다른 병들도—유전적 요소가 크긴 해도 시계나 반지처럼 대대손손 계승되거나 낫적혈구병이나 낭성섬유증처럼 유전자 하나로만 지배되는 식은 아닌 것 같았다. 그보다는 누군가 정신질환에 걸릴 위험성을 양친에게 존재하는 여러 약점으로 미루어 짐작한다는 것이 더 정확한 설명이었다. 사람의 마음은 수천 가닥의 실이 전후좌우로 교차하면서 사선 무늬를 그려가며 그 사람만의 개성을 입히는 창작물이었다. 복잡한 신경회로 배선을 짜서 정신의 모든 것을 통제하고, 마음의 모든 측면을 지시하고, 비현실적이고 기이한 아이디어에 대한 관용 성향 같은 특질을 설정하는 머릿속 베틀에는 세포에 전류를 흐르게 하는 단백질을 합성시키는 유전자가 있고 시냅스에서 세포 간 정보 흐름을 조절하는 분자를 합성시키는 유전자가 있다. 또 각종 전기적 혹은 화학적 단백질의 생산을 지시해 신경세포 내 DNA

구조의 길잡이가 되는 유전자가 있다. 그리고 뇌 안에서 구역과 구역을 연결하는 긴 실 가닥인 신경 축삭돌기가 뻗어나갈 때 이정표 역할을 하는 유전자도 있다.

위니는 어떤 사람들은 이 베틀의 날실과 씨실이 교차할 때 남들과 다른 방식으로 천이 짜이기도 한다는 것을 깨달았다. 바로 옳은 가닥들만 모이거나 틀린 가닥들만 모여 무늬가 만들어지는 것이다. 나올 결과물의 힌트는 격자무늬의 도안을 제공한 양친 모두가 가지고 있다. 과거를 돌아보면 날실에서든 씨실에서든 모티프가 된 단위 무늬―패턴 초안 역할을 한 인간 특질―를 찾을 수 있기 때문이다. 어쩌면 모계와 부계 모두 어느 대에든 특이하다 싶을 정도로만 이상한 삼촌 혹은 할머니가 있었을지 모른다. 오랜 관습에 얽매이지 않고 마음의 쥠쇠를 풀어 환상이 자유롭게 피어나게 할 줄 안 조상이. 그래서 새로운 패러다임을 받아들이고 단단하게 굳힐 줄 알았던 조상이.

옛 패러다임이 견고할수록, 그래서 관성이 큰 사회일수록 이런 아웃사이더들은 자신의 새로운 생각에 더욱 확신을 가져야 했다. 기껏 시작한 변화를 도루묵으로 만들 순 없었다. 신념을 단단하게 고정시켜야 했고 그러자니 새 신념에 아무 이유 없이 충성해야 했다. 충성에는 원래 이유란 게 없는 법이다. 검증된 옛 패러다임에 맞서 근거 없는 새 패러다임을 옹호할 수 있는 사람은 어떤 사람일까? 그게 가능한 건 절대로 증명할 수 없는 수준까지 믿고 있고 일찌감치 상식에서 조금 벗어나 이미 망상 수준의 경직성을 슬쩍슬쩍 보이는 사람뿐이다.

그런데 취약 요소가 많은 두 혈통의 결합으로 태어난 사람은 고삐가 지나치게 풀려버릴 수도 있다. 그래서 너무 많은 걸 놓아버리고 사고 통제력을 잃거나 심지어는 생각의 질서와 맥락마저 인식하지 못하게 되는 것이다. 어느 패러다임을 버리고 어느 패러다임을 고수할지 선택하지 못하는 사람은 동요하고 흔들린다. 심하면 샴페인 병에서 끝없이 뿜어져 나오는 거품 같은 혼란 속에서 어떤 결정이든 내린 척조차 할 수 없다. 그러다 거품이 다 가라앉고 나면 그를 기다리는 것은 D 박사가 말했던 부정적 증상, 즉 의욕 상실과 무감동뿐이다.

중증 조현병에 관한 논문들을 읽을수록 위니는 병원에 있을 때 했던 생각, 그러니까 본인이나 환자 가족이 이 병으로 얻는 이득이 있을지 모른다는 생각을 계속 고집하기가 어려웠다. 가만 보니 치료받지 않고 방치하면 D 박사가 가장 힘든 증상으로 꼽았던 사고장애가 말 그대로 정신 해체 수준까지 악화하는 듯했다. 생각은 점점 더 왜곡되고, 종국에는 마음이 책임과 연결 관계를 따라잡지 못해 정서의 등고선이 사라진다. 그렇게 일하고, 집을 청소하고, 친구 혹은 가족과 소통하고 싶다는 욕구가 자취를 감춘다. 마음은 혼란과 공포에 잠기고 몸은 차갑고 딱딱하게 굳어간다. 그렇기 때문에 조현병을 치료하지 않고 내버려두면 환자의 인생은 혼란스러운 고독 속에 갇히게 되고, 계획해서 하는 생각의 지속 시간이 기껏해야 수 초로 줄어 마침내는 생각을 계획하는 능력이 완전히 소멸한다.

위니는 약간의 에러는 병이 아닐 거라는 그녀의 반복된 주장에 의사가 병원 복도에서 마지막으로 들려준 얘기를 생생하게 기억하고 있었다. "그런 비현실성을 용인하는 사람도 계속 그럭저럭 잘 지낼 수 있다고 보는 견해도 있어요. 하지만 잊으면 안 됩니다. 끔찍하게 힘들어지는 사람도 분명히 있다는 것을요." 아파트로 돌아온 지금 그녀는 자신의 대답을 전하고 싶었지만 때는 늦었다. 그녀는 D 박사에게 이제는 이해가 간다고, 그게 진실일 뿐만 아니라 중요하기까지 하다는 것을 안다고 말하고 싶었다. 그런 한편 이걸 세상 사람들에게 가르쳐 이해시킬 필요가 있다는 생각이 들었다. 정신적으로 아픈 사람들을 모든 이가 진지하게 대면하고 그들이 우리 대신 짊어진 짐을 깨달아 감사할 줄 알게 해야 할 것 같았다.

여기까지는 D 박사도 동의할 게 분명했다. 하지만 다음 얘기는 찬성하지 않을 것 같았다. 위니는 그럼에도 모든 사람은 때때로 저마다의 망상이 필요하다고 확신했다. 그녀는 사람은 누구나 마음속에서 현실이 붕괴되는 경험을 한다고 말하고 싶었다. 그녀 생각엔 자기 자신에게도 서로에게도 망상이 필요함을 모두가 인정하고, 삶과 앞서거니 뒤서거니 하면서 음악에 몸을 맡기듯 함께 부드럽게 흘러가야 했다. 어느 두 사람, 어느 집단, 어느 국가에든 인생의 여러 단계에서 내리는 모든 결정이 매번 성공적으로 먹히는 단일한 현실은 존재하지 않기 때문이다. 우리에게는 두뇌와 손이 있다. 그렇기에 우리는 우리의 환상을 현실로 만들 수 있을 것이다.

D 박사의 반론은 진즉 예측됐다. 그녀는 반대편 입장에서도 생각할 수 있는 유능한 변리사였으니까. D 박사는 그런 상상이 기발하고 낭만적이긴 하지만 단계들을 미리 계획하는 통제된 사고 과정 없이는 아무것도 현실로 만들 수 없고 어떤 복잡성도 창조할 수 없다고 지적

할 것이 뻔했다. 조현병이 있으면 생각을 계획해서 하는 기능이 완전히 꺼진다면서 말이다. 진화는 모든 사람을 사고장애로부터 완벽하게 보호할 방법을 찾지 못했다. 그 결과, 마음이 유약한 사람들만 유독 현대 사회에서 맥없이 무너지고 있다. 단순하고 규모가 작은 원시 영장류 무리는 생각이 오랜 세월 일정 순서로 흐를 필요가 없었을 것이다. 그러나 공동체 구조가 안정되려면 사람들이 오래 함께 살면서 협동해야 하고 그러다 보면 다단계 계획 능력이 중요해진다.

위니는 자신의 추론이 모두 틀린 것은 아니라고 믿었다. 문명이 조현병의 문제점들에 기여한다는 가설을 뒷받침하는 증거 자료도 충분히 찾아 놓았다. 조현병 증상이 도시인에게 더 흔하고 심하다는 통계가 그중 하나였다.[6] 보아하니 가벼운 유전소인만 가진 사람들은 아직 여유가 있어서 현대 사회의 다른 위험인자나 스트레스 요인들이 복합 작용해야만 정신병의 경계 너머로 내몰리는 듯했다. 그뿐만 아니었다. 그녀가 발견한 자료에 따르면, 완벽하게 건강했던 사람이 대마초를 접한 후 정신병이 생기거나 혹은 우울증 같은 순수한 기분장애 환자가 조현병이 아니라 오직 기분장애 때문에 망상 증세를 보이는 사례가 적지 않았다. 그녀 생각에 이런 사람들은 최소한 패턴이 반만 짜인 초안을 가지고 있을 가능성이 높았다. 환경, 유해 화학물질, 도시 생활의 스트레스, 인간관계 문제, 감염병 등등 영향력의 실체가 무엇이든 유전적 요소에 뒤이은 2차 공격이 마음이라는 직물의 무늬를 완성하고 현실을 변화시킨다는 게 위니의 추측이었다.

이중 공격은 옛날에 암투병 경험 때문에 익숙한 개념이었다. 십 대

소녀였을 때 의사에게 어째서 나냐고 따져 물었던 것을 위니는 기억하고 있었다. 그녀는 왜 넬슨이나 AJ가 아닌지, 왜 어디서든 틈만 나면 돌래 담배를 피우던 친구 도리스가 아니라 자신인지 알고 싶었다. 그때 의사는 어쩌면 이중 공격 가설로 설명할 수 있을지 모른다고 대답했다. 위니는 유전적으로 취약한 소인을 가지고 태어났는데, 포유류의 유전자가 전부 한 쌍이고 다른 백업 시스템도 존재하기 때문에 암이 실제로 발병하려면 DNA에 추가 변화를 일으키는 2차 공격이 있어야 한다는 것이었다. 2차 공격의 실체는 우주 방사선일 수도 있고 태양에서 떨어져 나온 입자일 수도 있고 아예 다른 은하에서 넘어온 감마선일 수도 있었다. 뭐가 됐든 그게 수십억 광년의 공간을 날아와 하필 위스콘신에 사는 한 소녀의 몸속 세포 내 유전자 하나의 분자결합을 건드린 것인지도 몰랐다. 이런 일은 누구에게든 언제라도 일어날 수 있지만 위니의 세포에는 이미 태어날 때부터 변형된 유전자라는 기저 문제가 있었다. 그러니 한 번 엎친 데를 다시 덮친 셈이었다. 공격 두 번은 타격이 너무 컸고 소녀의 생체 시스템은 무서운 기세로 성장하는 암세포 앞에서 무용지물이 되었다.

이 이중 공격 가설이 정신질환에도 통하는지는 아무도 정확히 몰랐다. 하지만 위니는 가능성 있다고 생각했다. 정신의학 연구가 아직 이 수준에는 이르지 못했어도 논문을 뒤적이며 며칠 밤을 지새우는 동안 위니의 확신은 점점 강해졌다. 이 분야에 관한 생물학 지식은 별로 찾지 못했지만 몇 가지 가설이 나와 있었다. 일례로 조현병 환자는 뇌 전반의 신호전달이 달라진다는 것을 뇌 활성 영상검사로 증명한 연구가 있었다. 이 연구 자료에 의하면 뇌의 일부가 다른 부분들의 업데이트 상태를 따라잡지 못했다. 그뿐만 아니라 환각 중에는 마치 한 손이 하는 일을 다른 손이 모르는 것처럼 두뇌 활동의 동기화 장애가 관찰됐다.

위니는 질문할 것도, 얘기할 것도 너무나 많았지만 들어줄 사람이 없었다. 그녀는 현실과 단절된 환자를 목격한 것이 정신과를 선택한 계기가 됐다는 의사의 말을 떠올렸다. 별로 중요해 보이지 않아도 이건 중요한 지점이었고, 그녀는 그 사실을 의사에게 꼭 알려주고 싶었다. 우리는 인류가 공유하는 현실과 이 환상에 대한 사람들의 반응을 당연하게 여긴다. 만약 D 박사에게 부탁 하나를 할 수 있다면, 그녀의 바람은 세상이 단순한 진실 하나를 알게 하는 것이었다. 바로 인류가 공통으로 알고 있는 현실은 진짜가 아니며 그저 절대다수가 공유하는 믿음일 뿐이라는 진실이다.

뇌 속 통찰력의 어두운 비밀

집으로 돌아오고 두 주가 지났을 때 새로운 목표가 하나 떠올랐으니, 망고 모양의 제트엔진으로 신이 형상을 갖추었다. 위니는 지워지지 않는 검은색 유성펜으로 장문의 손 편지를 써서 D 박사에게 보내야겠다고 생각했다. 한 자도 놓치지 않도록 모든 알파벳을 대문자로 쓰고, 기회가 없어서 혹은 어떻게 설명할지 몰라서 전하지 못했던 말들을 다 털어놓자.

그녀는 티끌 같은 생각의 조각까지 끌어모아 하고 싶었던 얘기를 전부 할 작정이다. 달빛 아래 부유하는 생각의 파편들이 마치 야상곡처럼 들릴 듯 말듯 머릿속에서 웅웅거렸다. 이제부터 자신의 이름은 자바 파자마_{Java Pajama} 공주라고 D 박사에게 알려주자. 그가 이해하지 못할지도 모른다. 그는 턱수염도 없고 예수님과 조금도 닮지 않았으니까. 그는 답장에 중간 성까지 포함한 자신의 풀네임을 적을 테지. 박자도 안 맞고 병원에서 간호사들이 그를 부를 때 절대 사용하지 않는 그 천주교식 이름을. 아니다, 그가 풀네임을 적어 보내면 확실히 얘기하야겠다. 예전에 그녀가 자신은 인도 드라비다족의 후손이 아니라고 말한 적 있다고, 그리고 그가 돌려 표현한 말뜻―그녀가 결혼을 기피한다는 것―이 달갑지 않고 무력한 분노가 솟구쳤지만 목소리는 오히려 갈라지고 기어 들어갔었다고. 자기장은 그녀를 조금도 건드리지 못했다. 그녀는 순수하고 자유로웠다. 외줄 위에서 춤을 추는 벌레 같은 게 아니었다. 요즘 너무 많이 먹었나? 주접스럽네. 그녀는 이중 공즈을 받았고 곧 그 효과가 드러나려 하고 있었다. 방향은 정동향처럼 짚기 쉬운 쪽이 아니고 서북서향쯤 된다. 그녀는 잠시 멈추고 숨을 크게 들이쉰 뒤에 양해를 구한다. 심장이 너무 빨리 뛰는 것 같았다. 솔직히 D 박사가 뭘 암시하려고 했든 그녀와는 하등 상관없었다.

그때 전화가 울렸다. 안쪽 깊은 곳에서 뭔가가 그녀를 꽉 움켜쥐었다. 가장 먼저 태어난 자식, 주먹을 불끈 쥐고 태어난 자의 뼈를 발라_{Fillet the firstborn, the fistborn} 발신인은 D 박사였다. 위니는 손을 뻗다가 주저했다. 순간 액정화면 저편의 사람이 떠올랐다. 그녀는 진동이 울리다가 음성메일함으로 넘어가도록 그냥 내버려두었다. 한 시간 뒤 배터리가 다 떨어졌을 것이라는 생각이 들 때쯤 스피커폰으로 메시지를 틀었다. 마지막에 형식상 한 요추천자 검사의 세포학 분석 결과가 나왔다는 소식이었다. "드물게 몹시 비전형적인 림프구가 발견됐습니다. 예전에 T세포 림프종이 침범했을 때의 소견과 일치해요."

마침내 그녀가 뇌 속 통찰의 동력이라고 믿었던 것의 어두운 비밀이 드러났다. AJ의 동정맥기형과 똑같이 그녀만의 약점이 정체를 감춘 채 내내 그 자리에 숨어 있었다. 그러다 2차 공격이 찾아왔고, 그 결과가 AJ에게는 혈압 과부하이고 위니에게는 암세포였던 것이다. 암세포는 무력한 뇌척수액의 바다에서 달콤한 샴페인의 기포처럼 소요를 일으키고 있었다.

위니는 바닥에 앉아 AJ가 죽던 날에 대한 생각에 다시 빠졌다. 시공간을 투사해서 보여주는 공기 베틀이 있기에 어려운 일은 아니었다. 그녀는 어떤 게 중요한 실 가닥인지 잘 알고 있었고, 일부는 자신의 것이었다.

은행 영업시간을 확인한 AJ는 남은 거리를 뛰어가야겠다고 생각했다. 달리면서 그는 셔츠를 내려다보고 자신의 행색을 살폈다. 말라비틀어진 반죽이 여기저기 묻어 있었다. 손으로 털어서 대부분은 떨어졌지만 군데군데 흰색 얼룩은 없어지지 않았다. 손이 땀으로 축축해 더 더러워지기만 할 뿐이었다. 여벌 셔츠를 챙겨 나와야 했는데. 은행이 점점 가까워졌지만 그는 괜히 무리하지 않고 속도를 유지했다. 사우스메인 교차로를 뛰어서 건너 광장으로 들어선 그는 분수를 돌아갔다. 그런 다음 목발 짚은 남자를 뒤따라 유리문을 통과해 건물 안으로 들어갔다. 엘리베이터가 보였지만 시간이 없었다. 그는 계단을 한 걸음에 두 칸씩 뛰어 5층까지 올라 갔다. 복도에선 밀가루 발자국이 남지 않았는지 확인하면서 잰걸음으로 걸었다. 그리고 은행 문밖에서 숨을 고르기 위해 잠시 멈춰 섰다. 그는 이마의 땀을 닦으면서 벽과 천장을 둘러봤다. 갈색으로 칠한 복도는 아주 깨끗했다. 그는 빵집 옆 프로즌요거트 가게의 소녀를 생각했다. 소녀의 갈색 머리카락은 시나몬롤처럼 동글동글 말려 있었다. 그가 전화번호를 물었을 때 그녀가 긴장한 파란 새처럼 눈동자를 굴려 자신의 얼굴을 살피던 모습이 떠올랐다. 잠시 후 그는 떨리는 가슴을 진정시키며 문을 향해 손을 뻗었다. 문 유리에 그의 얼굴 윤곽이 어렴풋이 비쳐 보였다. 땀 때문에 축축한 손으로 큼지막한 판지를 들고 언덕마루에 올라 있는 것 같은 기분이었다. 어린 시절 여름이면 위니랑 넬슨이랑 와서 미끄럼틀을 타며 놀곤 했었다. 이제 그는 한참을 오른 언덕을 내려가기 전에 마지막으로 저 반대편 세상은 어떻게 생겼는지 구경할 참이었다. 올라온 다른 아이들이 득의양양해서 혹은 힘들어서 외치는 소리들이 순간 아득하게 사라졌다. 이 순간을 위해 모두가 묵념이라도 하는 것처럼. 문은 잠겨 있었다. 문이 잠겼다는 사실을 그가 깨닫는 데에는 약간의 시간이 걸렸다. 이상했다. 손잡이가 돌아가는데 문은 열리지 않다니. 그는 손을 떨면서 다시 시도했다. AJ는 한발 물러서서 이게 무슨 뜻인지 고민하기 시작했다. 눈으로 메시

지나 메모 혹은 아무 단서라도 찾았지만 아무것도 없었다. 어쩌면 틀린 주소를 찾아왔는지도 모른다. 그는 주머니에서 예약 접수증을 꺼냈다. 하지만 그건 은행 것이 아니었고 자동차 정비소에서 받은 거였다. 하필 은행 전화번호도 적어두지 않았다. 자칫 여러 달 전에 잡아놓은 약속을 날릴 판이었다. 머리가 지끈거려왔다. AJ는 왔던 길을 되돌아 복도를 걸으면서 양손으로 관자놀이를 눌렀다. 계단을 터덜터덜 내려가는데 이상한 느낌이 홍수처럼 밀려왔다. 건물 로비로 들어서니 사방이 시꺼먼 안개에 잠겨 있었다. 그는 두려웠지만 한 발씩 천천히 옮겨 로비를 지나 간신히 밖으로 나왔다. 햇볕은 뜨거우면서도 이상하게 어둑했다. 그는 팔다리가 부들부들 떨렸지만 광장 분수를 향해 천천히 걸어갔다. 분수를 비틀비틀 지나온 다음엔 교차로를 건너려고 길가에 서서 기다렸다. 지나가는 차 안으로 사람들의 얼굴이 보였다. AJ는 무릎을 꿇으며 주저앉았다. 언젠가 버스정류장 유리에 부딪쳤던 새가 생각났다. 먼지 수북한 인도로 떨어진 새는 한동안 날개를 펄럭였다. 그러다 결국 날 수 없음을 깨달았는지 다른 새들이 각자의 삶에 몰두해 짝짓기를 하고 먹이를 구하고 둥지를 짓고 노래하기 위해 태양의 빛무리 속으로 날아가는 모습을 지켜보기만 했다. 황혼이 모든 것을 집어삼킬 듯 짙어지고 있었다. AJ는 만약 이대로 빵집으로 돌아간다면 요거트 가게 소녀를 볼 수 있을지 모른다고 생각했다. 거기서 그 애와 같이 있고 싶다고 그는 생각했다. 여긴 경사가 완만한 내리막이었다. 지금 자리에서 일어설 수 있다면 다음은 한

발 한 발 앞으로 옮기기만 하면 됐다. 그러면 거의 관성으로 나아갈 수 있을 터였다. 차 안의 얼굴들은 모두 집으로 돌아가고 있었다. 문은 열리지 않을 것이다. 문은 이미 잠겼다. 두통이 넓게 퍼지면서 점점 심해졌다. 사방의 유리가 몹시도 깨끗하고 반짝거려 마치 그곳에 아무것도 없는 것처럼 보였다. 새가 유리에 부딪쳤다. 유리는 없는 데가 없었다. 복도는 길고 컴컴하고 단단하고 갈색이었다. 보이던 것들을 다시 보는 것은 쉽지 않았다. 비둘기였나, 그 새는 위니를 연상시켰다. AJ는 여동생이 걱정됐다. 그가 몸을 앞으로 숙이자 새가 그를 지그시 올려다봤다. 그를 그런 눈으로 바라보는 유일한 사람인 동생이 그러는 것처럼. 지나갈 것들이 다 지나가길 기다리면서 그는 두 눈을 꼭 감고 계속 기다렸다. 무릎으로 버티던 그는 길바닥에 완전히 쓰러졌다. 곁에는 위니가 있었다. 보드라운 날개로 그의 이마를 쓰다듬으면서.

많이 먹거나 많이 굶거나

안녕히, 행복한 들판이여,

기쁨이 영원히 머무는 곳이여. 오라, 공포여, 오라.

나락의 세계여, 너 가장 깊은 지옥이여,

너의 새 주인을 맞이하라. 그는

장소와 시간에도 변치 않는 마음을 지녔도다.

마음은 있는 곳이 제 자리라, 스스로

지옥을 천국으로, 천국을 지옥으로 만들 수 있노라.

어디에 있든 무슨 상관이랴, 내가 여전히 나인 한.

그리고 내가 무엇이 되든, 천둥 때문에 위대한 그보다는

좀 부족할 뿐 무슨 상관인가? 적어도 여기서는

자유로우리라. 전능자가 시기심으로

이곳을 세우진 않았으니 우리를 내쫓진 않으리라.

여기서 우리는 안심하고 다스릴 수 있으리. 내 선택이라면

지옥에서 다스리는 것이라도 해볼 만한 일.

천국에서 섬기느니 지옥에서 다스리는 게 나으리라.

—존 밀턴, 《실낙원》

내 학생과 나는 슬슬 일어설 준비를 했다. 90분이나 에밀리와 함께 있었지만 아무것도 알아내지 못했고 입원하는 이유도 도무지 이해할 수 없었다. 그녀는 바로 개방병동에 들어왔는데, 입원이 좋은 방법일지 내 의견을 묻지도 않은 채 정신과 과장의 직권으로 이루어진 조치였다.

에밀리는 열여덟 살이었다. 법적으로는 성인이어도 다른 입원 환자들보다는 훨씬 어렸고 몇 주만 더 일찍 왔어도 소아정신과로 보내졌을 터였다. '수업 내내 집중해 앉아 있지 못한다'는 게 문제라지만 그것은 부모의 말이었다. 내 판단에는 성인 환자를 위한 우리 병동보다는 소아정신과가 맡는 게 더 적합해 보였다.

이야기를 나눠보니 원래 에밀리는 영특한 학생이었던 것 같았다.

그런데 언젠가부터 수업 시간 50분이 너무 길어졌다. 학기 초에는 수업을 듣다 말고 나가지 않으면 안 됐다. 한 달여를 그러고 지내다가 결국은 아예 교실에 들어갈 수 없는 지경이 됐다. 아무도 이유를 몰랐고 당사자는 입도 뻥끗 안 했다. 예전의 에밀리는 시와 문학에 뛰어나고 소프트볼 팀에서 투수를 맡아 여러 번 상도 받은 데다 훌륭한 승마 선수였다는데 말이다.

면담하는 내내 정형외과에서 계속 호출이 들어왔다. 원래 우리 병동에 있다가 엉덩관절수술을 받고 돌아오기 위해 전과 오더가 필요한 어느 환자 때문이었다. 정형외과가 아무리 짜증 나는 상대라도 지금은 에밀리와 있는 것보다 그쪽 일을 처리하는 게 더 생산적일 것 같았다. 최소한 정형외과는 내가 해줄 수 있는 것을 요구했기 때문이다. 우리는 금방 돌아오겠다는 약속과 함께 의자에서 일어나 문 쪽으로 발을 옮겼다. 서두르는 것처럼 보이지 않도록 조심하면서.

"그런데요." 에밀리의 말에 나는 고개를 돌렸다. 잘 정돈된 병실 침대 위에서 양반다리를 하고 앉은 그녀가 스트레칭을 했다. 머리 위로 쭉 편 양팔이 창문으로 흘러드는 빛줄기를 끊으며 아치를 만들었다. "지금 저 혼자 있으면 안 될 것 같은데요."

그래, 올 게 왔구나. 이제 시작이네. 마침내 그녀 마음속의 폭풍이 찾아들고 있었다. 나는 아무것도 묻지 않고 조용히 기다렸다.

에밀리가 회색빛을 띤 파란색 눈동자로 나를 바라보며 옅은 미소를 지었다. 하지만 한마디도 더 하지 않았다. 정적이 오래도록 맴돌며 방 안을 가득 채웠다. 긴장이 고조됐지만 무슨 일이 생기지는 않았다.

진료실 안 제3의 존재

나는 방 안을 둘러보며 생각에 잠겼다. 의아했다. 짐가방은 풀지도 않은 채 그대로고 노트북컴퓨터와 휴대전화는 협탁에 가지런히 놓여 있었다. 아무리 개방병동이라도 쉽게 볼 수 없는 개인 소지품이다. 그러다 돌연 수긍이 갔다. 보통은 단계를 차근차근 밟아 진행되는 입원 절차가 처음부터 뒤죽박죽인 것이다. 에밀리는 병원에 막 도착했고 아직 담당 간호사도 만나지 않은 상태였다.

나는 시선을 그녀에게 돌렸다. 그러고는 평소 환자들에게 그러는 것보다 한참을 더 기다렸다. 어떻게 해야 환자가 스스로 입을 여는지 제자가 보고 배우도록 하려는 목적이었다. 의사가 만든 틀을 무심코 씌워서 근원의 문제를 완전히 다른 일로 왜곡하면 안 된다는 것을 알려주고 싶었다.

그러고 한참을 있자니 침묵 자체가 소음으로 느껴질 지경에 이르렀다. 달갑지 않고 거슬리는 데다 약간 적대적이기까지 한 소음이었다. "좋아요, 에밀리." 내가 말했다. "그럼 얘기를 더 나눠보죠." 발걸음을 돌리는 것 말고 선택의 여지가 없었다. 내 학생도 덩달아 끌려 들어왔다. 우리는 다시 자리를 잡고 앉았다. 흰색 의사 가운의 자락이 축 처진 꼭두각시 줄처럼 휘늘어졌다.

우리는 병력 청취 과정에서 심각한 정신과질환을 발견하지 못한 터였다. 혈액검사 결과 역시 정상이었다. 그레이브스병_{Graves disease} 같은 것 때문에 생기는 갑상선항진증_{hyperthyroidism}이 있었다면 불안하고 초조해하는 증세를 설명할 수 있었겠지만 에밀리에게는 해당되지 않았다. 의사로서의 내 사고회로는 빈약한 배경 정보에 의지해 불안장애 쪽으로 어렴풋이 기울었다. 어쩌면 사회공포증social phobia 이나 공황장 애panic disorder 일지도 몰랐다. 하지만 그렇다고 치기엔 불안 증세가 너무 없었다. 나는 ADHD도 생각했다. ADHD는 아직 연구가 덜 된 심리 장애들에 요즘 정신과 의사들이 잘 씌우는 굴레 중 하나다. 오늘 우리가 아는 이론과 용어는 연구가 발전해 이해가 깊어질수록 다음 세대에 새로운 것으로 바뀌기 마련이고 그런 세대교체는 수없이 반복된다. 그럼에도 여기에 의지하는 것은 이게 현재 우리가 아는 사실이고 치료와 연구 모두의 방향을 정하는 데 당장 도움이 되기 때문이다. 그 과정에서 작성되는 증상 목록과 진단 기준은 병명 진단의 든든한 잣대가 된다. 그런데 ADHD 증상 목록을 한 줄씩 체크한 결과, 에밀리는 어느 하나 해당되지 않았다.

여러 가능성을 염두에 둔 나는 직설적 질문도 던져보고 환자가 이어받게 일부러 말을 하다 마는 수법같이 덜 직접적인 전략도 썼지만, 결정적인 단서를 찾는 데에 실패했다. 에밀리는 정도가 약한 우울증이었고 자살 성향은 없었다. 그밖에는 그 나이대에 흔한 섭식장애eating disorder 의 특징이 다소 보였고, 강박 기미가 약간 있었다. 그래도 가장 큰 문제가 뭔지, 결정적으로 무엇 때문에 그녀가 수업 시간을 버티지 못하는지 콕 짚을 수가 없었다. 그렇게 진단명을 임시로만 '상세불명 불안장애'라고 적어야겠다는 생각을 하면서 자리에서 일어났을 때 비로소 진짜 대화가 시작된 것이었다.

그리고 에밀리가 알쏭달쏭한 태세 전환을 보여준 지금, 내 머릿속에서 새 진단명 후보들이 출발대를 부수고 트랙으로 뛰쳐나오는 경주마처럼 쏟아져 나왔다. 하지만 전부 중구난방으로 어지럽기만 하고 느리적 일관성은 아까보다 떨어져 보였다. 자살을 생각하는 환자는 느군가 옆에 있어주길 바랄 리 없다. 만약 정신병이라면 행동이 유기적이지 못하고 말수가 없어야 한다. 마지막으로 만약 경계성격장애라던 이렇게 소심하게 끌지 않고 바로 포기했을 터였다.

정체가 무엇이든 에밀리가 안고 있는 마음의 병은 은밀하면서도 모진 게 틀림없었다. 겉보기엔 신체 건강하고 전혀 힘든 것 같지 않아도 그녀의 내면은 무언가에 점령당한 상태였다. 그녀의 병은 이 중요한 발전과 배움의 시기에 에밀리의 최대 강점을 앗아갔다. 그녀는 소매치기의 정체를 알고 있으면서도 자신이 미래로 나아가는 데 필요한 통행권을 훔친 도둑을 비호하고 있었다.

마지막 한마디가 아직 공중에서 맴돌고 있을 때 그녀에게 뭔가 중요한 변화가 일어났다. 여태 강인하고 당당한 모습으로 일관하던 그녀였다. 그런데 눈 깜짝할 사이 문무를 겸비한 우등생의 가면이 툭 떨어지고 그녀의 진짜 모습이 드러났다. 에밀리는 자신이 진실이라고 알고 있는 것을 그대로 말한 것이었지만, 나는 눈꼬리와 입가가 미묘하게 일그러지는 것을 놓치지 않았다. 그녀는 분명 내게 뭔가를 표현하고 있었다. 뭔가 웃긴 일일 것 같았지만 활짝 까 보이지는 않았다. 그녀는 아직 십 대였고 모든 게 창피할 나이이기 때문이었다.

"어째서 혼자 있으면 안 될 것 같을까요?" 내가 물었다.

그녀는 다시 입을 꾹 다물었다. 대신 계속 이쪽을 곁눈질하면서 팽팽하게 깔린 얇은 침대보 위에 손가락을 꼼지락거려 이런저런 도형들을 쉼 없이 그렸다. 방금 내뱉은 중요한 한마디 뒤에는 비밀이 더 숨어 있는 듯했다. 우리에게도 알려주고 싶어 근질근질하지만 아직 아무 설명도 하지 않은 우스운 비밀이. 이 모든 게 겹겹이 위장한 꾀병이었을까? 그녀가 내가 못 알아챈 어떤 이득을 노리고 영악하게도 모두를 가지고 논 것이었을까? 아니면 내 상상을 초월하는 일종의 블랙유머인가? 진짜 병 때문에 생긴 자해 욕망이라는 파괴적 측면을 지금까지는 누구에게도 털어놓지 못한 채 내내 홀로 싸웠는데 우리가 방을 나가려는 순간에야 이 어둠 속 망령의 존재가 누그러진 마음 틈새로 살짝 드러난 걸까?

침묵이 10초쯤 흘렀다. 이제 어떡하나? 아, 든든한 동지가 옆에 있었지. 나는 소니아를 흘끗 쳐다봤다.

소니아는 아직 의과대학을 졸업하지 않았지만 준인턴 자격을 갖고 있었다. 그래서 정식 인턴과 비슷하게 치료 계획과 오더 내용을 짜는 등 의사로서의 정식 업무를 맡아 처리할 수 있었다. 준인턴은 주치의가 오더 서식에 서명하는 최후의 순간 직전까지 모든 단계에서 의사의 임무를 분담한다. 이것은 자신의 소명을 일찌감치 깨우치고 전공을 확정해 동급생들보다 먼저 현장에 나가기로 결심한 의대생을 위한 제도였다. 정식 권한이 없는 사람이 권위 있게 행동하는 것은 쉽지 않다. 그럴 수 있으려면 자신감과 기민한 사교 감각, 적확한 판단력이 필요하다. 강인함이 필요하다.

소니아는 그런 강인함을 갖춘 사람이었다. 겁은 없는데 지략이 넘쳤고 필기와 전화 응대가 능숙해서 일을 빨리 처리했다. 내가 사람을 섣불리 판단하거나 금방 단정하는 성격이 아님에도 그녀가 인재라는 것은 우리 팀에 오자마자 알아챌 수 있었다. 이분법이 판치는 가혹한 의대생 시절, 의국에서는 훈련생이 들어올 때마다 재빠른 판단으로 인물 유형을 분류하는 게 관례였다. 생사가 달린 급한 일이 아닌데도 처음 보는 얼굴에 만나본 적도 없는 낯선 사람을 심판대로 떠밀기부터 했다. 그맘때 병원의 선배 의사들은 새로 온 학생이 얼마나 영특한지, 논문을 얼마나 잘 쓰는지 따위는 신경 쓰지 않았다. 어느 하나 그들에게는 관심 밖이었다. 대신 그곳에는 학부생 때는 경험하지 못한 완전히 새로운 분류 기준이 존재했다. 학생이 강한가 약한가. 의국에선 이 무자비한 꼬리표가 전부였다.

팀원들은 똘똘 뭉쳐 순식간에 결론을 내렸다. 판단의 옳고 그름은 장담할 수 없었지만 결정이 빠른 것은 분명했다. 실습생들은 현장에 합류한 뒤 첫 행동이 얼마나 중요한지 잘 알았고, 이때 둘 중 하나로 결정된 꼬리표는 어느 쪽인지 누군가 얘기해주든 그러지 않든 실습 기간 내내 우리를 따라다녔다. 한 팀에서 일이 잘 안 풀렸다고 완전히 실패한 것은 아니었다. 한 달 뒤 다음 과로 넘어가 새 임무를 맡고 새로운 것을 배워 본인의 강점을 새롭게 발견하면 되었다. 다만 무조건 한 달 동안은 첫날 얻은 평판을 내내 안고 살아야 했고 한번 엎지른 물은 주워 담을 수가 없었다. 가끔 궁금해진다. 과연 나는 얼마나 많은 선배 의사들의 기억에 여전히 '강함'과 '약함'의 이분법 보기 중 하나로만 저장되어 있을까? 에밀리를 만나기 전, 로테이션 실습을 막 시작한 의대생이었을 때 나는 약한 모습을 보여도 되는 기회가 많았다. 레지던트를 신경외과에서 할 결심을 굳힌 내게는 외과가 유일무이한 일순위이기 때문이었다.

당시 내 머릿속은 박사과정 연구 생각으로 꽉 차 있었다. 전부 추상적인 신경과학 이론이었고 어느 모로도 임상 현장과는 접점이 없었다. 심지어 나는 지독한 고집쟁이여서 의학계의 규칙과 관행을 인정하거나 순응하려 하지 않았다. 이 바닥의 관습에 반항하는 나였지만, 가끔은 운 좋게 합이 잘 맞는 팀을 만나기도 했다. 혈관외과에서 배울 때의 일이다. 첫날 아침 나는 내가 무슨 짓을 하는지도 모르는 채 선배들에게 (어쩌면 좀 짜증이 났을지도 모를) 흥미로운 질문 하나를 던졌다. 그런데 그날 오후 회진 때 수석 레지던트가 나를 전임의에게 소개하면서 이렇게 얘기하는 것이었다. "새로 온 실습생인데 멘탈이 강한 친구입니다." 선생님은 "좋네요."라고 대꾸했다. 그들의 평가는 단단히 틀린 것이었지만, 그날 이후 아무도 나를 괴롭히지 않았고 나는 평온한 한 달을 보낼 수 있었다. 실습생이 강인하다. 그렇게 단정한 사람들은 끝까지 나를 그런 인물로 취급했다.

나중에 내가 레지던트와 펠로를 할 때는 다양성을 좀 더 수용하는 쪽으로 의국의 문화가 달라지고 있었다. 이 세상에서 의사 노릇을 하는 데 필요한 원칙이 하나가 아니라는 것을 의사들도 인정하기 시작한 것이다. 나는 내가 이런 변화의 일부분이자 지지자라고 자부했다. 소니아는 그럼에도 어느 한 군데 약점이 없었다. 그래서 어찌할지 막막해진 내가 그녀의 수많은 능력 중 하나가 발동돼 이 난국을 타개해

주었으면 하는 바람으로 그녀 쪽을 슬쩍 쳐다본 것이었다. 지난 2주 동안 우리는 함께 붙어 다니면서 서로에 대해 많은 것을 알게 됐다. 성장배경 면에서 그녀는 에밀리와 같은 유였다. 특히 다방면으로 활약한 데다 문학적 소양이 뛰어나고 학업성취도가 양적으로도 풍성하다는 점이 비슷했다.

눈이 마주친 순간 우리는 많은 정보를 교환했다. 소니아는 나처럼 침착함을 유지하고 있었지만 살짝 부릅뜨고 이쪽으로 고정한 시선은 우리가 에밀리의 속마음을 살펴야 한다고 조용히 건의하고 있었다.

나는 다시 환자에게 눈을 돌렸다. 에밀리의 표정에서는 두려움도 혼란도 분노도 느껴지지 않았다. 그보다는 약간 들뜬 것 같았다. 마치 첫 데이트를 준비하는 소녀, 아니 바람이라도 피우는 사람 같았다. 그때 나는 알아챘다. 에밀리 자아의 이 표상은 내 기억 속 다른 환자들의 모습에 비춰볼 수 있었다. 예전에 내가 어린이병원 신경정신과 격리병동에서 만난 이후 지금껏 내 안 깊숙이 저장해둔 환자들이었다. 여기저기 약간만 다듬어도 이미지가 완벽하게 포개졌다.

병실 안에는 우리 말고도 제3의 존재가 있었다. 에밀리가 필요로 하는 동시에 두려워하고 절대 떼어내지 못하는 존재였다. 에밀리는 마음을 열고 이 사실을 내게 알렸다. 어차피 그녀도 나도 할 수 있는 일이 없기 때문에 상관없다고 생각한 것이리라. 그녀에게는 포악한 상대와의 데이트가 잡혀 있었고 둘의 관계는 이미 시작되어 누구도 떼어낼 수 없었다. 다만 그녀는 자신의 처지를 누군가 알아주고 지켜봐주었으면 했다. 그녀는 자신이 사는 세상을 있는 그대로 얘기하면서 분명한 진실 하나를 내게 전하고 있었다. 그녀는 그저 혼자 있는 게 싫을 뿐일지 몰라도 그녀를 혼자 두는 것을 염려해야 할 사람은 나라는 것이었다.

먹기를 거부하는 내면의 폭군

그 무렵 내겐 섭식장애 환자 여럿을 치료해본 경험이 있었다. 전에 어린이병원 격리병동에 몇 달 근무했는데, 거식증 전문 클리닉이 마침 활발히 운영되고 있었기 때문이다. 그곳에서 만난 경증부터 아사 직전까지 다양한 상태의 환자들은 신경성식욕부진anorexia nervosa (거식증)과 신경성폭식증bulimia nervosa (폭식증)을 지칭하는 십 대들 사이의 표현을 여럿 알려주었다. 병증이 가벼운 어떤 환아는 이 둘을 인격화해서 애나Ana 와 미아Mia 라고 부르기도 했다. 하지만 말기 수준으로 심각한 환아 대부분은 병을 은유로 포장하는 것을 관둔 지 오래였다.

이쪽에서 일하는 정신과 의사는 지식과 경험이 모두 깊지만 (정신의학 영역이 대부분 그렇듯) 실제는 바탕의 배경 이론과 동떨어져 있고 정신과학에서든 의학에서든 나는 섭식장애보다 큰 미스터리를 본 적이 없었다. 생물학 분야 전체를 통틀어도 마찬가지였다.

에밀리를 지켜보면서 나는 이런 유의 진단을 유도하는 특정한 선입견을 경계하고 있었다. 하필 같은 시기에 개방병동에도 비슷한 상태의 환자들이 있어서 자칫 그런 분위기가 조성될 수 있기 때문이었다. 가령 그중 한 명인 미카는 눈동자가 숯처럼 검은 미술상이었다. 화가 안토니 반 다이크Anthony van Dyck 스타일의 턱수염을 짧게 다듬은 그는 흠칫 놀랄 정도로 마른 상태였다. 코로 들어간 튜브는 목구멍을 지나 더 아래까지 내려갔다. 그는 오랫동안 거식증과 폭식증을 동시에 앓고 있었다. 병이 심한 탓에 몸무게가 위험 수준으로 줄었고 두 병 사이의 모순과 갈등은 그의 심신을 고갈시켰다. 이제 그에게는 양쪽에 번갈아가며 충분한 시간을 할애해 두 병의 요구사항을 모두 충족시키는 게 종일 하는 일이었다.

종종 거식증은 무자비하고 독한 인간, 인색한 귀족 소녀, 인지조절이라는 차가운 무덤 속에 스스로를 멀찍이 가두는 엄격한 주체로 묘사된다. 환자가 생존 본능으로부터의 분리를 주장하고 먹고자 하는 욕구를 외부의 적으로 인식하게 하려면 거식증은 그 사람이 겪었거나 알고 있는 그 어떤 대상보다도 강해져야 한다. 그리고 거식증이 강해지면 환자 자신도 강해진다. 이런 병을 안고 살아가려면 그럴 수밖에 없다.

거식증 환자는 자신의 성장과 삶의 속도를, 어쩌면 시간 자체까지 스스로 제어한다. 거식증은 청소년의 이차성징을 방해하고 노화를 늦춘다. 약으로 치유되지 않는 병이기에 어떤 약물치료도 환자를 거식증으로부터 완전히 벗어나게 하지는 못한다. 그래서 극단적 조치가 종종 불가피해진다. 심박수와 혈압이 심각하게 떨어지는 바람에 모두가 조마조마할 때 미카는 콧구멍으로 위영양관을 삽입해 위장에 영양액을 직접 투입하는 조치를 허락했지만 다시 혼자 남겨지면 바로 튜브를 빼버리곤 했다. 어떨 땐 한 방울도 들어가기 전에 그 짓을 했고, 그럴 때마다 우리는 튜브를 새로 갈아 끼워야 했다. 분주한 의료진을 무심히 관찰하는 미카를 볼 때마다 그의 마음속 거식증이 나를 조롱하는 소리가 들리는 것 같았다. 나와 미카와 거식증 셋 다 내가 뭘 할지, 미카가 어떻게 행동할지 알고 있었고 둘은 나 몰래 미소 지으며 튜브와 약을 들고 삽질하는 멍청이를 비웃었다.

반면 폭식증은 다르다. 폭식증은 먹는 것을 최소한으로 억제하는 것이 아니라 욱여넣고 토하고 다시 욱여넣는 식으로 최대한 끌어올려 감당할 수 없이 넘치는 보상감을 선물한다. 언뜻 폭식증은 거식증보다 우호적인 결속을 맺는 것처럼 보인다. 폭식증은 피부를 깨끗하고 건강하게 남겨 두면서 손이 닿지 않던 살 속 가려움을 긁어주어 가장 원초적인 만족을 느끼게 한다. 폭식증이 키워주는 용량에는 한계가 없다. 쇠약하고 균형을 잃은 죽기 직전의 몸뚱이가 보유할 수 있는 칼륨 이온의 양만 빼면 말이다. 어떤 형태든 폭식증은 환자가 진정으로 뭘 원하는지를 잘 알고 있다. 그래서 거식증보다 다양한 방식으로 환자를 들었다 놨다 하다가 결국은 죽음으로 이끈다.

일생일대 동맹이자 라이벌인 거식증과 폭식증은 애증의 관계라, 병증과 속임수와 보상을 무기로 휘두르며 서로를 향해 으르렁거린다. 거식증과 폭식증은 그 어느 정신과 질환보다도 의학과 과학의 손이 닿지 않는 먼 영역에 자리하고 있다. 그 이유 중 하나는 환자와 병 사이에 일종의 파트너십이 뿌리 내린다는 것이다. 때로는 사랑에 빠진 사이인 듯, 때로는 원수지간인 듯 또 때로는 단순한 실리적 관계인 듯한 이 파트너십은 현실의 많은 인간관계처럼 약점과 강점을 시시각각 저울질하는 변증법 논리를 토대로 구축된다. 어떤 약도 우정이나 증오를 지우지 못하는 것처럼 두 병에는 마땅한 약물치료가 없다. 하지만 사람들이 대화하며 가까워지듯 말은 거식증과 폭식증에게 다가갈 수 있다.

두 섭식장애 모두 기세가 만만치 않다는 점과 개인의 인격에 녹아들 수 있다는 점은 정신과나 의학 전체의 다른 어느 질환과도 구분되는 독특한 상황을 만든다. 개인적 친밀성이 부족하긴 하지만, 그나마 이 개념에 가장 가까운 것은 약물중독일 것이다. 섭식장애는 사고 지배와 개인적 친밀감 형성이라는 두 종류의 힘을 동시에 발휘한다.

거식증과 폭식증은 약물중독의 충동과 마찬가지로 첫 만남부터 위력을 발휘한다. 잠시 혹해 순간적으로 타협한 경우도 예외는 아니다. 이 지배력은 차츰 독재로 변질된다. 그럴수록 개인의 자유는 점점 줄지만 환자와 병 사이는 오히려 친밀해진다. 해가 둘인 행성계에서 쌍둥이 태양이 서로의 주변을 맴돌며 서로를 깊고 컴컴한 중력 감옥에 가두는 것처럼, 한 바퀴 돌 때마다 서로의 형태를 무너뜨리다가 결국 한 점으로 합쳐진다.

나는 거식증 중에서도 가장 처참한 중증 사례들을 소아과 병동에서 목격했다. 대부분 10대 소녀들이었고 부모를 비롯한 온 가족이 이 병으로 피폐해지고 있었다. 거식증은 내가 본 것 중 가장 특이한 죽음의 역학이었다. 사랑과 증오가 뒤섞여 있고, 아이에게 뭐라도 먹이려고 혈안인 부모는 형체 없는 괴물을 향한 분노로 가득하다. 식구들은 서토를 탓한다. 은근하게 혹은 노골적으로 원망하는 말을 던지고 괜한 분통을 터뜨리며 서로에게 상처를 입힌다. 호소할 상대도, 음식을 거부하며 갈수록 야위는 아이를 이해할 방법도 달리 없기 때문이다. 이해받는 것만으로 완치까지는 아니더라도 괴로운 마음을 덜어주는 사례로 이보다 좋은 정신과 질환이 또 없다.

거식증 환자도 한때는 튼튼하고 강인한 아이였다. 재롱을 부리면 별처럼 빛났고 말도 잘 들어서 사랑을 듬뿍 받았다. 그런데 굶으면서 뇌가 죽어가 머리뼈 안에서 쪼그라들기 시작했다. 몸은 쇠약하고 차가워져 심장이 분당 40회, 심하면 30회밖에 뛰지 않았고 혈압은 측정이 안 될 정도로 떨어졌다. 신진대사가 느려지다 못해 거의 얼어붙은 수준이었다. 성장은 멈추고 때로는 퇴행했다. 섭식장애와 환자라는 한 쌍은 한 몸으로 합쳐져 공동의 적인 십 대 시절의 통과의례―나이를 먹는 것, 어른이 되는 것, 몸무게가 느는 것―와 여성화를 한통속 외부 세력으로 간주해 있는 힘껏 거부하고 밀어냈다. 아동기의 외모와 몸가짐이 남아 있으면서 사회성을 어느 정도 갖춘 십 대 중반의 아이들은 와병 중에도 화려한 입담으로 종일 재잘댔고 인맥과 문화를 십분 이용할 줄 알면서 자기주장도 확실했지만 가장 단순한 산수, 즉 생존을 위해 먹는다는 기본 원리는 납득하지 못했다.

많은 아이가 죽음의 문턱까지 가고 일부는 실제로 죽는다. 그럴 때 가족들은 묻는다. 우리 아이가 왜 이런 거냐고, 제발 말해달라고.

왜 애초에 환자에게 묻지 않을까? 환자가 병을 앓는 당사자인데. 환자가 입 밖으로 내뱉는 모든 말은 환자를 이해하는 데에 보탬이 된다. 어린아이의 단순하고 소박한 설명일지라도 (어쩌면 단순하기에 더더욱) 말이다. 그러나 어느 정신질환이나 그렇듯 거식증 환자가 자신의 증상을 직접 설명하는 것은 쉬운 일이 아니다. 아무리 잘해도 조현병 환자에게 외계인의 조종을 받을 때 손이 어떤 느낌인지 묻거나 경계성 격장애 환자에게 손목을 그으면서 흥분과 해방감에 취하는 속마음을 물었을 때 듣는 것 이상의 설명은 기대하기 어렵다. 세상에는 그냥 아무 이유 없이 주변의 바람대로 살 수 없는 사람들이 있다.

가족과 의사가 다가가 간섭하려 들면 환자와 섭식장애 콤비는 속임수와 도피 작전을 더욱 열렬하게 펼친다. 소망의 형태는 바뀌고 욕구의 의미는 재정의된다. 명상을 하거나 신앙이 깊은 사람이 체험하는 것과 비슷하지만 지속성은 없는 방식으로. 기세등등한 거식증은 사람의 기력을 쇠하게 만들고 다른 걸 파괴해서라도 자신을 악착같이 보호한다. 거식증은 거울 앞에서 큰 소리로 설교를 쏟아내지만 선동은 강간을 내려와서도 멈추지 않는다. 거식증은 내면의 모방꾼, 사기꾼, 협잡꾼으로부터 몰래 배운 말들을 환자가 거짓말을 진실로 믿기 시작할 때까지 끈질기게 속삭인다. 처음에는 실용적이라는 이유로 대충 받아주는 정도지만 곧 엄청난 규모의 임무를 실행할 수 있을 정도로 호응이 빠르게 커진다. 일단 임무가 떨어지면 출전한 신경계 용병들을 다시 불러들이는 것은 불가능하다. 결국 강호를 어지럽히는 통제 불능의 무뢰배가 되는 것을 지켜볼 뿐이다.

이것은 단순한 망상이 아니다. 환자들은 어렴풋이 알지만 이해하지 못하고, 의식은 하지만 통제하지는 못한다. 먹으면 안 된다는 강박은 삶의 얼굴에 불로 지져 붙인 전투용 가면처럼 층층이 살아 있다. 이 강박은 환자 삶의 모든 면에 영향을 미치는 거짓말이고 병원에서는 이

것을 생각, 몸무게, 행동으로 지표화한다. 의사가 왜곡된 자아상인 거식증의 사고방식을 환자 입 밖으로 끌어내고 기록한다. 그러면 환자는 이러이러한 얘기를 하고 그게 진실이라고 믿는데, 체질량지수 검사는 그 반대 사실을 보여준다. 한편 환자의 행동은 이렇게 측정한다. 환자 본인이 하는 것과 똑같이 열량이 있는 것이라면 한 방울도 빼놓지 않고 세서 차트에 기록한다. 그렇게 환자가 먹는 양을 얼마나 제한하는지 추적한다.

몰입형 인지행동요법은 거식증 치료에 큰 도움을 줄 수 있다.[1] 특히 거식증 상태가 몇 달이나 지속되는 경우는 대화를 자주 나누고 생각 재고를 유도해 왜곡된 가치관을 천천히 교정하는 이 방법이 더욱 효과적이다. 인지행동요법은 뒤엉켜 있는 행동인지 요소와 사회적 요소를 구분해 해결하고, 세게 밀어붙이기도 하면서 영양 상태를 모니터링하는 것을 목표로 삼는다. 한편 약물은 완치 치료는 되지 못한다.[2] 질병의 본질을 건드리지 못하고 증상만 누그러뜨리기 때문이다. 예를 들어, 세로토닌 수치를 조절하는 약물은 거식증에 흔히 따라오는 우울증을 치료하는 용도로 사용한다. 간혹 도파민 신호를 추가로 조절해 생각의 전환을 도울 필요가 있으면 그런 향정신성 의약품이 사용되기도 한다. 잘못된 고정관념의 고리를 끊고 뒤틀린 생각을 곧게 펼 수 있기 때문이다. 이런 약제들에는 덤으로 체중 증가 효과가 있다. 다른 상황에서는 해로운 부작용이었을 효과가 이번만큼은 부가적인 순기능이 되는 셈이다.

거식증은 위험한 병이다. 자살에다가 내과적 합병증—아사 상태와 연관된 장기부전—으로 인한 사망 사례까지 포함한다면 정신과에서 사망률이 높기로 섭식장애를 따를 질환이 없다.[3] 굶주린 세포들의 기능부전은 온몸을 쇠약하게 만들고 결국 죽음을 불러온다. 가장 먼저 뇌가 제 기능을 못 할 때 위험성이 치솟는 합병증은 우울증과 자살이다. 이어서 면역계가 무너지면 온갖 감염병에 걸리기 쉬워진다. 영양실조로 일찍이 쇠약해진 심장의 세포들이 혈중 염분 불균형을 더 이상 감당하지 못하게 될 때의 결과는 심장마비다. 인간 진화의 요람인 바닷속에서 해양 암반으로부터 녹아 나온 성분 덕에 수십억 년 전부터 일정하게 맞춰져 있었던 이온들의 수치가 이제 와서 쫄쫄 굶거나 폭식하는 그날그날의 변덕에 따라 들쑥날쑥해지는 것이다.

그래도 일단 살아남기만 하면 내면의 폭군은 기세가 점점 희미해진다. 이때 환자가 할 일은 자유를 위해 몸부림치고 새로운 사상과 새로운 행동 양식을 꾸역꾸역 배우는 것이다. 당장은 또 하나의 가면이 아닌가 싶겠지만, 시간이 흘러 언젠가는 이날을 지나간 악몽처럼 담담하게 얘기할 수 있을 것이다.

거식증과 폭식증의 교집합

폭식증—나는 이게 에밀리가 감춘 비밀일 거라고 의심하고 있었다—에는 약물치료의 효과가 거식증만큼이나 미미하다. 약물이 몇몇 부수 증상을 누그러뜨릴 수는 있지만 폭식증의 핵심적 문제를 해결하지는 못한다. 폭식증은 이온 불균형을 일으키는 살인자이기도 하다. 폭식 후의 급격한 배출은 칼륨 수치를 널뛰게 만들어 심장 리듬을 망가뜨린다. 때로는 폭식증이 거식증과 함께 나타나는데 미카가 그런 예다. 폭식증과 거식증이 섞이면 체액과 전해질의 교란이 한층 심해져서 칼슘과 마그네슘 수치까지 이상해진다. 문제는 이 금속성 미량 원소들이 심장, 뇌, 근육처럼 잘 흥분하는 장기 조직을 안정시키는 데 꼭 필요한 물질이라는 점이다. 쉼 없이 꿈틀대고 씰룩이는 이곳 세포들이 적절하게 기능하려면 칼슘과 마그네슘이 필요하다. 그런데 두 이온의 수치가 비정상이면 자발적 흥분이 일어나 조직이 경련한다. 그 결과는 근육이 부르르 떨고, 심장이 불규칙하게 뛰고, 뇌가 발작하는 것이다. 심하면 죽을 수도 있다.

배출 방법은 구토 유도, 하제, 과도한 운동 등 다양하지만 모두 질량 균형을 무너뜨린다는 공통점이 있다. 그런 다음에는 질량 균형 방정식이 섭취 쪽으로 역이용된다. 산처럼 쌓은 음식을 몇 그릇이나 비우며 폭식하지만 나중에 배출하면 된다는 생각에 칼로리에 대한 부담을 덜고 일탈 행위에서 짜릿한 기쁨을 만끽한다. 그 무엇도 이 충동을 막을 수 없다.

나는 폭식 충동이 어떤 것인지, 이게 어떤 자학 행위인지를 소아과 실습 시절에 접해 익히 알고 있었다. 나는 내가 이 병을 알아볼 수 있다는 것을 에밀리에게 알려주고 싶었다. 내 짐작이 맞다면, 그래서 이제부터라도 진솔한 대화를 나눌 수 있다면, 우리는 치료라는 공통의 목표를 추구하는 파트너가 될 수 있었다. 거기서부터는 실행 순서가 관건일 터였다. 기본 치료를 시작하고 이해를 쌓은 다음 적당한 순간에 퇴원 조치해 외래에서 통원 치료를 하거나 재활원에 입소해 관리를 이어가는 것이다.

"그 얘기를 더 해볼 수 있겠어요?" 내가 마지막으로 한 번 더 재촉했다. "그래야 할 것 같아서 그래요."

에밀리는 침대보로 시선을 떨군 채 내 시선을 완전히 피하고 있었다. "못하겠어요. 정말이에요."

"혹시 수업을 끝까지 듣지 못하는 이유랑 상관있어요?" 소니아 쪽을 슬쩍 봤더니 그녀의 눈빛이 그 어느 때보다 초롱초롱했다.

"네. 같은 문제인 것 같아요."

좀 더 밀어붙일 때였다. 입원 환자들은 외래에서처럼 주나 달 간격으로 치료를 하는 게 아니라서 여유를 부릴 수가 없다. 게다가 기다리는 다른 환자들도 있었다. "에밀리, 아까 예전에는 가끔 엄청 먹고 나서 토하곤 했다고 그랬잖아요?" 그녀는 이 얘기를 먼 옛날의 사소한 기억처럼 툭 던졌다. 현재 증상과는 아무런 상관이 없다는 듯이. 하지만 이제 나는 그녀가 수업 중에 뛰쳐나간 이유를 알 것 같았다. "혹시 같은 일이 다시 일어나고 있는 것일까요?" 이불보에 무한대 기호와 포물선을 그리던 그녀의 손가락이 이 말에 움직임을 멈췄다. 고개는 그대로 숙인 채로 시선이 한 점에 얼어붙어 있었다.

"혼자 남겨지면 어떻게 될 것 같아요, 에밀리?" 내가 물었다. 그녀는 머리를 들어 시선을 소니아에게 던졌다.

"잘 모르겠어요." 그녀가 소니아를 보면서 대답했다. "아마 별일 없겠죠. 아닐 수도 있고요."

나는 몇 초 더 기다린 뒤 의자를 옆으로 살짝 옮겼다. 소니아가 내

신호를 알아채고 입을 열었다. "에밀리, 나랑 앉아서 둘이 좀 더 얘기해도 괜찮아요? 여기 선생님은 곧 다른 환자들을 보러 가셔야 할 것 같아요."

"그럼요, 좋아요." 에밀리가 말했다. "별로 힘든 일도 아닌 걸요." 말투는 거의 변하지 않았지만 그녀에게는 이게 엄청난 일인 게 확실했다. 아무래도 그녀는 병이 낫길 스스로 바라는 것 같았다. 호출기가 또다시 징징댔다. 이젠 진짜로 일어서야 했다. 뒤는 소니아에게 맡기면 될 터였다. 그러면 내 제자가 장기를 발휘해 더 많은 단서를 캐낼 것이었다. 나는 옷매무새를 정리하면서 두 사람에게 인사를 건네고 방에서 나왔다. 서두를 필요는 없었다. 협력 관계가 탄탄해지기 위해서는 적당한 시간과 공간이 필요한 법이니까.

정형외과로 발걸음을 옮기면서 나는 미카와 에밀리의 상반된 모습을 떠올렸다. 미카는 거식증과 폭식증을 둘 다 앓았지만 폭식증을 토하는 것으로 해결하지 않고 걷기로 대응했다. 그는 틈만 나면 걸었는데 전력질주도 하고 트랙을 뱅뱅 돌기도 했다. 심지어는 앉아 있는 동안에도 다리근육에 힘을 주어서 열량을 태울 수 있다면 일 초도 허투루 쓰지 않았다. 미카는 극복 전략이 은밀하고 미묘한 비전형적 폭식증이었고 전체적으로는 거식증의 비중이 훨씬 컸다. 그는 내향적이었고 꼬챙이처럼 빼빼 마른 남자였다.

그렇다고 에밀리가 특별히 다른 것은 아니었다. 그녀는 의지가 강하고 외향적이고 생기 넘쳤으며 건강한 정상 체중을 완벽하게 유지하고 있었지만, 누가 알았을까? 그녀가 거식증과 폭식증 사이를 왔다 갔다 한다는 것을 말이다. 면담 중에 에밀리는 여러 해 전부터 지켜온 칼로리 제한 규칙을 언급했다.

두 병은 분명 다르다. 그럼에도 미카와 에밀리 사이에 겹치는 생물학적 배경이 있었을까? 거식증은 깐깐한 회계사 같아서 열량과 그램 수를 하나하나 계산하고, 먹어서 보상하는 행위를 억제한다. 반면 폭식증은 칼로리는 뒷전인 자연적 보상 행동이다. 그래서 적극 수용되고 끝없이 반복하면서 점점 증폭한다. 그런 두 병 사이에 뜻밖에도 교집합이 존재한다. 그래서 교집합 안에서는 둘이 공존할 수 있고 심지어 상부상조까지 한다. 둘 다 사람이 죽을 지경이 되어야 만족한다는 것도 맞는 얘기지만, 내가 보기에 둘의 양립은 훨씬 심오한 성질을 갖고 있었다. 둘 다 인간 욕구를 밟고 우뚝 선 자아의 표현이자 제 몸을 해쳐가며 얻은 해방이라는 점에서다.

인간 말고 다른 동물의 뇌도 이런 일을 해낼 수 있을까? 과연 진화의 어느 순간에 허기를 해결하는 쪽에서 인지력의 말을 듣는 쪽으로 힘의 균형이 기울었을까? 진실은 알 도리가 없지만 내 추측으로 인류가 출현하기 그리 오래전은 아니었을 것이다. 아마 인간이 현생인류의 모습을 갖출 즈음이 아니었을까 싶다. 금욕은 그저 원하는 것만으로는 충분하지 않다. 욕망에 휘둘리지 않고 살고 싶다는 마음은 인류의 평범하고 보편적인 소망이지만 먹는 것 같은 기본 욕구 앞에서 극기를 실천하기는 어렵다. 그러나 우리 현대인은 마음속에 큼지막한 다목적 공간을 여분으로 가지고 있다. 평소에는 놀리고 있다가 도전 과제―수학 문제, 시 해석, 우주여행 등―를 만나면 그것과 씨름해

해결할 때 써먹을 공간이다.

극기의 원동력은 생김새도 기능도 복잡다단한 인간 뇌의 어느 구역에서도 생겨날 수 있다. 허기를 참는 것은 쉬운 일이 아니지만 900억 뇌세포가 뭉쳐 수백 만의 실력 있는 합주단을 깨우는 것은 그리 어렵지 않을 터다. 그렇게 활성화되는 뇌 회로 다수는 종종 혼자서도 봉기를 일으키기에 충분하다. 잘 조직된 광범위 신경망 구조 안에서 자신만의 메커니즘, 문화, 강점을 이용하기 때문이다.

이처럼 다양한 경로는 저마다 독특한 유전인자와 사회 환경을 가진 환자들에게 거식증을 일으킬 수 있다. 거식증 기전의 복잡성은 여느 정신질환이 그렇듯 거식증에 관여하는 유전자가 다양하다는 점으로 미루어 일찍이 예상된 바다.[4] 가령 어떤 환자는 이마엽겉질의 극기 회로를 자극해 허기라는 본능에 항거할 수 있다. 또 다른 환자는 누가 가르쳐주지 않았는데도 생존 욕구 회로와 심부의 쾌락 회로를 교차시켜 쾌락의 감정을 배고픔 자체와 직결시킨다. 한편 폭식증과 거식증이 공존하는 미카 같은 환자는 리듬 생성 회로를 켜서 행동과 생각 모두를 조정한다. 리듬 생성 회로는 반복 행동이 가능하도록 태곳적에 선조체striatum와 중뇌에 장착된 진동 발생기다. 강박적 운동을 통해 뇌줄기와 척수의 걷는 리듬 회로를 통제하면[5] 걸음 수도 칼로리도 리듬에 맞춰 세는 즐거움에 빠질 수 있다. 미카의 경우 폭식증과 거식증이 다 있으니 아마 둘 다 셌을 것이다. 몸에 들어오는 칼로리와 밖으로 나가는 걸음걸이가 짝을 이뤄 시계 초침처럼 째깍거린다. 미카는 가볍게 반복되는 두 박자 리듬을 엮어 나갔고, 그렇게 만들어진 거친 옷감은 그의 몸속 피와 염분을 전부 흡수했다.

　반복에는 중독적인 마력이 있다. 새들이 틈만 나면 날기 좋은 상태로 깃털을 유지하는 몸단장을 하게 하는 신경회로는 아무 이유 없이 그냥 발동한다. 진화가 어떤 행동이 끝없이 반복되게 할 동기를 부여할 땐 그 논리를 따지지도 이해하려 하지도 않는다. 그저 행동을 반복하면 설명할 수 없이 기분이 좋아질 뿐이다. 들다람쥐, 오소리, 거미의 땅 파는 행동도 비슷하다. 각 동물의 리듬감 있는 굴착 행동에는 독자적인 주파수가 있다. 중추의 리듬 발생기에서 딱 맞게 조율돼 나오는 신경신호 주기다. 또 우리 인간 같은 포유류의 긁는 행동도 있다. 모든 포유류는 저마다 다른 방식으로 몸속 기생충을 파내는 행동을 한다. 가려운 곳을 긁을 때 홍수처럼 밀려오는 만족감이 한번 시작되면 긁기를 그만두기가 힘들다. 결국 긁는 행동의 리듬이 고조돼 살갗이 벗겨지고 피가 나도 모른다. 순전한 통증이 순전한 보상으로 바뀌는 감정가의 완전한 반전이 일어나는 셈이다.

　인간의 뇌는 시공간을 아우르고 기본 동작에 은유를 입히는 훨씬 복잡한 리듬도 연주할 수 있다. 손으로 몸을 긁는 행동을 계획하고 지시하던 바로 그 이마엽겉질이 더 깊은 곳에 자리한 선조체와 짝꿍이 되어 일상적 루틴, 계절 의식, 연례행사의 집행 주체 역할도 하기 때문이다. 규칙적 리듬이 주는 보상은 뜨개질과 봉합, 음악과 수학, 계획을 세우고 조직하는 사고 습관 등 거의 모든 인간 행동에서 온 시간 척도를 넘나들며 나타난다. 반복적 생각은 틱장애_{tic disorder} 수준의 반복적 행동만큼이나 중독적일 수 있다. 어쩌면 굴 파는 행위의 원시적 리듬이 몰입 사고라는 새로운 영역으로 확장했고, 이것이 문명 발달에 일조했을지 모른다. 하지만 리듬이 너무 세지면 선의의 피해자가 생기기 마련이다. 청소에 강박을 가진 사람, 숫자에 열 올리는 사람, 몸치장에 집착하는 사람, 규칙 준수에 목매는 사람 등등이 그런 희생자들이다.

정형외과 구역으로 들어서는데 호출기가 또 울렸다. 정신과 의국 번호가 찍혀 있었다. 나는 가장 가까운 간호 스테이션으로 가 전화기를 집어들고 버튼을 눌렀다. 소니아였다. "환자가 없어졌어요."

"응? 뭐라고요? 없어졌다고?"

"선생님이 가시자마자 자기 문제를 그림으로 그려 보여주겠다고 제게 그러더라고요." 소니아의 목소리는 가늘게 떨렸고 음절 사이사이에서 두려움이 새어 나오고 있었다. "유성펜 몇 개가 필요하대서 얼른 뛰어서 의국에 갔다 왔어요." 그녀가 직접 진단을 내릴 수 있을 거라는 기대에 신이 났으리라. 어쩌면 레지던트 면접에서 확실한 눈도장을 찍을 논문이 나올지도 모르는 일이었다. "딱 30초 자리를 비웠는데 돌아오니 에밀리가 사라지고 없었어요. 격리 상태가 아니어서 지켜보는 사람이 없었고 간호사들도 아무도 환자가 나가는 것을 못 봤다고 하고요."

"지금 가겠습니다." 내가 말했다. "그대로 있어요. 괜찮을 겁니다." 하지만 괜찮지 않았다. 나는 일이 단단히 잘못됐다는 것을 알아챘다. 에밀리는 정신병적 우울증 환자 중에서도 가장 비밀스러운 유형이었다. 자살 성향이 있더라도 워낙 경계가 심해 그 사실을 확인하기가 극도로 어려웠다. 에밀리는 완벽한 위장 뒤에서 혼자 계획을 세운 게 틀림없었다. 나는 그녀가 마지막 해방의 순간을 얼마나 동경하는지 감지했지만 제대로 알려 하지 않았고 오진을 했다. 나의 엉성한 계획은 무너졌고 모든 게 내 책임이었다. 나는 거의 뛰다시피 정신과 병동으로 돌아갔다. 요동치는 가슴을 부여잡고서.

환자가 사라졌다

복잡한 상황이었지만 어쩔 수 없었다는 소니아의 말은 옳았다. 에밀리는 열여덟이었고 법원 명령으로 들어온 것도 아니었다. 자살의 뜻을 드러낸 적이 없으니 언제든 제 발로 들어오고 나갈 수 있었다. 억지로 붙들어둘 수단이 없었던 것이다.

우리는 병동에 모여 실마리를 찾기 시작했다. 에밀리는 아무 물건도 가져가지 않았다. 협탁 위의 노트북컴퓨터와 휴대전화 역시 몇 분 전 모습 그대로였다. 단순히 집으로 돌아갔거나 친구네로 갔을 거라고 짐작하기엔 의사의 충고를 거스르고 숨은 사람이 흔히 보이는 행동이 아니었다. 시간이 없었다. 입 밖에 꺼낼 필요도 없이 최악의 상황이 걱정됐다.

우리는 상황을 보고하기 위해 전임의를 호출했다. 그라고 딱히 할 수 있는 일은 없었지만. 모든 게 우리 책임이었다. 내 책임이었다.

고작 10분이 흘렀을 뿐이었다. 병원은 출입이 철저하게 관리됐고 따로 잠금장치가 있는 병동이 아니더라도 창문은 대부분 고정되어 있었다. 그래도 자살이 목적일 경우 에밀리가 어느 경로로 이동했을지가 확실하지 않았다. 우리는 2층 개방병동에 있었고 내가 5층에서 옥상으로 나가는 방법을 알긴 했다. 레지던트용 운동실에 숨겨진 개구멍을 통하면 됐다. 하지만 에밀리가 고새 그 길을 찾았을 리는 없었다.

그럼 날카로운 물건을 구하러 나간 걸까? 바로 아래층인 1층 구내식당으로 갔나? 아니면 식당 건너 넓은 정원을 향해 난 발코니? 발코니에서 지하층으로 내려가는 길은 한참이었다. 에밀리가 30초 만에 거기까지 갈 수 있었을까? 지하로만 간다면 어떤 일도, 모든 일이 일어날 수 있었다.

소니아는 사태의 심각함을 온몸으로 느끼고 있었다. 얼굴은 경직되어 있었고 좌절감과 자기 의심에 빠져 속이 만신창이라는 것을 알 수 있었다. 최대한 침착한 목소리로 내가 말했다. "괜찮아요. 아마 담배 피우러 나간 걸 겁니다. 그게 다일 거예요. 학교에서 애들이 종종 그러잖아요." 완전히 없는 말을 만든 건 아니었다. 순간 내 레지던트 2년 차 때가 떠올라 얘기한 거였다. 산부인과에서 산모 하나가 제왕절개술이 끝나자마자 퇴원하겠다며 소란을 피는 통에 온 병동이 야단법석이 된 일이 있었다. 당시 나는 정신과 협진 때문에 그 아수라장에 불려 갔는데, 산부인과 레지던트는 "저는 잘 모르지만, 환자를 격리하든지 뭔가 조치를 해주세요."라고 말했다. 환자의 모국어로 딱 10분 얘기를 나눈 뒤, 나는 진짜 이유를 알 수 있었다. 환자는 그저 담배를 한 대 피워야겠는데 말을 꺼내기가 부끄러운 거였다. 나는 그날의 작은 승리를 평생 계속해서 접할 별난 소동들의 결정체로서 몇 년째 곱씹으며 즐기고 있었다. 사람들의 입을 열기만 하면 진실은 언제나 드러난다는 것을 그때 깨달았기 때문이다.

그런데 이번엔 달랐다. 에밀리는 그런 경우가 아니었다. 몰래 빠져나가서 담배를 피우려는 사람은 관리자에게 옆에 앉아 있어 달라고 부탁하지 않는다. 그래도 일단은 혼자만 생각하고 있기로 했다. "정신 차려요." 내가 소니아에게 말했다. "흩어져서 찾읍시다. 소니아는 응급실과 주차장을 확인해요. 나는 지하층 다른 곳들을 가 볼 테니. 뛰지는 말고요." 인턴은 임무가 떨어지자마자 높게 묶은 머리로 공중에 숫자8을 맹렬히 그리며 사라졌다.

나는 소니아가 모퉁이를 도는 것을 확인한 뒤 에스컬레이터 쪽으로 발길을 재촉했다. 의사답게 침착해 보이기를 바라면서 시선은 바닥을 향했다. 식당까지 10초, 정원까지 20초. 우회전하니 복도가 하나 더 나타났다. 나는 걸음 수를 세면서 누군가 비명을 지르지 않는지 귀를 세웠다. 들리는 것은 시계 초침 소리와 내 발걸음 소리뿐이었다. 한 발 한 발이 칼로리를 태워 얻은 작은 승리의 걸음이다. 한 걸음 한 걸음이 승리의 순간이다. 걷고 또 걷는 당신을 아무도 막을 수 없다. 걸을수록 죽음에 가까워지더라도.

사람들이 속을 잘 털어놓는다는 것은 내게 주어진 과분한 선물이고 내 숙명이었다. 그런데 나는 도움을 필요로 하고 막 마음을 열기 시작한 누군가의 손을 막판에 뿌리쳤다. 왜 그랬냐고? 고작 정형외과가 좀 기다려도 되는 건을 가지고 호출기로 안달복달한다는 이유로.

다 왔다. 저 앞 볕 잘 드는 식당 입구에 날카로운 물건들이 잔뜩 있다. 그 와중에 여기는 오늘도 날씨가 참 좋다는 생각이 들었다. 식당

안으로 햇빛이 쏟아져 들어왔지만 나는 어둠을, 까마귀 형체의 그림자를 맞을 준비가 되어 있었다.

발걸음을 한 번 더 오른쪽으로 틀자 테라스를 통해 흘러드는 태양의 온기가 느껴졌다. 바로 그곳, 팔 하나만 뻗으면 닿을 거리에 그녀가 있었다.

우리는 거의 부딪힐 뻔했는데 허둥지둥 나오는 에밀리를 내가 가로막은 모양새였다. 우리는 마주 서서 잠시 서로를 보다가 시선을 바닥으로 떨궜다. 그녀는 상황이 우스웠는지 킬킬대기 시작했다. 두 손에는 건축학적으로 가능한 구조인가 싶게 음식이 수북이 쌓인 접시가 들려 있었다. 닭다리 튀김, 케이크, 피자 같은 고칼로리 음식이 거대한 탑을 이루고 있었다.

나중에 듣기로는 그게 10분 동안 세 번째 접시였다고 한다. 식당으로 돌진해 음식을 산처럼 담은 다음 돈도 안 내고 테라스로 달려가 급히 털어낸 뒤에 돌아오기를 반복한 것이다. 아무 성과도 없고 욕구도 전혀 채워지지 않으면서 보상과 해소를 반복하는 악순환은 덜미를 잡히기 마련이다. 육체의 한계와 질량 균형 방정식을 거스르는 승리에는 허점이 있다. 순환 자체가 전부고 멈출 수도 없는 것이다. 그녀도 미친 짓이라고 생각하고 위험하다는 것도 알고 있었다. 하지만 혼자 있는 건 더 싫었다.

섭식장애와 자아의 생물학적 관계

그날 밤, 마침 당직이었던 나는 입원실과 상담실 사이에 레지던트들이 쪽잠을 자는 공간 옆에 난 문을 통해 옥상으로 올라갔다. 이날 처음으로 혼자 있는 조용한 시간이었다. 달빛이 콘크리트 바닥과 철책과 환기구를 은은하게 물들이고 있었다. 손에 꼽게 드문 평온한 밤에 레지던트와 인턴 혹은 학부 실습생 두엇이 이곳에 나와 앉아 숨을 돌리곤 했다. 그렇게 별을 구경하고 있으면 등을 기댄 쇠기둥의 감촉이 얇은 의사 가운 사이로 그대로 느껴졌다.

옥상은 안락하지는 않았지만 일종의 성역이라는 느낌이 있었다. 전화와 호출기 진동이 또다시 폭주하기 전에 현실과 잠시 떨어져 있을 수 있는 유일한 공간이었으니까. 특히 그날 밤은 혼자만의 시간이 절실하게 필요했다. 에밀리에게 무슨 일이 있었는지 곰곰이 따져봐야 했다. 나는 섭식장애의 생물학이 왠지 어렵고 모순적이라고 생각됐다. 그런 느낌이 들 땐 잠시 그 미스터리와 나란히 앉아 있는 여유를 갖는 게 가장 좋은 방책이었다.

내게는 섭식장애가 특별하고 중요한 병으로 보였다. 과학적으로 더 심오한 무언가의 단서를 숨기고 있는 게 틀림없었다. 하지만 우선은 스스로 물을 필요가 있었다. 강렬하게 느껴지는 이 촉—즉 이 병에서 신경과학이 배울 게 많다는 예감—의 얼마만큼이 보호자 입장의 연민에서 비롯된 것일까? 방황하는 에밀리를 잘 돌봐야 한다는 본능적 의무감인 것은 아닐까? 한 장면이 머릿속에 떠올랐다. 소아과 거식증 병동에서 차량정비소 셔츠—왼쪽 주머니 상단에 닉이라는 이름이 적혀 있다—를 입은 아빠가 어린 딸의 침상을 지킨다. 열네 살 소녀는 심장마비와 기흉으로 입원했다. 최악의 가능성이 제기되었고 보호자에게도 얘기가 전달됐다. 닉은 딸아이의 얼굴을 제대로 보지 못했다. 아이를 꼭 껴안고 감각에 의지해 연약한 참새처럼 오르락내리락하는 어깨뼈의 미약한 움직임에 집중할 뿐이다. 아이의 심장박동이 2초마다 희미하게 그의 가슴으로 전해지고 아이의 맥없이 서늘한 날숨이 그의 어깨를 스친다. 안 돼. 그는 아내 배 속에 있을 때 초음파 검사로 들은 아이의 심장박동 소리를 기억한다. 행진 북소리처럼 쿵쿵 하며 빠르고 세차게 뛰는 심장 소리가 검사실 안을 가득 채웠다. 그 무엇도 아기를 가로막을 수 없었다. 이 아기는 곧 태어날 자신의 딸이었다. 닉의 두 눈에서 눈물이 흘러내렸다. 그때도, 지금도, 아이는 거침없었고 앞으로도 그래야 했다.

나는 손바닥 두덩으로 두 눈을 비비고는 달을 쳐다보며 몇 번 끔뻑였다. 나는 본질적인 갈등을 마주하고 있었다. 자아가 자아의 요구와 맞붙어 싸우는.

섭식장애의 생물학을 이해하려면 가장 밑바닥에 있는 근본적인 무언가부터 이해해야 할 것 같았다. 바로 자아의 생물학적 성질이다. 만약 자아를 자아의 요구와 분리할 수 있다면, 분리된 자아는 무엇이 될까? 그 경계 안과 밖에는 무엇이 존재할까? 여전히 풀리지 않는 오랜 의문이다. 우리는 이곳에서 안정감을 느낀다. 이곳은 내가 태어나 자란 고향이고 내가 곧 나의 자아라고 믿는다. 하지만 인간으로서도 신경과학자로서도 자아의 경계를 정확히 긋지 못하고 자아에 어떤 이름을 붙이지도 못한다. 지금까지도 말이다.

경계를 대강 추측할 수는 있다. 가령 자아는 피부를 뚫고 나가 확장하지 않는다. 그러나 이 구분도 사실 보이는 것만큼 명료하지는 않다. 부모가 되면 이 경계선이 특히 흐려진다. 게다가 자아는 피부 아래 공간은 물론이요, 뇌 하나도 가득 채우지 못한다. 자아는 육체의 요구를 감지하지만 그런 요구들은 타자임에도 내 안에 존재하는 모종의 주체에 의해 전달된다. 이때 심각하고 진지한 신경계가 계산기를 두드려 분배하는 괴로움과 즐거움—욕구가 채워지지 않을 때 느끼는 고통과 욕구가 충족됐을 때 찾아오는 기쁨—은 자아를 행동하도록 유도하는 화폐에 불과하다. 자아 자체가 결코 아니고 자산과 부채, 상여금 같은 금전적 수단일 뿐이라는 소리다.

철학, 정신의학, 심리학, 법학, 종교는 모두 자아에 대해 독자적인 관점을 갖고 있다. 예외 없이 상상에 지나지 않지만 그럼에도 각각의 판타지는 일말의 진실을 드러낸다. 그런 가운데, 새로운 종류의 진실을 밝히고 그것을 널리 알릴 힘을 지닌 신경과학은 여전히 입을 꽉 다문 채 어느 쪽의 편도 들지 않는다. 우리는 신중해야 한다. 아직 정확한 과학 용어조차 존재하지 않을지 모른다. 어쩌면 애초에 자아라는 것 자체가 없을 수도 있다.

사람은 종종 자아를 강하게 느낀다. 예를 들어 본능에 맞서 저항하고 극복하려 할 때처럼 말이다. 하지만 그런 자아 인식은 환상에 불과하고 승리를 거머쥔 주체는 그저 다른 본능과 새로 편을 먹은 것일지 모른다. 그럼에도 원초적 본능을 극복하는 인간의 능력—섭식장애가 극단적인 예다—을 연구하다 보면 쓸모 있는 정보를 얻게 될 수도 있다. 꽤 진행된 거식증의 경우 음식을 거부하는 주체가 라이벌 본능은 확실히 아니라는 점에서다. 가만히 보니 허기와 대적할 만한 원시적 본능, 그러니까 환자가 알고 있거나 이해하거나 말로 표현할 수 있는 저항의 이유가 딱히 없는데도 환자들은 배고픔을 참는 것 같았다. 음식을 거부하는 행동이 나름의 이유에서 시작되는 것은 사실이다. 사회적 압력에 살을 빼야겠다는 강박이 본능적으로 생겼을 터다. 하지만 이건 세포들과 신경회로들을 징집해 새 군대를 꾸리기 위한 기폭제에 불과하다. 종국에는 단지 지금껏 그래왔다는 이유만으로 제 몸을 계속 망가뜨리게 된다. 다만 맹목적 파괴력의 크기에 주목하니 거식증 바탕의 생물학을 추측할 수 있었다. 마치 지진이 산산조각 난 지층을 노출시킴으로써, 지구를 파괴하는 행위 속에서 오히려 지구의 탄생 과정을 알려주듯이 말이다.

생물학자들은 '기능을 획득'하거나 '기능을 소실'하는—즉 실질적 변화가 생기는—유전자 돌연변이를 유전자의 기능이 켜지거나 꺼지는 돌연변이라고 표현한다. 이런 돌연변이는 유전자의 본래 사명이 뭐였는지 추측하는 데 도움을 준다. 무언가가 너무 많거나 혹은 너무 적을 때 어떤 결과가 생기는지 알면 그것의 역할을 가늠하기가 쉬워지기 때문이다. 미카의 경우 현실에서는 많은 것을 잃었음에도 그의 심각한 섭식 제한 행동이 자아의 기능 획득으로 생긴 변화라고 생각할 수 있었다. 그의 자아가 배고플 때 먹고 목마를 때 마신다는 자연의 섭리를 거스르는 새로운 능력을 얻은 셈이었다. (물론 이렇게 왜곡된 자아의 형상이 인간에게 유익하다는 뜻은 아니다. 단지 유전자의 기능 획득 변이가 손해보다는 이득에 가깝다는 얘기다.) 이때 만약 뇌 전체 신경세포들의 움직임을 엿들을 수 있다면, 뇌신경의 소리를 귀 기울여 듣고 반항을 주도하는 특정 신경회로를 콕 짚어낼 수 있을지 모른다. 항상은 아니더라도 적어도 특정 조건에서는 본능에 맞서서 다른 신경회로들을 동맹으로 끌어들임으로써 본능의 요구를 충족시킬 인간 행동을 방해하는 문제의 신경회로를 말이다.

시작부터 흥미롭다고 나는 생각했다. 다루기 쉬워 연구도 수월할 것 같았다. 그러나 한편으로는 출발부터 지나치게 단순화하는 것은 아닌가 하는 생각이 들었다. 자아는 먹고 마시는 본능 말고도 온갖 원칙과 우선순위, 역할과 가치를 아우르는 훨씬 복잡하고 추상적인 통제 주체이기 때문이다. 게다가 내가 깨달은 바로 자아 안에는 자아의 정의에 기여하지만 우선순위나 원초적 본능 판정과는 완전히 별개인 또 다른 차원이 존재했다. 바로 개인의 기억이다.

서늘한 밤공기에 몸이 으슬으슬했지만 아직은 달빛에 잠긴 옥상을 떠나기가 싫었다. 마치 이 순간과 기억이 영원히 지속될 듯이 밤은 그 자체로 너무나 완벽했다. 우리가 느끼고 겪었던 일들의 기억이 우선순위에 버금가게 중요한 자아의 일부이자 기본 요소일지 모른다는 생각이 들었다. 만약 외부의 힘이 내 기억을 바꾼다면 우선순위가 바뀔 때보다 훨씬 더 크게 자아를 잃는 기분이 들 것 같았다.

그런데 자아의 가장 중요한 부분이 뭐냐고 묻는다면, 질문을 던진 사람이 누구인가에 따라 대답이 달라질 것 같았다.

병원 옥상의 철탑과 배기관 사이에서 다른 사람들—직장 동료, 사회 지도자, 길거리의 낯선 이들—과 그들의 세상을 떠올렸을 땐 내가 보기에 그들의 자아에서 우선순위가 기억보다 더 중요한 부분이었다. 여기서 '더' 중요하다는 것은 그 원칙에 변화가 생기면 내게 더 큰 영향을 준다는 뜻이다. 타인의 자아는 카테고리가 아예 다르다. 나 자신의 자아에는 중요도가 정반대가 되기 때문이다. 나 자신을 말하자면 기억이 우선순위보다 훨씬 중요했다. 내가 사랑하는 지인들은 둘의 중간쯤에 있었고 내 아들의 기억은 딱 아들의 우선순위만큼 중요했다. 어쩌면 자아의 경계가 좀 흐릿한 건지도 모른다. 인간관계는 자아를 세상으로 확장시킨다. 사랑을 통해서.

개개인이 과거에 겪은 경험은 아무리 못해도 원칙에 버금갈 만큼은 자아에 중요하다. 이런 개인적 기억은 어째서 인간의 자아 인식에 그다지도 중요할까? 인간은 기억을 통제하지 못하기 때문에 기억을 자아의 필수 요소로 보는 것은 이상하다. 그럼에도 우리는 뜻밖의 입맞춤이나 거대한 파도처럼 확실히 바깥세상에서 유입된 경험조차 자아의 일부로 여긴다.

반짝이는 별들 아래서 홀로 이 수수께끼에 골몰하고 있자니 결론 하나가 머릿속에서 정리되기 시작했다. 인간의 자아 인식은 우선순위나 기억 어느 하나로부터만 생기는 게 아니고 둘이 함께 우리가 세상에서 나아가는 길을 정의한다는 생각이었다. 살짝 과장하면 길이 곧 자아라고 볼 수도 있었다. 다만 이 길은 단순히 공간만 지나는 게 아니고 보다 고차원적 영역을 통과한다. 삼차원 공간과 일차원 시간 그리고 가치라는 마지막 차원—보상의 골짜기와 고통의 능선이 이어지는 세상의 값어치 또는 비용이라는 고차원—을 아우르는 길이다.

우리는 타인이 설치한 장애물과 통로, 자연현상 혹은 몸뚱이의 욕구에 규정되지 않는다. 이런 자잘한 것들은 내가 아니다. 타인과 태풍과 욕구는 수시로 나를 스쳐 지나가고 그럴 때마다 내 주변의 언덕과 골짜기 지형이 변하지만 나의 자아는 가던 경로를 계속 걸어 가기로 결정한다. 길을 선택하는 것은 우선순위다. 이때 복잡한 이 세상을 여행하는 동안 내 앞에 펼쳐지는 풍경의 윤곽은 나의 자아가 아니다. 나의 자아는 내가 선택해 걷고 있는 이 길이다. 그리고 기억은 이 길을 따라 이정표를 찍는다. 그렇게 내가 지나온 길목마다 내 자아의 형체가 점점 또렷해진다.

이런 식으로 생각하니 자아를 길이라는 하나의 요소로 합쳐진 기억과 원칙의 융합체로 볼 수 있었다.

하지만 당장은 어느 부분에서도 이 추론을 연구로 발전시킬 방법이 떠오르지 않았다. 그날 밤 아래층에서 다시 나를 찾는 호출이 왔을 땐 거의 교착 상태였다. 이후로도 의사 노릇을 하면서 수없이 스스로 물었지만, 마침내 신경과학 안에서 이 물음의 답을 찾고 나도 뭔가 한마디 할 수 있게 된 것은 에밀리를 처음 만나고 무려 15년이 지난 뒤의 일이었다. 그렇게 이 주제를 과학으로 설명할 수 있게 됐을 때 과학이 내놓은 답은 뜻밖에도 허기와 갈증 그리고 먹고 마시는 것 사이의 성추 반응적(어떤 욕구가 있을 때 그것을 해소하려는 행동을 하고 목표를 달성하면 만족을 느끼는 동물의 반응—옮긴이) 역학이었다.

실험과 현실의 차이

밀턴의 《실낙원》에 나오는 타락 천사는 '언제 어디서나 변치 않는 마음'이라는 안정하고 확실한 자아의 상실에 비하면 속세의 모든 상실이 하잘것없고 자아의 중요성은 지옥에 막 떨어졌을 때조차 달라지지 않는다고 여겼다. 딱 섭식장애 환자와 그 가족들에게 들어맞는 얘기다. 사람들 대부분은 이런 심리적 방어기제에 익숙하고 종종 직접 사용하기도 한다. '적어도 여기에는 자유가 있겠지'라고 생각하면 고통쯤이야 자유를 위해 충분히 감내할 만한 대가가 된다.

이런 시각은 욕구와 평안이라는 폭군을 섬기느니 차라리 고통을 받아들이는 것이라고 자아를 편리하게 정의하게 한다. 자아는 시공간에 자신의 자리를 만들고 그 자리 자체가 자아가 된다. 자아가 욕구나 주변 환경에 의해 정의되는 게 아니라 욕구를 거스르는 길을 선택함으로써 결정되는 것이다. 그렇다면 어느 뇌세포와 어느 뇌 영역이 그런 길을 선택하는 능력과 의지를 갖고 있는 것일까? 단순히 다른 본능으로 주의를 돌리는 것이 아니라 강렬한 욕구에 맞서 세상에 자신의 궤적을 직접 새기는 능력을? 그런 신경회로는 대개 특별한 종류의 자유를 선사하지만 누군가에게는 자유가 아닌 특별한 지옥이 된다. 최근 신경과학이 이 주제에 한 줄기 빛을 비추었다. 그 덕에 이제는 욕구와 자아 사이의 경계가 슬쩍슬쩍 엿보이고 미스터리로 들어가는 문이 조금씩 열리고 있다.

동물을 행동하게 하는 최대 원동력 중 두 가지인 허기와 갈증은 뇌 깊숙한 곳에서 작지만 강력한 신경세포 무리가 내보내는 신경신호로부터 시작된다. 이 신경세포들은 서로 무관한 듯 보이는 다양한 역할의 세포들과 뒤섞여 시상하부_{hypothalamus} 주변에 오밀조밀 모여 있다. 시상하부는 뇌 심부에 자리한 구조로, 여기서 '하부'라는 표현은 지층이 퇴적하듯 뇌신경이 층층이 쌓여간 영겁의 세월 동안 이 구조가 점점 안으로 묻히면서 느릿느릿 진화해왔음을 반영한다. 실제로 시상하부 위에는 시상하부보다 큰 시상_{thalamus}이 있고, 더 나가면 시상보다 큰 선조체 그리고 다시 겉질이 나온다. 촘촘하게 짜인 신경섬유막으로 구성된 대뇌겉질은 가장 최근에 깔린 뇌의 가장 바깥 층이다.

초창기 광유전학 실험 일부가 이 뇌 심층부에 대해 실시됐다. 시상하부를 조작해 포유류의 자유 행동을 광유전학으로 통제하는 실험도 그중 하나였다.[6] 2007년의 이 연구에서는 시상하부의 오직 한 종류 신경세포—하이포크레틴_{hypocretin} 세포 집단—만 광섬유 빛에 반응하게 만들었다. 그 결과, 빛으로 각성과 수면을 조절하고 꿈을 꾸는 수면 단계인 REM 수면을 통제할 수 있었다. 시상하부의 특정 부분에 있는 이 특정 세포 집단에 밀리초 단위의 청광 신호를 초당 20회 주었을 때 자고 있던 생쥐가 다른 생쥐들보다 일찍 깨는 현상이 관찰된 것이다. 빛에 대한 신경세포 반응으로 수면 패턴이 바뀐 건 REM 수면기에 있던 생쥐들도 마찬가지였다.

이것은 어느 구역이든 뇌를 연구하는 모든 이가 갈망하던 수준의 정밀도였다. 시상하부는 딱 봐도 복잡한 세포 구성만큼이나 각종 신경세포가 모여 있는 곳이기 때문이다. 수면 신경세포뿐만 아니라 짝짓기, 공격성, 체온에 관여하는 신경세포들에 허기와 갈증에 반응하는 신경세포까지 그야말로 온갖 원초적 생존 본능의 집합소가 따로 없다. 이 세포들은 모두 특정 욕구의 송신자 역할을 한다. 그래서 뇌 전역과 그 중간 어디쯤 있을 자아에게 각자의 메시지를 주입하고 (혹은 그러려고 애쓰고) 욕구 해소 행동을 개시하도록 유도한다. 그렇게 필요에 따라 고통과 기쁨을 늘리고 줄이는 지렛대로 작용해 특정 행동을 강화한다. 그러나 이 세포들은 모두 시상하부 안에서 복잡하게 연결되어 있다. 그런 까닭에 과학자가 행동을 조절하는 각 세포의 역할을 시험할 목적으로 하나하나 떼어 내 실시간으로 관찰하기는 불가능하다.

단, 광유전학 기술이 있으면 얘기가 달라진다. 기능 획득 혹은 상실 실험이 가능해 어느 한 종류 세포들―나아가 어느 한 세포―의 활성 패턴에서 특정 원초적 생존 본능이 어떻게 발원하는지를 조사할 수 있기 때문이다. 이 실험에서 신경과학자는 복잡하게 섞인 세포들 중 어느 한 종류만 전기활성을 높이거나 낮추는 식으로 선택적으로 통제할 수 있다. 기본 원리는 불안, 동기부여와 사회적 행동, 그리고 수면 연구에 활용된 광유전학 기법과 똑같다. 바로 미생물의 유전자를 가지고 조사 대상 세포만 빛에 반응해 전기가 흐르도록 만드는 것이다.

광유전학을 이용하면 깊숙이 묻혀 있는 시상하부 세포들 중 어느 신경세포가 욕구가 발동할 때 자연적으로 활발해지는지 알아볼 수 있다. 바로 그 신경세포가 허기 또는 갈증 행동을 일으켜 먹을 것과 마실 것을 찾게 만드는 실체일 터였다.[7] 세상에 내보일 동물의 행동이 선택되는 동안 광섬유를 통해 뇌 특정 지점에 레이저 빛을 쏘아 시상하부의 표적 세포를 켜거나 끄는 식으로 실험이 진행됐다. 그 결과 광유전학으로 세포를 흥분시켰을 때는 방금 배 터지게 먹은 생쥐가 음식을 또 게걸스럽게 탐하기 시작했고, 반대 조작―광유전학으로 세포 흥분을 억제―을 했을 때는 굶주린 생쥐가 먹을 것을 거부하는 모습이 관찰됐다. 이 세포들이 본래 얼마나 중요한 기능을 하는지를 강조하는 연구 결과다.

한편 갈증에 관여하는 또 다른 시상하부 세포를 가지고도 유사한 실험이 수행됐다. 이 실험은 어떻게 뇌 중심부에 꼭꼭 숨은 몇 개의 특정 종류 신경세포를 전기적으로 활성함으로써 동물의 행동 선택이 결정되는지를 냉혹한 방식으로 보여주었다. 이 연구들을 잘 살펴보면, 완성된 답까지는 아니더라도, 과연 자유의지는 실질적으로 존재하는가라는 주체성의 수수께끼를 풀어낼 방향이 어느 정도 잡힌다. 몇몇 세포의 반짝 하는 전기활성이 개개인의 선택과 행동을 통제한다는 게 이제는 부인할 수 없는 사실이 됐기 때문이다.

정신과 의사로서 생쥐의 행동으로 드러나는 이 효과를 실시간으로 지켜보고 있자면 지나간 환자들이 떠오른다. 폭식증 환자가 필요하지도 않은 음식을 배가 터지도록 붙잡고 있거나 거식증 환자가 생명 유지에 필요한 최소한의 음식조차 거부하는 모습은 안타깝기 짝이 없다. 광유전학을 이용한 허기와 갈증 실험은 뇌 심층부에 자리 잡은 소규모 세포 무리가 이런 증상들을 유발하기도 하고 억제하기도 한다는 이론의 증거를 제시했다. 그렇다면 이 세포를 겨냥해 의약품이나 여타 치료의 개발이 가능할지도 모른다는 기대가 생긴다.

그러나 광유전학 실험과 의학의 현실 사이에는 커다란 차이가 있다. 치료에 중요한 것과 기초과학 이해에 중요한 것은 엄연히 별개라는 점에서다. 광유전학 실험에서는 뇌 깊숙이 존재하면서 갈증이나 허기 욕구를 동네방네 떠벌리는 세포들에 직접 접근해 세포 활성을 켜거나 끌 수 있었다. 반면에 폭식증 환자나 거식증 환자의 경우는 극단적인 생각과 행동을 아무리 한들 여전히 남아 있는 허기—혹은 헛헛한 마음—가 있다. 이때 환자들이 할 수 있는 일은 공허함에 다른 긍정적 보상 행동을 연결시켜 이 기분의 영향을 상쇄하는 것이다. 자아의 의식적 통제 범위를 벗어나는 시상하부 욕구 세포를 사람이 직접적으로 단속하지 못한다면 해결책은 이것뿐이다. 반대 효과를 내는 자원을 끌어와 욕구 세포와 맞붙게 하고, 충분히 크고 힘이 센 세력을 형성하여 허기의 아우성을 더 큰 외침으로 압도해 기선을 제압하는 수밖에.

어쩌면 이게 거식증과 폭식증에 인격이 생기는 과정일까? 자아와 별개의 존재인 병이 자아의 신경회로 꼭대기에 올라설 때 숙주세포의 기반시설들을 이용하는 기생충 혹은 바이러스, 운영시스템의 최상위에서 가동하는 껍데기, 자아에 저항하는 자아의 맞수가 되는 것일까? 이것은 병이 인간 마음의 문제해결 능력에 접근할 수 있는 유일한 방법이다. 원래는 자아가 관리할 수 있고 또 마땅히 그래야 하는 뇌 영역들을 병이 죄다 포섭해 독점함으로써 배고픔을 없애야 할 문제점으로 탈바꿈시키는 것이다.

처음에는 환자 자아의 승인 아래 일어나는 이 의미 전복은 허기를 골칫거리로 인식한 인간 뇌에 문제해결이라는 고급 능력을 가동시킨다. 일반적인 맥락에서도 추상적 맥락에서도 욕구를 해결하는 인간의 능력은 진화가 전혀 예상하지 못한 기능이다. 그뿐만 아니라 만약 우리 인간이 이처럼 쓸모 많은 문제해결 능력을 갖추지 못했다면 애초에 이런 유형의 정신질환을 앓게 되지도 않았을 것이다. 에밀리가 사라졌다가 다시 나타난 그날 내가 생각했던 것처럼, 문제를 푸는 방식은 환자마다 다를 수 있다. 누군가가 선조체처럼 특정 반복 행동을 관장하는 신경회로를 활용할 때(그 결과는 숫자 세기, 때리기, 땅 파기, 긁기, 뜨거질 같은 일정 리듬에 쾌감을 느끼는 강박장애 유사 증세다) 또 누군가는 이다엽겉질에 위치한 저항 회로를 강화할지 모른다(그 결과는 사회적 분위기를 감지해 먹는 행위를 억누르는 강력한 집행기능 회로가 가동하는 것이다).

이 추론들은 신선하지만 완전히 터무니없는 얘기는 아니다. 2019년에 실시된 한 광유전학 실험에서 사회적 상호작용을 하는 동안에는 자연적으로 활성화하지만 음식을 먹을 때는 활동하지 않는 이마엽겉질 세포의 정체가 밝혀졌다. 나아가 그런 세포들을 광유전학 기술로 직접 자극하자, 이미 쫄쫄 굶은 생쥐조차 사회성 세포가 저항력을 일으켜 먹는 행위를 억제했다.[8] 하지만 개개인의 방식이 무엇이든 간에, 문제해결을 위해 소환되는 민병대는 모두 강력한 신경회로이며 넓은 영역에 영향력을 미친다. 그 가운데에는 얇고 넓은 세포층인 새겉질 의 회로처럼 최근에 진화한 것도 있다. 특히 이마엽겉질은 훨씬 오래전에 생겨서 더 깊이 묻혀 있는 파트너 선조체의 도움을 받아 문제해결의 행동대장 역할을 한다.

설치류의 뇌는 인간 뇌보다 훨씬 작고 새겉질이 비교적 덜 발달해 있다. 그런 까닭에 생쥐는 욕구 저항성 연구에 별로 적합하지 않은 동물일지 모른다. 하지만 생쥐에게도 어쨌든 새겉질이 있긴 있는 데다 새겉질의 특정 부분들이 강력한 원초적 욕구와 분명하게 구분된다는 사실이 2019년의 또 다른 생쥐 광유전학 실험을 통해 확인됐다. 이미 물을 실컷 마신 생쥐의 심부 갈증 신경세포를 광유전학으로 자극했을 때[9] 생쥐가 절실히 물을 찾는 행동을 다시 보이긴 했어도 뇌의 일부분은 속지 않고 실제로는 목이 마르지 않다는 사실을 아는 듯했다. 그런 회로들은 욕구의 소리에 귀를 기울이지만 무조건 믿지는 않는다. 그런 까닭에 신경활성 패턴이 욕구의 영향을 미미하게만 받는다. 나는 심부 갈증 신경세포를 광유전학으로 자극하는 동안 긴 전극을 이용해 뇌 곳곳에 존재하는 수만 개 신경세포 하나하나의 소리를 듣는 실험을 오래전부터 꿈꿔왔는데, 이것은 바로 그런 뇌 실험에서 나온 여러 가지 발견 중 하나였다.

뇌 전역을 도청해 얻은 중요한 소득 첫 번째는 놀랍게도 목마를 때 물을 찾는 단순한 반응에 뇌 영역 대부분—감각 중추로 짐작됐던 곳뿐만 아니라 운동만 조절하는 곳 혹은 둘 중 어느 것도 아닌 곳들까지 포함해서—이 적극 참여한다는 사실이었다. 이 발견은 뇌 전체가 모든 행동 및 목표 계획의 정보를 늘 주지하고 있다는 특징을 드러낸다. 그렇기에 자아로부터 구동되는 모든 뇌 영역이 지극히 단순한 반응에 동참하고 그러면서도 행동의 원천이 무엇인지 헷갈리지 않는 것일 터였다. 그런데 조현병 같은 정신질환 환자는 이 통합 기능이 고장 날 수 있다. 그럴 경우 마치 자아가 아닌 외부 힘에 조종되는 것처럼 단순 반응이 어색하게 느껴진다.

실험에서는 뇌 전역에 분포한 전체 신경세포의 절반 이상이 물을 찾는 과제에 참여했다. 진짜로 목이 마를 때는 물론이고 광유전학이 가짜 갈증을 일으켰을 때도 마찬가지였다. 이로써 뇌의 10퍼센트 혹은 기껏해야 절반만 이런저런 행동에 동원된다는 (대개 거짓일 거라고 생각됐던) 옛 주장들이 틀렸다는 것이 증명됐을 뿐만 아니라, 어떤 경험 혹은 행동을 할 때마다 뇌 거의 전체가 특정 패턴으로 활성화할 가능성이 유력해 보인다. 갈증이 일 때 물을 마시는 것처럼 단순한 행동에도 뇌의 신경세포 대부분이 쓰인다는 것을 이제는 우리가 알기 때문이다.

뇌 도청 연구에서 얻은 중요한 소득을 하나 더 꼽자면 저항력의 발원지가 국지적이라는 사실을 발견했다는 것이다. 알고 보니 압도적인 심부 욕구의 위협에도 당당히 맞서게 하는 영역이 따로 있었다. 이 매우 작은 겉질 구조들은 심부 욕구에 휘둘리지 않고, 저 속에서 흘러나오는 신호는 분명히 듣지만, 최근에 발달한 것이라 대뇌 표면에 뚝 떨어져 존재했다. 이 구조들은 심부 욕구의 신호에 완전히 반응하지는 않아서, 신경활성 상태가 목마른 동물이 자연스럽게 마실 것을 찾을 때와 일치하지 않았다. 실험 결과, 저항력은 앞이마엽겉질(세상을 살아가는 과정에서 계획이나 경로를 생성하고 그 경로의 어딘가에 자아가 있는지 인지하게 한다고 알려진 뇌 영역)과 뒤뇌들보팽대겉질_{retrosplenial cortex}(시공간에서 경로를 탐색하고 기억하는 작업에 관여하는 두 구조인 내후각겉질entorhinal cortex 및 해마hippocampus [10]와 밀접하게 관련 있다고 알려진 뇌 영역)에 드리운 그림자처럼 그 존재를 드러냈다. 말하자면 앞이마엽겉질과 뒤뇌들보팽대겉질이 자아상을 경로에 들어맞게 다듬는 셈이다. 게다가 두 구조는 자극의 영향을 받지 않는 사고 활동 동안—사람들에게 딱히 뭔가를 생각하지 않고 그저 조용히 앉아서 자기 자신으로 있도록 요청했을 때[11]—활성화한다고 이미 널리 알려져 있었다. 이런 활성 패턴은 이웃 겉질 영역들(대뇌 섬겉질insular cortex, 앞띠겉질anterior cingulate cortex 등)의 모습과는 대비된다. 이웃 영역들의 신경활성 패턴은 생쥐가 실제로 갈증을 느끼고 진짜 물을 마셔야 했을 때의 신경활성과 거의 구분되지 않았다는 점에서다.

고로 많은 뇌 영역이 진짜 갈증 상태를 느낄 줄 알고 기억하는 것으로 보인다. 생명 유지를 위해 이 동물에게 적절한 행동을 안내할 수 있도록 말이다. 그러나 적어도 앞이마엽겉질과 뒤뇌들보팽대겉질이라는 두 영역은 아마도 자아와 경로 생성 및 탐색 임무를 맡고 있기 때문인지 동물에게 무엇이 더 우선순위가 되어야 하는지를 잘 알고 있는 듯하다. 지금껏 심부 갈증 욕구와 멀리 떨어져 분리되어 있었고 앞으로도 그럴 모양인 걸 보면 말이다. 이들 두 영역은 새로 진화해 나온 지 얼마 되지 않은 뇌 부위에 위치하고 있다. 포유류가 거의 독점하고 있고 우리 혈통 안에서만 집중적으로 퍼진 그곳에.

바로 이 저항성의 이면에 섭식장애가 힘을 얻을 여지가 숨어 있다. 뇌신경이라는 기지에 주둔하고 있으면서 섭식장애의 부름을 받으면 언제든 전투태세에 돌입하도록 늘 긴장하고 있는 상비군과 비슷하다. 여러 해 전 달밤에 병원 옥상의 서늘한 철제 구조물에 등을 기댄 채 에밀리를 생각하면서 상상했던 자아의 신경회로처럼, 이 영역들도 뇌 전체와 전투를 벌이고 싸워 이기는 것이다.

그저 먹지 않기로 선택하다

나는 에밀리를 식당에서 병실까지 데려다주었다. 그녀는 안도한 듯 보였다. 우리는 약간의 실랑이 끝에 에밀리와 차분히 대화를 해볼 순번을 정했다. 폭식과 구토를 강제로 막을 법적 근거는 없었지만 에밀리가 음식을 훔쳤기 때문에 주도권은 의료진에게 있었다. 첫 타자로 소니아가 나섰다. 그녀는 이미 예전의 모습을 되찾은 상태였다. 자신감이 넘치는 것은 물론이고 침착하기까지 했다. 에밀리는 마침내 안정을 회복했고 폭식 충동은 다시 솟구치지 않았다. 이제 그녀는 완치를 목표로 장기적인 치료 계획을 실행할 준비가 되어 있었다. 에밀리가 혼자 있는 일이 없도록 병원 쪽에서 특별히 신경을 쓰는 동안 사회복지사가 퇴원 가능성을 저울질하기 시작했다. 폭식증은 에밀리를 오래 괴롭히지 않았고 이틀 뒤 퇴원했을 때 우리는 기쁜 마음으로 그녀를 배웅했다.

반면 미카의 경우는 이미 마흔이라 습관이 뼛속까지 밴 탓에 낙관하기 어려웠다. 병원에서는 동원할 수 있는 모든 방법을 시도한 터였다. 가끔 혈압과 심장박동수가 위험 수준으로 떨어질 때마다 콧구멍으로 위영양관을 넣어 영양분을 보충하긴 했다. 하지만 이런 조치를 의무화하기엔 법 규정은 빈약했고 오락가락하는 당사자의 동의가 매번 필요했다. 게다가 자살이나 살인의 위험성이 있는 것은 아니어서 법원으로부터 정신과 치료 명령을 받을 수도 없었다. 아니면 기능장애가 심각해 환자 스스로는 아무것도 할 수 없거나. 그러나 미카는 자기 자신을 완벽하게 돌볼 수 있었고 그저 먹지 않기로 스스로 선택했을 뿐이었다. 의사에게는 치료의 성격과 결과를 이해할 수 없고 결정능력이 없다고 판단되는 환자에 대해 응급조치를 단독 지시할 수 있는 규정이 있지만 미카는 여기에도 해당되지 않았다. 그는 병원에서 제안한 모든 치료와 그 결과를 완벽하게 이해하고 있었다. 그는 섬망delirium 상태인 것도 정신병이 있는 것도 아니었고, 어떤 위험을 감수해서라도 자신의 몸을 기이한 형태로 만들고 싶다는 염원뿐이었다. 미카는 적어도 이 부분에서는 자유로울 수 있었다.

미카가 가끔 위영양관 처치에 순순히 응할 때마다—순전히 나를 골탕 먹이려는 속셈이었던 게, 항상 밤중에 스스로 빼버리곤 했다—나는 그의 눈에 내가 어떻게 비칠지 궁금했다. 불쌍하고 순진해 보였을까, 아니면 거만하고 위협적으로 보였을까? 어쩌면 생각할 가치도 없는 존재였는지도 몰랐다. 미카가 동시에 앓고 있는 두 가지 병은 그를 너무나 강력하게 지배했기에 공간과 시간과 가치 측면에서 가장 가파른 고통의 길을 그 스스로 걷게 했다. 내가 무슨 말을 하거나 행동을 하든 그는 마치 발아래 뒹구는 자갈처럼 듣지도 보지도 못했다. 그는 마음을 다잡는 데 도움이 될까 해서—그리고 부작용으로 체중이 늘 거라는 숨은 기대로—우리가 마지막으로 권한 저용량 올란자

핀olanzapine 약물치료마저 거부했다. 1주 뒤 나는 순환 프로그램 때문에 미카를 소니아에게 부탁한 채 다른 부서로 이동하게 됐고, 그로부터 며칠 후 미카는 외래 관리로 전환하면서 퇴원했다. 계속 입원해 있어야 더 이상 별 소용이 없었다.

원초적 욕구에 대항한다는 것

그달 말, 다른 레지던트의 아파트에서 정신과 회식이 한창일 때 소니아가 쓰러졌다. 그날 난 그녀를 3주 만에 보는 거였다. 우리 과 의사 하나의 파트너로 동석했다가 마침 그녀 옆에 서 있던 신경외과 레지던트 데이비드가 신속하게 응급조치에 들어갔다. 의식이 완전히 없는 것은 아니었지만 그는 그대로 카펫 위에서 기본 검진을 재빨리 마친 뒤 소니아를 소파로 옮겨 오렌지주스 한 잔을 마시게 하면서 더 자세히 살폈다. 나머지 사람들은 그가 편하게 집중할 수 있도록 뒤로 물러나 기다렸다. 마침내 몸을 일으킨 데이비드는 소니아가 기절한 것뿐이고 이제 괜찮다고 말했다. 그런 다음 내게 다가와서 보고를 하기 시작했다. 소니아를 가장 잘 아는 사람이 나이기 때문이었겠지만 마치 내가 한낱 레지던트가 아니라 어엿한 전임의라도 된 것 같았기에 순간 상황이 비현실적으로 느껴졌다.

걱정되는 마음에 빨리 소니아와 단둘이 얘기를 나누고 싶어 조급한 가운데 그의 브리핑이 참 우아하다고 옅은 조명 아래 생각했던 걸 기억한다. 그는 병력을 체크하고, 아무 도구도 없이 오직 의사의 촉으로 몸속 상태를 살피고 반사를 확인하고 심장박동수와 혈압을 측정했다.

손가락 끝으로 여기저기를 리듬감 있게 두드려 체내 공기와 물과 장기 조직을 확인하는 모습은 마치 피아니스트 같았다. 그렇게 내과 검사와 신경계 검사 소견을 요약해 그가 내린 최종 결론은 탈수가 심하다는 것이었다. 운동에 열심인 그녀는 매일 아침 14킬로미터 정도씩 달리면서 거의 먹지 않았다. 본인 말로는 시간이 없어서라고 했다. 그날도 먹은 거라곤 당근과 커피 몇 잔이 전부였다.

나는 데이비드 이야기에 귀 기울이는 틈틈이 어둑어둑한 방 저편 소파에 누워 있는 소니아를 확인했다. 그녀는 마르지도 건강을 상하지도 않았고 우리 팀에 처음 들어왔을 때와 똑같은 모습이었다. 내가 철인 소니아에게서 무언가를 놓쳤던 걸까? 아니면 혹시 다른 팀에서 수련하는 지난 몇 주간 이 지경이 됐고 오늘에야 솔직히 털어놓은 것일지도 몰랐다.

원초적 욕구를 억누르고 질량 균형 방정식을 깨서 새 길을 개척할 위인이 있다면 그건 소니아였다. 그녀가 곧 그녀의 행동이고 그녀가 곧 길이었다. 길을 따라 나아가지 않는 자아는 있을 수 없다. 저항하는 건? 물론 그것도 하나의 방법이다. 소니아는 지옥까지 갈 것을 감수하고 몸을 움직여 맞서 싸울 능력이 있었다.

Projections

우리는 시작한 곳에서 종말을 맞는다

둑이 무너지고 제방이 떠내려가고

옥토가 물에 잠기고 가축이 익사했다.

충성스럽기 그지없던 땅은 낯설고 위험천만해졌다.

남은 것은 뿌리 뽑혀 어지러이 떠다니는 나무와 집뿐이었다.

이날이었을까?

인간이 고된 노동 끝에

제 짐이 한 겹 흙 이불보다 무거움을 깨달으며

자신의 그림자 위로 소리 없이 쓰러져 죽은 것이.

아니. 아니다. 해가 저물 때 나는 보았다

노 하나에 기대 물에 떠 있는 그를.

발 아래 아직 희미하게 반짝이는 정원엔

한쪽에선 쟁기가 우뚝 서 있고 한쪽에선 잡초가 넘실거렸다.

지붕을 타고 노를 저어 기슭을 향해 나아가는

그의 얼굴은 일그러졌고 주머니엔 씨앗이 가득했다.

—에드나 세인트 빈센트 밀레이, 〈인류를 위한 묘비명〉

"노먼 씨는 4A에 계세요. 80세 퇴역군인이시고요. 다발경색치매mult infarct dementia를 오래 앓으셨는데 어제 가족이 응급실로 모셔 왔습니다." 레지던트의 목소리가 조급하게 들렸다. 협진 요청을 빨리 해치워서 얼른 일을 끝내고 싶었으리라. "보호자 얘기로는 말씀이 조금씩 줄더니 두 달쯤 전부터 입을 완전히 닫으셨답니다. 그게 유일한 추가 증상이에요."

내 판단에는 지금까지의 정보만으로도 신경계 질환이 의심됐다. 특히 이미 뇌경색infarct 병력이 있다는 점에서 새로 생긴 뇌졸중일 가능성이 있었다. 하지만 뇌졸중이 이렇게 몇 달에 걸쳐 진행하는 것은 좀 이상했다. 나는 스멀스멀 흥미를 느끼는 자신을 발견했다. 언젠가 체스에서 흔치 않은 첫수를 마주했을 때 들었던 기분이었다. 기분 좋은 감각이었고 너무 즐거워서 살짝 죄책감이 들 정도였다. 나는 등을 젖혀 의자에 기댔다. 칠이 벗겨지고 있어서 얼룩덜룩한 병원 안 샌드위치 가게의 천장을 바라봤다. "흥미롭네요." 내가 대꾸했다. 하지만 내 말은 쉼 없이 쏟아지는 레지던트의 퉁명스러운 설명에 이내 묻혔다.

그가 계속 말을 이었다. "부인이 돌아가시고 얼마 전에 시애틀에서 이쪽으로 이사 오셨다고 해요. 머데스토에서 아들네와 함께 사신 지 몇 달째랍니다. 가족들은 아버님이 또 뇌졸중일까 걱정했는데 어젯밤에 찍은 스캔 사진에선 아무것도 안 나왔습니다. 백질에 예전부터 있던 병변들뿐이었어요. 요로감염이 있어서 지금 치료를 시작했고 이것 때문에 어제 입원 조치해서 언어 기능에 무슨 문제가 있는지까지 겸사겸사 알아봤습니다. 그런데 어떻게 됐는지 아세요?"

순간 정적이 흘렀다. 아무리 빠르고 무뚝뚝한 그의 말투도 뭔가 대단한 것을 발견했다는 뿌듯함을 감추지는 못했다. 입원병동에 근무하는 의사에게는 인간적 호기심을 채울 여유 따위는 없고 지적 보상의 순간은 야속하리만치 짧다. 잘은 모르지만 이날 그에게는 그런 순간이 온 것 같았다.

"제가 말을 하시게 했습니다." 레지던트가 말했다. "알고 보니 내킬 때는 말씀을 하실 수 있더라고요. 참 괴팍한 분이죠. 남 신경은 조금도 안 쓰고 가족이 걱정하는 것도 그러거나 말거나예요. 진짜 냉정하다니까요. 제 생각에는 사교성이 전혀 없으신 것 같아요. 저 성격은 아무도 못 고칠걸요." 전화기 너머로 종이 부스럭거리는 소리가 들렸다.

"시애틀에 기록을 요청했는데, 작은 의원이라 월요일이나 되어야 문을 연답니다. 보호자는 아버지가 그곳에서 어떻게 지내는지 거의 모르고요. 화목한 가정이 아니었나 봅니다. 그럴 만도 해요. 저희 펠로 선생님이 선생님과 통화하고 싶어 하셨습니다. 정신과 평가 소견을 들었으면 한다고요. 저흰 아무 이상도 찾지 못했거든요. 저는 솔직히 섬망은 아닐 것 같습니다. 정신이 맑아 보이거든요. 그래도 만약 할로페리돌 haloperidol 처방을 고려하실 거라면 QTc가 520이라서 신중할 필요가 있습니다. 아무튼 저는 환자분이 단순히 사람을 싫어하는 것 같긴 해요. 이 건, 급합니다."

　레지던트는 심장 리듬에 부작용이 있을까 염려했다. 당연한 게, 심전도상의 두 최고점 사이 간격이 이미 520밀리초나 된다면 의료진은 할로페리돌 같은 약을 쓸 때 심각한 심부정맥의 위험성을 감수해야 하기 때문이다. 하지만 반사회성격장애 antisocial personality disorder 라는 그의 추측에는 동의할 수 없었다. 대신, 일 생각으로 분주한 내 머릿속에서 더 나은 진단명 후보들이 알아서 떠오르기 시작했다. 내 생각에는 만약 섬망이라면 레지던트가 예상한 것과는 다른 종류일 것 같았다. 바로 기복이 반복되는 조용한 형태의 지남력장애 disorientation 다. 노인들에게 흔한 이 증세는 때로는 약물 부작용으로 나타나기도 하고 노먼 씨의 요로감염처럼 평범한 병 탓에 생기기도 한다. 아마도 의료진은 하필 섬망 주기 중 말짱한 시기에 있는 환자를 검사했으리라. 그래서 그의 정신이 또렷하다고 판단한 것이다.

기억을 잃는다는 것의 의미

조용한 증상은 놓치고 지나치기 십상이다. 많은 의사가 섬망은 요란하고 시끄럽고 한눈에 보일 것일라고 생각하지만 저활동성 섬망은 위축되고 조용하며 겉으론 고요한 형태로 나타난다. 속에선 대혼돈의 폭풍이 몰아치는데 말이다.

한편으로 만약 레지던트가 얼추 맞았다면, 그래서 섬망이 아니라 진짜 성격 문제라면, 반사회성격장애보다는 치매 후 찾아온 성격 변화가 훨씬 유력했다. 환자가 반사회성격장애였다면 그 특징인 공감력 결여가 어제오늘 얘기가 아니어서 가족들에게는 상대하기 불편할 따름이지 더 이상 특별한 일이 아니었을 것이기 때문이다. 치매 쪽에 무게를 싣는 단서는 또 있었다. 뇌 영상검사에서 발견된 뚜렷한 기저 병변이 그것이다. 스캔 영상에는 뇌 안으로 당과 산소를 운반하는 혈관에서 (세포가 죽을 만큼 오랫동안) 혈류가 막혀 있던 흔적이 있었다.

뇌졸중의 결과로 조직이 점점이 죽는 이와 같은 뇌경색은 혈관이 막힌 게 여러 해 전일지라도 CT 검사에서 드러난다.[1] CT 스캔을 찍었을 때 멀리 떨어진 뇌세포들을 잇는 신경섬유들의 촘촘한 짜임 군데군데 깊은 호수 같이 시꺼먼 점들이 보이는 건데 이것을 열공lacunae 이라고 한다. 심지어는 뇌졸중이 있었는지도 모른 채 지나간 혈관성 치매 환자도 MRI 같은 고감도 영상기술을 사용해 막힌 소혈관을 찾을 수 있다.[2] 다만 영상에 찍히는 게 조금 다른데 초저녁 하늘에 별들이 반짝이며 하루의 끝을 알리는 것처럼 뇌 곳곳에 짙은 흰색 점들이 흩어진 모습이다.

치매 환자의 성격 변화는 흔한 일이다. 성격 변화는 모든 종류의 치매에서 목격되는 현상이고, 애호와 가치 판단을 관장하는 뇌 부분들이 고장 나는 말기로 갈수록 특히 또렷해진다. 나는 공격적으로 행동하고 심하면 분노가 폭발하게 변한 알츠하이머 환자를 본 적이 있다. 어떤 파킨슨병 환자는 돌연 위험한 도전에 과감해지고, 어떤 이마관자엽치매frontotemporal dementia 환자는 어린애처럼 이기적인 사람이 되어 거의 반사회적인 행동을 보이기도 한다. 내과 레지던트가 환자에게서 느낀 게 어쩌면 이 마지막 경우일지도 모른다.

치매의 대표 증상은 기억을 잃는 것이지만 치매가 단순히 기억상실amnesia만 뜻하지는 않는다. 라틴어 어원 'demens(디멘스)'를 떠올려보면 'dementia(치매)'라는 단어는 '제정신을 잃는 것'을 의미한다. 기억은 사람이 살면서 경험하는 감각과 감정과 지식이 인생 궤적마다 색깔과 의미를 입히면서 저장된 것이다. 치매는 그런 기억을 길의 경계와 방향을 정하는 가치들과 함께 말끔히 지워버린다. 정신의 방향감각이 사라져 찾아오는 성격 변화와 가치 역전은 기억상실만큼이나 충격적일 수 있다. 평생 알아왔고 의지해온 한 사람의 자아가, 그 정수인 정체성이 근본적으로 뒤엎어지는 것이기 때문이다.

나는 이게 더 믿을 만한 진단이라는 생각이 들었다. 하지만 환자를 직접 보기 전까지는 속단해선 안 됐다. 내과 레지던트의 판단이 적중했을 가능성도 아직 있었다. 그가 추측한 것처럼, 잘 위장하고 있던 반사회성격장애의 가면이 요로감염 같은 다른 문제를 빌미로 벗겨진 것일지도 몰랐다. 나는 반사회적 인간형 특유의 싸늘한 분위기를 상상하면서 마음을 단단히 먹었다. 그들의 교활한 무관심, 흉내뿐인 가짜 예의범절, 본인이 납득하지 못할 땐 진심을 숨기지 못하고 상대가 얼마나 하찮은 존재인지 일깨우려는 듯 노려보는 독사 같은 눈빛에 대비하기 위해서였다.

그날은 늦봄 토요일 오후였고 자문 가능한 다른 전임의들은 다 퇴근한 뒤였다. 자연히 이후 정신과와 관련된 모든 업무는 당직 레지던트인 내 차지였다. 그런 까닭으로 내게 호출이 떨어졌고 구내 카페 구석에서 한숨 돌리던 나는 갑옷―풀 먹인 의사 가운, 청진기, 반사 검사용 해머 그리고 볼펜―을 챙겨 자리에서 일어났다. 그러고는 선 채로 남은 커피를 들이켠 뒤 내과 입원실이 있는 4층으로 향했다.

세상에 입을 닫은 노인

종합병원의 큰 진료과들은 복잡한 케이스를 맡은 초짜 전문의를 돕기 위한 협진 서비스를 상시 운영한다. 정신과에서는 이것을 자문조정consult-liaison이라고 부르는데, 정신과 수련 자체에 고강도의 자문조정 훈련이 포함되어 있다. 쉽게 말해 정신과 의사는 병원 어느 부서에서든 부르면 달려가 전방위 수비를 펼쳐야 한다. 집중치료실이나 내과에서 환자가 섬망 증세를 보일 때도, 산부인과에 산후 정신병이 의심되는 환자가 있을 때도, 외과에서 환자의 의사결정과 동의서 작성 능력에 문제가 있는지 확인할 때도, 때로는 우리 정신과로 옮겨 폐쇄병동에 입원하는 환자를 단순 동행할 때도 말이다.

상태가 복잡하거나 알쏭달쏭해 여러 진료과가 머리를 맞대야 하는 환자는 병원을 단결시킨다. 마치 진료과들이 돌아가면서 모임을 주최하는 병원식 동네잔치 같다. 노먼 씨는 이런 협진의 전형적 사례는 아니었다. 간단할 것이라는 첫인상을 뒤엎고 차트를 펼쳐 든 뒤에야 나는 이미 다른 협진팀 여럿이 불려왔다는 사실을 알게 되었다. 가장 최근에 신경내과가 다녀갔고, 나는 미스터 N — 익명 표기로 참전용사에게 존경을 표하는 병원 문화에 따라 차트에 이렇게 적혀 있었다 — 에게 최후의 카드였다.

레지던트는 이야기하지 않았지만 여러 협진팀이 차트에 언급한 다른 가능성 중에서 파킨슨병이 내 눈에 띄었다. 언어치료 팀은 파킨슨병일 경우 몸동작이 느려지고 말수가 적어진다는 적확한 지적을 메모로 남겼다. 여기에 최후에 등장한 신경내과 팀마저 심각한 단기기억력 손상과 다발경색치매를 확정하면서 파킨슨병 쪽으로 거의 기우는 것 같았다. 그러나 그들이 파킨슨병의 징후를 확실히 찾은 건 아니었다. 미스터 N이 한 번도 스스로 웃지 않았어도 요청하면 안면근육을 움직일 수 있었다고 차트 말미에 적혀 있었는데, 이건 가면을 쓴 것 같은 파킨슨병 특유의 무표정과 거리가 멀었다.

신경내과 팀은 다발경색치매를 증명하는 뇌 영상검사 사진에 대해서도 언급했다. 최근 뇌졸중 부위와 옛날 부위는 영상에서 생김새가 확실히 다른데, 미스터 N의 CT에는 분명하게 보이는 새 뇌졸중 병변이 하나도 없었다. 그렇다면 미스터 N이 입을 다문 것에는 다른 이유가 있는 게 분명했고 그런 까닭으로 마지막으로 정신과에 연락을 넣은 것이었다. 일반적으로 미지의 영역인 정신과가 꼴찌로 오는 호출

수순에 따라 말이다.

처음 만났을 때 미스터 N은 정면을 똑바로 응시하고 있었다. 그는 기이하리만치 미동조차 없었다. 대부분 벗겨지고 꺼칠꺼칠한 잔머리만 남은 머리를 세 겹으로 덧댄 베개가 받치고 있었고, 주름 자글자글한 뺨은 형광등 아래에서 번들거렸다. 그 자리에서 간단한 신체검사를 하고 나니 파킨슨병은 아니라는 생각이 들었다. 그는 파킨슨병 환자들처럼 팔다리가 굳어 있지도, 몸이 부들부들 떨리지도 않았다. 긴장증catatonia 역시 아무 징후를 발견하지 못했기 때문에 후보 명단에서 삭제해야 했다. 긴장증은 몸이 움직이지 않는 희귀 현상으로, 정신병이나 우울증 때문에 생길 수 있지만 이 노환자는 의사가 지시하는 대로 모든 근육을 수월하게 움직일 수 있었다.

이젠 섬망 역시 탈락이 유력해 보였다. 정신 말짱한 순간이 하필 또 맞아떨어졌을 가능성은 희박했다. 내과 레지던트가 얘기한 것처럼 미스터 N은 언어 능력이 멀쩡했고 내게도 몇 마디 대꾸를 했다. 단순 사실 확인 질문이었고 그나마 여러 번 물어야 겨우 한 번 호응하긴 했어도 환자가 시간과 공간을 제대로 인지하고 있음을 확인하기에는 충분했다. 그는 여기가 병원임을 정확히 알았고 내과 레지던트가 누구인지, 현재 자신이 어떤 상황인지까지 파악하고 있었다. 이날 그를 병원으로 데려온 아들의 이름도 또렷이 기억했다. 그에게 두 손주라는 선물을 안긴 아들은 캘리포니아 머데스토에 사는 애덤이었다.

비록 그가 속마음에 대한 질문은 들은 체도 안 하거나 고개를 짧게 가로저어 답변을 거부했지만, 수 차례 거절 표현 중 어쩌다 한 번씩은 주의 깊게 살피지 않으면 놓치기 십상인 미묘한 힌트가 숨어 있었다. 정신과에서는 정밀심리검사를 할 때 평소 관심사와 취미를 잣대 삼아 내담자에게 특별한 관심 분야가 있는지, 그것을 즐기는지 묻는다. 언뜻 일상을 살피는 질문 같지만 이 사람이 무언가에 의욕이 있는지, 행복감을 느낄 수 있는지 확인하는 데 효과 만점이다. 평소 관심사와 취미가 뭐냐고 물었을 때 미스터 N은 언어가 아닌 다른 방법으로 내게 대답했다. 한쪽만 내려간 그의 입꼬리에선 찡그린 얼굴이 보이는 듯했고 자기 혐오가 순간적으로 묻어났다. 이런 반응은 섬망이나 반사회성격장애와는 거리가 먼 것이었다.

나는 갑자기 막중한 책임감이 들기 시작했다. 내과 레지던트도 나도 예상치 못한 일이었다. 환자의 속마음을 눈곱만큼이나마 알게 된 지금, 그가 우울증은 아닌지부터 가려내야 했다. 어쩌면 우울증에 편집증이 겹친 것일지도 몰랐다(우울증이 심하면 종종 그런 경우가 있는데, 이게 맞다면 말을 하지 않는 현상이 설명된다). 나는 입이 지나치게 무거운 이 환자에게 위험천만할 수 있는 지금 상황을 어떻게든 해결해야 했다. 아무리 정신과의 모든 진단 기준이 결국은 대화가 되어야 써먹을 수 있더라도 말이다.

단약 미스터 N이 정신병적 우울증에 갇혀 겉으론 냉정해 보이지만 속에서는 환각과 편집증으로 온 정신에 마비가 퍼지고 있는 것이라면 이런 상태를 모르고 지나치는 게 큰 재앙을 불러올 수 있었다. 특히 우울증은 약물치료라는 정공법으로 깔끔하게 낫는 병이라는 점에서 더욱 그랬다. 설령 정신병은 아니고 그저 우울증이 너무 심해서 입술과

혀와 횡경막을 움직이기조차 버거운 것이라 해도, 그래서 간단한 대화를 이어가지 못하는 것이라 해도, 그렇다는 것을 반드시 확인할 필요가 있었다. 이처럼 정신병을 동반하지 않는 심한 우울증은 환자의 생사를 위협하긴 해도 확실한 치료가 가능하기 때문이다.

지금 내게는 환자가 목소리를 낼 필요가 없는 대화 방법이 필요했다. 그때 마침 협탁 위의 액자 하나가 내 눈에 띄었고 나는 손녀 사진을 보여달라고 말했다. 머데스토고등학교 농구부 유니폼을 입고 있는 열다섯 쯤 된 소녀의 사진이었는데 아마도 아들이 놓아둔 것 같았다. 그는 내 부탁에 순순히 응했지만 손주 얘기라면 무조건 신나 하는 보통 할아버지들과 달리 사진에 눈길도 주지 않았다. 대신 눈동자를 굴려 액자 방향을 가리켰고, 이 동작만으로 나는 답을 얻을 수 있었다. 그에게는 정신병의 혼란 증세가 없는 게 확실했다.

나는 액자를 그의 방향으로 들어 사진 속 소녀를 가리키면서 이름이 뭐냐고 묻고는 환자를 유심히 관찰했다. 입가의 옅은 미소도 상냥해진 눈매도 없었지만 방금 전까지 메말랐던 그의 눈빛이 조금 달라져 있었다. 뺨에서는 아주 희미하게 광채가 흐르는 것 같았다. 처음에는 땀 때문에 번들거리는 것이라고 생각했다. 하지만 실내가 쌀쌀했기에 빛의 출처는 다른 데 있는 게 틀림없었다. 자세히 보니 빛줄기가 깊게 패고 갈라진 주름들을 지나 눈물샘으로 이어져 있었다. 그럼에도 그는 여전히 조용했고 손녀의 이름을 얘기하지 않았다. 침묵이 우리 주위에 묵직하게 내려앉았다. 아무 소리도 내지 않음으로써 귀를 먹먹하게 만드는 소음이었다.

삶에 아무런 아름다움과 즐거움이 없다

기쁨을 느끼지 못하는 것은 주요우울장애_{major depressive disorder}의 대표적인 증상이다. 여기에는 무쾌감증_{anhedonia}이라는 고전적인 명칭이 따로 있다. 삶의 아름다움과 즐거움이 없다는 뜻이다. 감기에 걸렸을 때 미각과 후각을 잃는 것처럼 주요우울장애에서는 행복이라는 감정이 결여되곤 한다.

나는 우울증 환자들이 일상의 기쁨을 통해 보상을 받거나 의욕을 얻지 못하는 무쾌감증 사례를 한두 번 목격한 게 아닌데도 볼 때마다 늘 어딘가 찝찝했다. 하물며 내과 레지던트가 잘 나가다가 어쩌다 삼천포로 빠졌는지는 짐작하고도 남았다. 무쾌감증이 있는 사람은 의사나 친구와 가족에게 인간미 없는 냉혈한처럼 비칠 수 있다. 손주에게도 예외는 아니다.

인류 역사를 통틀어 얼마나 많은 우울증 환자가 이렇게 상대의 화와 거리감을 본의 아니게 부추겨 지병만으로 충분히 골치 아픈 상황을 한층 악화시켰을까? 사실은 본인이 더 외롭고 고통스러운데도? 이 사실을 누구보다 잘 아는 나였지만 나 역시 인간이기에 환자 앞에서 브정적인 반응을 내보이지 않으려면 항상 정신을 다잡아야 했다. 아는 것은 아는 것이고 가슴으로 이해하는 것은 별개다. 나는 머리로는 알았지만 진심으로는 여전히 받아들여지지 않았다. 인간으로서도 과학자로서도.

기쁨의 감정이 인간의 보편적 경험에서 어떻게 분리되는지 이해하려면 애초에 가치와 경험이 어떻게 연결되는지를 생각하는 게 좋을 듯하다. 가치 평가는 인간 뇌 어디에서 언제 일어날까? 인류 역사에서는 이 가치가 언제 그리고 왜 부여됐을까? 그 답을 찾을 수 있다면 어째서 기쁨이 이토록 연약한 감정인지 설명될 것이다.

어떤 기쁨은 자동으로 솟아난다. 인간은 가슴을 충만하게 채우는 내적 보상감을 느끼고, 이 감정은 생존과 번식에 중요한 행동을 독려하는 천연 자극제 역할을 한다. 손주와 시간을 보내면서 얻는 즐거움은 그런 선천적 보상 감정 중 하나다. 정확히는 누구나 타고나고 경험을 통해 강화되는 긍정적 감정가인 셈이다. 모든 포유류에게 흔하지는 않은 이 반응은 유일하게 우리 종족만 습득한 일종의 생존 기술일 것이다. 영장류가 집단 생활을 하고 점점 장수하면서 새끼들을 지키고 가르치는 데에 쓸모 있다는 것을 체험한 까닭이다. 뇌 보상회로와 대가족제 사이의 연결이 탄탄한 개체들은 타고난 신경회로의 개량을 통해 큰 이득을 얻는다. 하지만 모든 신경회로는 기본적으로 물리적 구조물이기에 뇌의 다른 부위들과 마찬가지로 뇌졸중 앞에서 무력하다. 정확한 발작 부위가 어디인지에 따라 뇌졸중의 여파는 특정 보상회로나 동기회로에 국한해 나타날 수도 있고(가치 우선순위가 크게 변해 현저한 성격 변화로 이어진다) 삶 전반에 영향을 미치는 쾌감 상실이라는 결과로 나타날 수도 있다(우울증의 비특이적 무쾌감증과 비슷하다).

그밖에 인간이 타고나는 즐거움의 감정들은 진화의 맥락에서 거의 설명되지 않는다. 이런 감정의 존재는 인간의 무지를 부각하기만 한다. 우리는 먹을 것, 마실 물, 적적함을 덜 대화 상대 하나 없어도 거친 해안을 바라볼 때 안정감을 느끼지만 그 이유는 알지 못한다. 그것은 흔히들 말하는 귀향의 기쁨 같은 것이 아니고 진화적 기원을 따지더라도 마찬가지다. 물고기를 닮은 인류의 먼 조상은 파도 철썩이는 해안 절벽이 아니라 물과 뭍이 맞닿아 서로에게 스미는 곳에서 숨 쉬는 법을 배웠다. 그 시절의 인류 역사는 3억 5,000만 년 전, 공기를 마셔 숨 쉬는 최초의 물고기가 상륙했던 얕은 늪지를 무대로 대부분 펼쳐졌다.[3]

그렇다면 우리는 왜 바닷가의 아름다움에 감탄할까? 성난 파도와 절벽 사이의 격렬한 대립에, 위험해 보일 정도로 격렬한 운동량과 그것을 버티는 방벽의 모습에 본질적인 매력이 있는 것일까? 아니면 파도가 일으킨 바람에 나무들이 흔들리는 소리에 혹은 일정한 리듬으로 성실하게 무한 되풀이되는 파도의 자장가에 안정감을 느끼고 위로를 받는 것일까? 그 의미가 무엇이든 이 기쁨은 실제다. 모든 이의 가슴속에 깊이 자리 잡고 있지만 논리만으로는 다 설명할 수 없는 감정이다. 사례도 많다.

기쁨의 의미가 무엇인가라는 물음에 자연선택은 그런 것은 없다는 답을 내놓는다. 진화에서는 의미를 찾기가 어렵거니와 있더라도 비중이 크지 않다. 공룡 멸종 후 포유류가 출현해 세상을 지배하게 된 일에 숨은 의미 따위는 없었다. 6,500만 년 전 운석 충돌에 여타 자연재해가 겹쳐 지구상의 생명체 대부분을 쓸어버리고 거대한 먼지구름이 태양을 가린 것은 단순한 우연이었다. 의미 없는 사건 때문에 결과적으로 굴속에 사는 본능이 있고 번식이 빠른 소형 온혈 털짐승이라는 특징이 하루아침에 유리해졌을 뿐이다.

어떤 감정과 그 감정이 일으키는 본능적 행동은 이런 환경의 변덕이 낳은 우연한 관계성에서 비롯되는 것일지 모른다. 한 무리의 원시인이 해변에 타고난 애호를 갖고 있어서 바닷가 주변을 맴돌며 살아갔다고 치자. 그러던 중 아무 상관없는 원인으로 수만 년 전 인류 개체수가 확 주는 병목현상이 일어났다면 소수의 생존자가 후대 집단 전체의 생활 방식을 뒤집는 어마어마한 파급효과를 가져왔을 수 있다. 만약 풍부하던 식물군과 거대 포식동물들이 전부 사라진 이후 살아남은 인간 대부분이 마치 젖은 바위에 달라붙은 따개비처럼 조개류나 조수가 남긴 찌꺼기에 의존해 연명했다면 생존한 인류는 해안가에 머물 때 기쁨을 느끼고 해변에 애착을 갖게 됐을 것이다. 해안의 독보적인 아름다움을 떠올리며 깊은 감동에 젖는다. 인구가 갑자기 줄었기 때문에 기쁜 게 아니다. 멸종을 코앞에 둔 인류가 얼마간 존재의 지속을 허락받은 것에 느끼는 감사의 마음이다. 물론 당시 상황이 진짜 이런 식이었는지는 알 수 없다. 다만 고유전학 연구의 시각에서 바라보면 개체수가 바닥을 찍었던 불과 5만 년 전의 전 지구적 사건[4]을 포함해 인구 병목현상이 실제로 여럿 있었다는 것은 확실하다. 그렇다면 본능적으로 아름다움에 끌리는 우리의 기이한 성향은 그저 우연히 남은 지문에 불과할지 모른다. 생존을 그리는 예술가들이 인간 유전체라는 동굴 벽에 남긴 흔적인 셈이다.

우리가 어디서 배운 것이 아닌데도 기쁨이나 보상감을 느낄 때 그것은 오랜 세월에 걸쳐 인류 혈통에 쌓인 경험이 후손인 우리에게까지 이어진 과거의 자취다. 우리 조상들은 살면서 언젠가 그런 기쁨을 느꼈을 테고 이 감정을 알게 된 그들이 이런 우리를 낳은 것이다. 하지만 학습된 보상은 다른 개념이다. 학습된 보상은 개인의 생애 안에서 고작 1분 만에도 생긴다. 뇌는 새로운 정보를 소화하고 그 정보에 재빨리 대응하도록 설계되어 있다. 이는 사람이 살아가는 동안 기억이 형성되고 행동이 학습되거나 변하는 방식이기도 하다. 이처럼 신속한 물리적 변화는 연구 주제로도 적당하다. 진화가 장기적으로 일어난 기전을 추측하고자 단기 모델을 세우는 연구가 그 예다. 학습된 행동은 뇌 신경연결의 강도를 조정해 빠르게 조율할 수 있다. 그렇다면 타고난 보상 추구 행동의 바탕 역시 비슷한 방식으로 오랜 시간 동안 다져졌을지 모른다. 유전자의 명령으로 정해지는 뇌 신경회로의 강도가 서서히 진화하는 것이다. 학습된 것이든 타고난 것이든 감정은 특정 뇌 회로의 강도를 변화시키는 물리적 전략을 통해 경험과 연결될 (혹은 분리될) 수 있다. 그럼으로써 감정과 기억이라는 두 개의 별개 개념이 강력하게 융합한다. 건강한 사람에게서도 무쾌감증과 치매를 앓는 환자에게서도.

노인이 내뱉은 마지막 한마디

우리는 미스터 N의 진료 기록이 필요했다. 전부터 우울증이 있었는지, 정신병이나 긴장증의 징조는 없었는지, 정신과 치료를 받은 적이 있는지와 만약 그렇다면 치료의 성패 혹은 부작용 유무를 확인하기 위해서였다. 안전한 약 처방을 짜고 치료 중 위험 요소를 피하려면 이 정보가 꼭 필요할 것 같았다(고령의 신경정신과 환자에게는 특히 중요한 사항이다).

시애틀 병원이 월요일까지 휴무라고 레지던트가 말했지만 지금은 고작 토요일이었다. 나는 약물 투여를 제안하기 전에 시애틀 시절의 정보가 꼭 필요했다. 일차의료팀과 얘기하고서 치료 계획을 짜는 게 다음 단계인데 여기서 계속 지체되고 있었다. 이제 곧 취침 시간이었다. 당장은 상태가 안정적이고 병원에서 보호하고 있었기 때문에 나는 자리를 뜨면서 내일 새 계획을 가지고 다시 오겠다고 말했다. 환자는 아무 반응 없었다.

문을 열고 복도로 반쯤 빠져나왔을 때였다. 등 뒤에서 목소리가 들렸다.

"긴 밤이 될 거요."

나는 문고리를 잡은 채로 얼어붙었다. 철통같이 닫혀 있다가 안달해야 겨우 한두 음절 흘릴 뿐이었던 환자의 입에서 누가 시키지도 않았는데 온전한 문장 하나가 튀어나온 것이다.

나는 그를 향해 고개를 돌렸다. 그는 등을 곧추세우고 앉아서 무서울 정도로 이쪽을 뚫어져라 응시하고 있었다. 광대의 광택이 미간 언저리에서 유난히 도드라져 보였다. 순간 주변이 흐릿해지며 공간이 사라지는 기분이 들었다. 나는 그를 찬찬히 뜯어보았다. 푸른 혈관이 드러난 대머리가 그가 숨을 쉴 때마다 살짝살짝 움직였고 눈꼬리와 입꼬리는 대칭을 이루며 처져 있었다. 시선은 여전히 내게 고정한 채였다. 그의 입에서 다른 말은 또 나오지 않았다. 그는 내가 꼭 알았으면 하는 중요한 뭔가를 어렵게 얘기한 게 틀림없었다.

긴 정적 후 나는 미소 띤 얼굴로 고개를 끄덕이며 말했다. "걱정마세요. 노먼 씨. 저희가 계속 곁에 있을 겁니다."

'긴 밤이 될 것이다.' 이 말은 그가 내뱉은 마지막 한마디가 되었다.

기억과 감정의 신경과학

수년에서 수십 년까지로 진행이 오래 걸리는 치매는 현대 의학의 발전과 효율적인 가정 간호 시스템 덕에 새롭게 등장한 생명 현상이다. 인간이 머리를 맞대 세운 사회복지 구조 덕에 치매를 안고도 오래도록 살아갈 수 있게 되었지만. 해결책은 찾지 못했다. 치매는 완치 방법이 없고 나와 있는 몇 안 되는 약들은 진행을 눈곱만큼 늦출 뿐이다.[5]

오늘날 신경정신과에서는 치매를 주요신경인지장애major neurocognitive disorder라 부른다(이 명칭은 언제고 또 바뀔 것이다). 주요신경인지장애 진단이 내려지려면 환자가 독립적 수행 기능과 인지 기능(기억, 언어, 사회성 기능, 지각 기능, 운동 기능, 집중력, 계획 수립, 의사결정과 관련된 거의 모든 것을 아우른다)을 모두 상실해야 한다. 이처럼 긴 진단 조건 목록고 넓은 증상 범위 탓에 오히려 사람이 살면서 얼마든지 겪을 수 있는 뇌 소통 기능의 온갖 크고 작은 이상이 치매—혹은 요즘 용어로 주요신경인지장애—소견으로 해석되곤 한다. 가령 뇌졸중 때문에 생긴 열공, 알츠하이머병의 아밀로이드판amyloid plaque과 신경원섬유매듭neurofibrillary tangle, 반복적 부상이 만든 국소 손상 지점 같은 것들이다.

연결 끊김, 소통 오류, 경로 소실. 이 중에서 진짜 잃는 것은 무엇일까?

치매에 걸렸을 때 뇌세포가 죽는 것은 사실이다. 하지만 기억을 잃는 게 무슨 컴퓨터 하드드라이브 지우는 것처럼 반드시 기억에 관여하는 세포나 시냅스의 감소 탓인 것은 아니다. 사실 다발경색치매 같은 백질 손상의 초기 단계에서는 기억 자체는 온전하고 내부 혹은 외부로의 투영만 안 될 뿐일 가능성이 있다. 투영점과의 연결만 끊긴다는 얘기다.

이때 안으로의 투영만 막혔다면 메모리 액세스 기능—즉 포인터 pointer(메모리 공간 주소를 가리키는 변수를 일컫는 컴퓨터 프로그래밍 용어. 책에 비유하면 색인 항목마다 표시된 페이지가 포인터 정보에 해당한다—옮긴이) 정보나 룩업 lookup(프로그래밍에서 항목이 이미 구분되어 있는 참조 데이터베이스 안에서 특정 정보를 빠르게 찾는 것—옮긴이) 정보—만 상실하기 때문에 기억은 그대로 있지만 재생해서 돌려볼 수가 없다. 반대로 밖으로의 투영만 막힌 경우도 있다. 이럴 때는 옛 기억을 회상하는 것은 아무 문제가 없는데 의식의 어느 지점에 가져다 놓을지를 갈팡질팡한다. 눈더미 속에서 잠드는 것이든 허공에 대고 외치는 것이든, 둘 다 기억 자체는 온전하지만 전방위로 소통을 중개하던 뇌 신경연결이 작은 한 지점의 깜깜한 구멍인 열공 혹은 경색 때문에 끊긴 채 고립된다는 점은 같다.

임상적 측면에서는 다발경색치매 환자의 상당수가 무쾌감증 증세를 보이는 게 특징이다. 아무 상관없어 보이는 두 현상이 연결되어 있다니 신기할 따름이다. 연구들에 의하면 인지장애가 있는 고령자 집단은 인지 기능이 정상인 대조군에 비해 무쾌감증이 훨씬 흔하다고 한다.[6] 꽤 진행한 치매 환자의 경우 빈도가 많게는 몇 배나 높다. 기분과 기억의 연관성은 여기서 그치지 않는다. 같은 연구의 고령 인지장애 집단에서는 백질에 쌓인 열공의 양이 많을수록[7] 정보 운반자와 관리자 사이의 장거리 신경연결이 더 많이 손실돼 있었고 무쾌감증은 더 자주 관찰됐다. 기억력이 망가지면 감정도 잃을 수 있다는 얘기다.

그런 가운데 광유전학 실험은 가치, 즉 감정가를 장거리 신경연결을 통해 뇌 곳곳에 붙일 수 있음을 증명해 보였다. 예를 들어 BNST에서 중뇌 심부의 보상회로로 투영시켜 그곳에 불안 해소라는 감정가를 매기는 식이다.[8] 그뿐만 아니라 만약 기억 감퇴를 일으키는 과정—입출력 모두를 포함해 백질에 분포한 장거리 회로들이 손상되는 것—이 감정도 감소시킨다면, 무쾌감증과 치매의 관련성 그리고 치매 환자 뇌 속 열공의 양과 무쾌감증의 관련성이라는 기묘한 임상역학적 결합도 설명 가능해진다. 감정을 느끼게 하는 세포가 여전히 그 자리에 있지만 중간에서 신호가 차단된다. 그래서 기억 상실이 일어나는 것과 똑같은 방식으로 목소리를 내지 않게 되는 것일 수 있다.

감정을 느끼기 위해 기억이 있어야 하는 만큼 어떤 의미에서는 기억도 감정을 필요로 한다. 경험이 감정을 불러일으킬 정도로 중요한 게 아니라면 어떤 경험의 기억을 저장하고 회상할 이유는 거의 없다. 정보 저장은 공간과 에너지가 들고 데이터 통합과 분류라는 일거리를 만들기 때문이다. 진화의 시간 척도에서는 그만한 이득을 생산할 수 있게 되기까지 한참이나 이런 비용의 발생이 허용되지 않는다. 그런 까닭에 정보를 저장하고 불러오는 행위, 기억을 생성하고 이용하는 행위는 그 경험이 중요하다는 사실과 종종 복잡하게 얽힌다. 우리 인간 같은 의식 있는 존재에게 중요하다는 것은 감정과 연결된다는 뜻이다. 그런 맥락에서 무쾌감증은 기저 상태인 치매와 똑같은 과정을 통해 생길 뿐만 아니라 무쾌감증이 기억을 손상하기도 한다. 무쾌감증과 치매 사이의 관계는 이처럼 훨씬 밀접하다.

오늘날 많은 신경과학자는 기억이라는 행위가 그 일을 처음 경험할 때 활성화했던 신경세포들이 다시 활성화되는 것이라고 믿는다. 몇몇 과학자가 광유전학을 이용해 이 가설을 조사했는데, 관찰한 곳은 감각을 담당하는 뇌 영역이 아니라 해마와 편도체라는 기억 관련 구조였다. 연구자들은 어떤 경험(가령 특정 상황에서 공포스러운 일을 겪는 것)을 처음 학습하는 동안 크게 활성화한 세포들에 표시를 한 다음, 시간이 한참 지난 뒤 장소와도 시간 면에서도 공포와 하등 무관한 환경에서 빛을 쪼여 이 세포들 일부를 재활성화시켰다.

이런 상황에서 생쥐는 예전의 공포를 유발할 요소가 전혀 없는데도 두려워하는 모습을 보였다. 아무런 추가 조작 없이 광유전학으로 공포 기억 신경세포 몇 줄기만 활성화시켰을 때 그런 행동이 나온다는 얘기다.[9] 그렇다면 기억한다는 것은 악기 합주처럼 딱 적당한 조합의 뇌세포들이 함께 소리를 낼 때 실현되는 기능임이 틀림없다.

만약 이런 것이 기억한다는 행위라면 애쓰지 않았는데도 남는 기억은 뭘까? 비트 데이터가 어느 분자, 어느 세포, 투영된 어느 신경회로 안에 자리 잡는 것일까? 기억—저장된 경험, 지식, 감정—의 진짜 정보는 어디에 담겨서 부름받을 날만 기다리며 잠을 자고 있을까?

이 분야를 연구하는 과학자들은 그 답이 시냅스 강도synaptic strength라는 성질에 있다고 추측한다. 시냅스 강도는 한 신경세포가 다른 신경세포에 얼마나 큰 영향을 미치는지, 즉 송신자 쪽에서 수신자 쪽으로 넘어갈 때 얼마나 큰 양적 증가가 생기는지를 가늠하는 지표다. 시냅스, 그러니까 두 세포 사이의 기능적 연결이 튼튼할수록 수신자 세포는 송신자 세포의 똑같은 자극에도 더 크게 반응한다. 추상적인 개념 같지만 시냅스 영향력의 이런 변동은 물리적으로 실재하는 기억이 될 수 있다.

이 가설의 신빙성을 높이는 시냅스 강도의 재미있는 특징이 여럿 있다. 첫째, 이론신경학이 증명한 것으로, 시냅스 강도의 변화는 경험하는 동안 기억을 회상하기 쉬운 형태로 (어떤 지능적 감독도 필요 없이) 자동 저장되게 한다.[10] 둘째, 신경활성 혹은 신경전달물질이 폭발적으로 증가할 땐 그 반응으로 현실에서도 적절한 시냅스 강도 변화가 일어날 수 있다.[11] 살아 있는 신경세포와 뇌에서는 심지어 변화가 수월하고 빠르게 일어난다고 한다. 동시적이어서 동기화되거나 주파수가 높은 특정 신호 패턴은 시냅스 강도의 증가—강화—를 유도하는 반면, 동기화되지 않거나 주파수가 낮은 신호는 시냅스 강도의 감소—저하—를 불러온다. 이론적 분석에 의하면 두 효과 모두 기억 저장에 유용하다는 추측이다.[12]

포유동물 뇌 한 부분에서 다른 한 부분으로 이어지는 신경경로를 따라 시냅스들의 강도를 맞춤 조정해 특정 행동 변화가 직접적으로 유도되도록 할 수 있다는 생각은 한때 매력적인 가설에 지나지 않았다. 이것은 정식으로 검증이 불가능한 아이디어였다. 포유동물 뇌 안에서 출발점과 도착점으로 정의되는 특정 투영 경로에 활성 신호를 주어 이 경로 시냅스의 강도만 선택적으로 변화시킬 방법이 없었기 때문이다. 그러다 광유전학이 나오면서 상황이 달라진다. 뇌 한 부분에서 다른 한 부분으로 연결되는 신경회로를 빛에 민감해지게 만든 다음, 이 길로 고주파 혹은 저주파 광신호를 흘려보낼 수 있게 된 것이다.[13] 덕분에 2014년까지 여러 연구팀이 포유동물을 광유전학적으로 조작해 기억 가설을 검증하기 위한 실험을 실시했다. 그 결과, 투영회로 특이적인 시냅스 강도의 변화만으로 특정 행동의 확실한 효과를 이끌어낼 수 있다는 사실이 확인됐다.[14]

투영회로는 건강할 때든 아플 때든 뇌 영역들끼리 얼마나 효과적으로 협력하는지를 근본적으로 보여준다.[15] 두 영역 간 연결의 강도를 보면 두 영역 활성의 상관관계가 예측되는 게 그 예다.[16] 그뿐만 아니라 이런 영역 간 활성 상관관계는 다시 특정 쾌락 상태와도 연결된다고 한다. 가령 대뇌 청각겉질과 심부 보상 관련 구조(기댐핵nucleus accumbens) 사이의 협응력이 약한 사람은 음악 무쾌감증일 것이라고 예상할 수도 있다.[17] 손주를 돌볼 때 느끼는 행복감 역시 비슷하다. 이런 특정 행위의 보상은 욕구 해소나 보상을 담당하는 뇌 영역(시상하부 또는 배쪽뒤판부/기댐핵 회로)과 친족의 계층적 유대감에 관여하는 다른 뇌 영역(즉 가쪽사이벽lateral septum)[18] 사이가 탄탄한 시냅스 연결로 이어지고 이를 통해 효과적으로 상호작용이 가능할 때만 누릴 수 있는 감정이다. 투영회로 특이적인 시냅스 강도는 이런 특정 행동을 선호하게 만들 수 있다. 그렇게 얻는 보상은 긍정적 기억을 남긴 학습된 경험일수록 크다.

뇌 영역들을 잇는 시냅스의 강도는 이처럼 인간 감정의 발달과 진화를 반영하는 흥미로운 정량적 지표가 된다. 진화는 이런 뇌 영역 간 연결의 세기와 맥락이 잘 통한다는 점에서 그렇다. 음악이나 손주들이 주는 즐거움 따위를 진화가 알 리는 없지만, 둘 중 하나 혹은 둘 다를 즐길 수 있는 여건을 일정 수준 조성했을 수 있다. 쉽게 말해 진화가 우리에게 적절한 인생 경험을 시켜 밑밥을 깔아둔 것이다. 이런 특정 보상의 기반을 닦는 데에는 유전적 복잡성이 달릴 일이 없다. 유전자 발현 패턴이 워낙 무궁무진해 뇌세포와 축삭돌기가 짜 나가는 뇌 신경배선이 매우 다양한 형태로 만들어질 수 있기 때문이다.[19]

반감을 일으켜 음의 값을 갖든 보상을 주어 양의 값을 갖든, 가치란 결국 경험이나 기억 같은 신경회로 작용에 붙은 이름표에 불과하다. 이 요소들에 가치값을 붙이기도 하고 떼기도 한다. 이런 유연성은 학습과 발달과 진화에 아주 중요하다. 그러나 쉽게 붙는 것은 떨어지기도 잘 떨어진다. 그 결과는 좋을 수도 나쁠 수도 있어서 건강이 나아지기도 하고 병이 생기기도 한다. 최근 우리는 이 유연성이 어떻게 생기는지 이해할 실마리 하나를 찾았다. 바로 기억과 가치는 똑같이 시냅스 강도로부터 나오는 것일 텐데 시냅스 강도는 마치 물리적 구조물처럼 학습되고 발전한다는 사실이다. 이때 멀리 떨어진 세포들 사이를 잇는 신경섬유 축삭돌기를 따라 시냅스까지 이어지는 길은 유전자가 지시하는 방향으로 뻗어 가며 다져진다(여기서 유전자는 진화의 규칙을 엄격하게 지킨다). 그러다 시냅스 자체가 특정 경험에 강력하게 특화되는 수준에 이르는 것이다. 우리 신경회로, 우리의 기쁨, 우리의 가치는 모두 언제 어떻게 끊어질지 모를 가느다란 신경가닥들을 따라 흐른다. 이 신경가닥은 내 기억을 품은 연결고리이자 내 자아의 투영이다.

아주 길었을 밤

토요일 오후, 근무를 교대하면서 나는 야간 당직 레지던트에게 서류를 넘겼다. 주말 이틀 동안 주간에 근무하는 내 시간표의 빈칸을 메워주는 그는 처음 만난 사이지만 엄청 활동적이고 씩씩해 보였다. 나는 지칠 대로 지친 상태였지만 꾹 참고 그와 나란히 걸으면서 병동 환자들의 최신 정보를 간단히 설명했다. 이제 운전해서 집에 가면 몇 시간 눈을 붙일 수 있을 터였다.

이튿날 일요일 이른 아침의 텅 빈 거리를 달려 출근하는 차 안에서 나도 모르게 미스터 N을 다시 떠올렸다. 약물치료를 시작할 거라면 물품 조달이 빠듯할 것 같았다. 또 누가 합법적으로 동의를 받을 수 있는 사람인지 확인해야 했다. 미스터 N이 직접 서명할 수 없다면 주치의 팀이 나는 아직 만난 적이 없는 아들과 상의할 필요가 있었다. 이 순간 내가 너무 무력하게 느껴졌다. 사실상 지금 나는 아무 결정권이 없는 상담가에 지나지 않았다.

한결 초췌해진 야간 담당 레지던트는 내게 인수인계를 하면서 지난밤 자신의 무용담을 늘어놓았다. 나는 그의 얘기를 예의상 관심 있게 들어준 뒤 미스터 N의 용태에 변화는 없는지 확인하러 데스크로 갔다. 그런데 뜻밖에도 입원실이 바뀌었는지 병동 기록을 아무리 뒤져도 그를 찾을 수 없었다. 잠시 후 나는 집중치료실 명단에서 그의 이름을 발견했다.

지난밤 내가 병실을 나선 지 한 시간 뒤에 미스터 N에게 큰 뇌졸중이 왔다고 했다. 미스터 N은 육신은 살아 있었지만 예전처럼 혼자서 거동할 만큼 회복할 수 있을지는 미지수였다. 아들이 아버지의 위임장을 가지고 있었는데 심폐소생 거부, 삽관 거부라는 환자의 뜻이 분명하게 적혀 있었다.

온몸에 힘이 빠진 나는 멍해져서 가만히 서 있었다. 그의 예감이 옳았고 그는 내게 얘기하지 않으면 안 됐다. 그 밤이 아주 길 것임을.

삶의 마지막 순간에 찾는 것

생의 마지막 순간은 체스판에서 가능한 수를 다 두고 나올 결과는 다 나와서 더 이상 깜짝 놀랄 일이 없을 때와 같다. 그렇게 장기 한 판이 거의 끝났을 때에야 우리는 자신에 대해 객관적인 판결을 내리고 성공 혹은 실패를 불러온 최종적인 행동에 책임을 지운다. 그러나 누군가는 잔혹한 운명으로 이 마지막 순간에 모든 수의 기억이 희미해지고 잊히기도 한다. 행여 아무 기억도 남지 않더라도 우리는 자신이 살아온 인생을 이해하고 슬픔 가운데서 지나온 길의 의미를 찾을 수 있을까?

아니, 우리는 그러지 못한다. 그렇기에 우리는 시작한 곳에서 종말을 맞는다. 무력하고 불확실하게.

미스터 N은 세상을 떠나기 전에 몇 주를 더 버텨 우리를 또 한 번 놀라게 했다. 나는 호스피스 병동 근처를 지나다가 그의 아들이라고 추측되는 남자를 두어 번 지나쳤다. 한번은 그가 복도에서 미스터 N이 반듯이 누워 있는 간이침대를 밀면서 어딘가로 가고 있었다. 그날 내가 멈춰 서서 그 모습을 한참 지켜봤던 것을 기억한다. 부자는 유리창을 통해 한 줌 햇빛이 흘러드는 곳을 향해 천천히 움직였다. 그때 아들은 아버지의 귓가에 이렇게 속삭였었다. "여기 볕이 좋아요, 아빠."

미스터 N은 내 기억보다 훨씬 나이 든 모습이었다. 힘없이 누워 있는 그는 안색이 창백했다. 두 눈은 감겨 있었고 입은 벌어져 있지만 움직이지 않았다. 껍데기만 남은 채 영혼은 이미 떠난 사람 같았다. 이불로 덮이지 않은 유일한 신체 부위인 꺼칠꺼칠한 잔머리가 그나마 당당하고 위엄 있어 보였다. 이 광경을 보고 있자니 침상에 꼿꼿이 앉아 최후의 수를 던지던 그가 떠올랐다. 치매로 머릿속이 흐릿하고 우울증으로 심신이 가라앉아 이미 거의 모든 것을 빼앗긴 와중에 중요한 한마디를 끄집어내 내게 전하던 그의 모습을.

햇살이 쏟아지는 창가에 거의 다다랐을 때, 한 무리의 의사들이 심방된떨림atrial flutter(심방조동, 심방이 불규칙하게 뛰는 부정맥—옮긴이)에 대한 얘기를 나누면서 이쪽으로 다가오는 소리가 들렸다. 미스터 N의 아들도 기척을 느꼈는지 사람들이 지나갈 수 있도록 발을 재촉해 낑낑대며 침대를 창문 쪽으로 밀었다.

점점 커지는 웅성웅성 소리와 함께 그들이 나를 지나쳐 갈 때였다. 모서리로 벽을 콩 박으면서 침대가 급하게 멈춰 섰다. 그 순간 미스터 N의 양팔이 삐뚜름하게 번쩍 들렸다. 한 팔은 꼿꼿하게 천장을 향했고 힘이 달리는 다른 한 팔은 반만 올라갔는데 그 바람에 담요가 흘러내렸다. 양손은 손가락을 쫙 벌려 활짝 편 채였다. 굳세고 단단하게. 있을 수 없는 움직임이고 충격적인 완력이었다.

모두가 말문이 막혀 일순 복도가 정적에 잠겼다. 환자 보호자와 인턴들 그리고 나라는 기묘한 조합의 관중은 뭔가를 거머쥐려는 듯 두 팔을 뻗은 환자에게서 눈을 떼지 못했다. 짧은 순간 펼쳐진 비현실적인 광경은 환자의 두 팔이 힘을 잃고 침대 위로 내려앉으면서 금방 막을 내렸다. 미스터 N은 다시 깊은 잠에 빠졌다.

인턴들은 발걸음이 느려졌어도 완전히 멈춰 서진 않았다. 그들이 복도 끝 모퉁이를 돌면서 대화가 되살아나기까지 고작 몇 초가 걸렸지만 단조 음계의 다른 웅성거림이 들리기 시작했다. 이제 그들은 마음속에서 기억과 욕구가 소용돌이치면서 갑자기 화제로 부상한 반사의 신경학 얘기를 하고 있었다.

치매에 걸리면 영장류 새끼의 생존을 위해 진화가 고안한 안무 동작인 신생아 반사가 다시 나타난다. 모로반사 Moro reflex[20](몸이 갑자기 아래로 내려가거나 위로 들리면 팔을 쫙 펴는 것. 나무를 타고 살던 원시 동물이 훗날 인류의 조상이 될 그들의 새끼를 살릴 수 있도록 남긴 유물이다)와 먹이찾기반사 rooting reflex(뺨을 가볍게 건드리면 그쪽으로 고개를 돌리면서 입을 벌려 엄마 젖을 찾는 것)가 그것이다. 높은 곳에서 추락하고 엄마와 떨어지는 것. 이 두 가지는 인간이 태어나면서부터 아는 본능적인 공포다.

두 반사 모두 생후 몇 달 안에 사라지지만 치매에 걸리거나 뇌손상을 입은 사람은 반사 반응을 다시 보인다. 생의 마지막에 다시 만들어지는 것이 아니다. 원시반사는 늘 거기 있지만 살아가는 동안 인생의 씨실과 날실이 엮어낸 극기와 인지적 제어라는 고급 기능에 덮여 수십 년을 잠잔다는 것이 더 정확한 설명이다. 그러다 천이 해지고 구멍이 나면 본연의 자아가 다시 목소리를 내는 것이다. 오래전 돌아가신 어머니의 안전한 품을 간절한 손길로 찾으면서.

지난 평생 그토록 중요했고 수많은 행복과 고통을 안긴 온갖 인생사가 마음속 씨실이 되어 켜켜이 쌓여 더 이상 어머니를 볼 수 없게 덮어버렸다. 그러나 어머니는 항상 그곳에 있었고 생애 마지막 날 이제 모든 것의 뼈대가 다시 드러난다. 가는 씨실이 떨어져 나가고 다시 한번 어머니가 아기의 온 세상이 된다. 팔을 뻗으면 그녀에게 닿을 것만 같다. 아기를 세상에 존재하게 했고 떨리는 손으로 안아 젖을 물리고 돌보면서 비바람과 땡볕으로부터 지켜준 어머니에게.

마음의 실 가닥이 한 올 한 올 풀리고 두텁던 신경섬유다발이 갈라지고 부서진다. 그렇게 기억과 의지가 사라진 자리에 남는 것은 인간이 태어날 때부터 가지고 있었던 것뿐이다. 얇은 회색 천에 싸인 아기는 다시 추위에 노출된다. 혼란스러운 어둠 속에는 선들선들하는 흔들림만 존재한다. 그러다 마른 가지가 힘없이 꺾이면서 돌연 균형이 깨진다. 아기는 세상으로부터 분리되어 깜깜한 밤으로 떨어진다. 뭐라도 붙들려고 필사적으로 두 팔을 휘저으면서.

나뭇가지가 부러지면 그대로 끝이다. 어머니에게 매달려 나무에서 살던 아기가 끝 모를 공간으로 추락한다.

과학이 인류를 구할 수 있을까?

크고 푸른 나의 침실, 공기는 몹시도 고요하고, 구름 한 점 없이. 평화와 침묵에 쌓여. 줄곧 그곳에만 머물 수 있었다면. 우리를 실망하게 하는 무언가가 있으니. 우리는 처음에는 느낀다. 그런 다음엔 추락한다. 그러니 그녀가 원한다면 이제 그녀의 비가 내리게 하리라. 그녀가 좋을 대로 얌전하게 혹은 세차게. 나의 시간이 가까웠으니 어느 쪽이든 그녀를 비로 내리게 할지라. 그리하니 안녕, 안녕히. 내 잎들이 흩날려 나에게서 멀어진다. 전부. 아니, 아직 한 장이 매달려 있으니. 그걸 내 몸에 지니리라.

—제임스 조이스, 《피네간의 경야》에서

베틀이 철커덕대며 옷감을 한 줄 한 줄 채운다. 씨실을 꿴 북은 시계추처럼 오가면서 공간 안에 시간의 점을 찍고 순간의 기억들과 감정들을 짜 넣는다. 날실은 아직 형태를 갖추지 못한 공간을 향해 서서 다음에 일어날 일의 틀을 잡지만 그대로 확정은 아니다.

이처럼 꾸준하게 쌓이는 경험들은 기둥 실을 안으로 감추면서 우리 인생에 무늬를 입힌다. 무늬로 덮는 것도 날실을 숨기는 것도 각각 나름의 해결책이다.

꽤 오랜 세월을 아빠와 단둘이 살았던—그래서 불완전한 가정환경이 아이에게 나쁜 영향을 미칠까 임상적 관점에서 걱정이 들었던—내 장남은 어느덧 다 커서 다정하고 기타도 잘 치는 성실한 의대생이 되었다. 교차하는 실 가닥은 무늬를 끊을 수도 있고 새 무늬를 시작할 수도 있다. 하지만 인생은 왜 그러는지 아무 설명도 하지 않는다. 이제 내게는 사랑스러운 어린 자식이 넷 더 있다. 곁에는 뛰어난 의사이자 과학자인 아내가 함께 있다. 같은 대학에서 근무하는 아내는 사시가 있는 어느 어린 소녀의 머리 속에서 자라나 내 의사 경력을 끝장낼 뻔했던 것과 거의 똑같은 뇌줄기 종양[1]의 치료법을 찾는 데 매진하고 있다. 이 책에 등장하는 모든 사연의 중심에는 잃어버린 아이가 존재한다. 하지만 어떤 아이는 찾을 희망이 아직 남아 있을지 모른다.

내가 만난 환자들의 사연들을 관통하는 모든 감정과 생각이 지금의 나를 만들었다. 이 감정들은 처음 경험한 순간보다 오늘 내 안에서 훨씬 풍성하고 촘촘하게 서로를 엮고 있다. 시간이 흐르면서 생긴 이 관계성이 처음의 감정을 더욱 또렷하게 만들었을까 아니면 반대로 흐렸을까? 사실 그것은 별로 중요하지 않다. 천을 망가뜨리지 않고도 묻혀 있던 날실을 빼볼 수 있다면, 관계와 기억이 끊어지거나 자아를 상실하지 않고도 처음의 감정을 느낄 수 있다면 말이다.

과학의 꾸준한 발전은 내가 여기서 한 이야기들의 더 정교한 해석을 앞으로도 계속 내놓을 것이다. 인류의 진화는 새로운 사실이 발견될 때마다 갈수록 복잡하게 설명되고 네안데르탈인의 멸종은 고유전학이 발전함에 따라 더 입체적으로 풀이된다. 물론 흔적이 우리 안에 살아 있으니 엄밀히는 완전히 멸종한 것은 아니다. 그러나 최근 아주 중요한 진실 하나가 드러났다. 오늘날 우리는 마지막 네안데르탈인이 숨을 거둘 때 이미 네안데르탈인과 현생인류가 서로 무리에 섞여 들어 함께 살아갔다는 사실을 안다. 아마도 최후의 네안데르탈인은 아프리카를 선발대로 벗어났다가 현생인류라는 밀물에 휩쓸린 마지막 생존자였을 것이다.[2] 네안데르탈인이 멸종한 건 순전히 우리 인간 때문이다.

이 책에서 소개한 최신 의학 기술은 대부분 시간이 흐른 뒤 큰 그림의 한 조각임이 드러나겠지만 그런 것들은 성공담에 속한다. 나머지는 까맣게 잊히거나 허점이 발견될 운명이다. 허점이 발견된 이야기는 새 천으로 덧대거나 다시 짜야 한다. 그러나 인류가 지식을 발견하고 보수하는 것은 과학이 발전하는 과정의 일부다. 지식의 틈과 결함은 질병 진행 과정이 그러듯 그 자체로 교훈적이고 배울 점이 많다.

자연의 빛은 넓게 드리운 구름의 틈새나 바람결에 잠깐잠깐 열리는 숲의 지붕처럼 이미 나 있는 길만 통과한다. 반면에 생물학과 이 책의 이야기들에서는 눈으로 보이는 빛이 문자 그대로 문을 열어 기존의 패러다임을 뒤엎는다. 스스로 길을 튼 정보는 인류 가계 전체를 환히 밝혀 드러낸다. 가끔은 이 문이 뚫리다 만 구멍이나 시골 진흙탕에서 소나 다니는 쪽문처럼 보일 수도 있다. 그럴 땐 길이 아직 완전히 닦이지 않았거나 우리 인간이 거기로 들어오는 새 정보를 받아들일 준비가 안 된 것이다. 그럼에도 문이 열린 것은 분명하다.

최근 몇 년은 이 문 자체를 알아가는 시간이었다. 내가 연구를 막 시작했을 무렵에는 과학에서 기본인 세포 수준의 방법론까지 내려가 뇌 전체의 미스터리를 탐구한다는 생각에 가슴이 벅찼다. 그런데 현재는 빛에 반응하는 단백질 채널로돕신이 정확히 어떻게 작동하는지를 밝히고자[3] 분자와 원자 수준으로 훨씬 더 깊이 들어간다. 실제로 우리는 분자 하나가 빛을 감지하고 그걸 전류로 변환해 아까 그 분자 구멍을 통해 흐르게 하는 비밀을 풀 수 있다. 이런 실험에서는 고강도 엑스레이 빔을 사용하는데, DNA의 이중나선 구조를 발견한 결정학과 같은 종류의 기법이다.

한때는 논란도 있었다. 일부 저명한 학자들이 채널로돕신 분자 안에 빛으로 열리고 닫히는 구멍 같은 것은 없다고 주장했기 때문이다. 그러나 엑스레이 결정학은 구멍을 우리 눈으로 직접 보게 해 그 존재를 증명했다. 그뿐만 아니라 우리는 이 지식을 토대로 구멍의 디자인을 수정해 다각도로 이해를 넓힐 수 있었다. 가령 주변 원자들을 바꿔 구멍 안쪽 면에 다른 재질을 입힘으로써 채널로돕신을 양이온이 아니라 음이온이 지나다니는 통로로 쓰거나, 청색광 말고 적색광에 반응하는 채널로돕신을 만들거나, 채널로돕신에 유도된 전기가 몇 배씩 빠르게 혹은 느리게 흐르도록 시간 척도를 변화시키는 식이다. 이렇게 재탄생한 채널로돕신들은 이미 신경과학 전반에서 다양하게 활용되고 있다. 우리는 빛으로 제어되는 신비한 구멍의 구조 정보가 담긴 암호를 해독해 이 놀라운 녹조류 식물의 미스터리를 기본 분자생물학 수준에서 풀어냈다. 이것은 자연계와 인간 스스로를 새롭게 탐구할 과학의 길이 또 하나 열렸다는 뜻이기도 하다.

현재 나는 스탠퍼드대학교 연구실에서 실험을 하면서 우울증 환자와 자폐증 환자 위주로 외래 진료를 병행하고 있다. 해마다 당번 때가 되면 입원병동을 보는 전임의 역할은 덤이다. 하지만 어디서 무슨 일을 하든 내게 정신의학이라는 분야는 지난날 조현정동장애 환자와 처음 마주친 순간 그랬던 것과 똑같이 여전히 매력적으로 느껴진다. 후배 레지던트들과 서로 가르침을 주고 배우기도 하면서 모두가 어울려 이 신비한 분야를 함께 여행한다는 느낌이다. 정신과 의사는 적잖은 환자를 완치되게 하지만 다른 환자들에게는 증상 관리밖에 도울 수 있는 일이 없다. 난치병을 다루는 많은 의학 분과가 이런 식으로 돌아간다. 그게 우리가 할 수 있는 일이고 그렇게라도 안 하면 환자는 죽기 때문이다. 우리는 약장수지만 해열제나 강심제처럼 회복에 도움 되는 약만 권하는 정직한 약장수다.

정신의학을 더 잘 알고 뇌 신경회로가 행동을 통제하는 기전을 더 잘 이해하게 되면, 우리는 준비되지 않은 상황에서도 어색한 대화를 시작할 만큼 현명해져 있을지 모른다. 그날을 위해 우리는 철학적으로, 도덕적으로 늘 한발 앞서 있어야 한다. 뒤늦게 따라가려고 아등바등할 것이 아니라 말이다. 불확실한 이 세상은 정신의학에 대꾸하기 어려운 질문을 던지고 답을 요구해온 지 오래다. 질문의 주제는 병 든 인간에 그치지 않고 건강할 때의 우리들까지 아우른다. 이런 압박에는 그럴 만한 중요한 이유가 있다. 인류가 가진 고무적이면서도 마음을 어지럽히는 모순을 발견해 이해하려고 노력하고 그리하여 받아들이라고 독촉하는 것이다.

그런 의미로 이 에필로그에서 우리는 과학의 발전 과정, 폭력성에 대한 항거, 인간의 의식에 대한 이해라는 세 갈래 길을 따라가며 미래를 슬쩍 엿볼 수 있다. 저마다 어두컴컴할 정도로 짙은 녹음에 뒤덮여 있어서 이 책의 이야기들이 비추는 희미한 빛으로 발밑이 간신히 보일 뿐이기에 조만간 심층적인 탐구가 필요한 길들이다.

과학은 인간 소통의 한 형태

과학의 혁신은 언제 어떻게 일어날 것이라고 예측하거나 제어하기가 어렵다. 따라서 과학의 발전 과정 대부분이 통제 아래 잘 정돈된 사고의 연습이라는 점과 기묘한 대비를 이룬다. 우리는 시간이란 꾸준히 앞으로 흐르는 게 마땅하다고 가정하듯 인간의 정신이 논리적으로 생각하는 게 자연스러운 일이고 복잡한 사고의 흐름을 통제하는 것이 당연하다고 여긴다. 그럼에도 우리가 질서와 통제를 좋아하는 우리 취향에 맞춰 과학의 발전 과정을 완벽하게 계획하는 것은 불가능하다. 그렇기에 일정 수준에서는 구체적 계획이 전혀 없는 기초 연구를 지원할 필요가 있다. 이것은 광유전학을 비롯해 수많은 과학적 성취를 이뤄오면서 얻은 교훈이다. 일례로 지난 150년 동안은 미생물의 빛 반응 연구[4]가 신경과학에 미칠 영향을 누구도 예견할 수 없었다. 비슷하게, 많은 경우 새로운 과학 분야의 탄생은 모두 예상치 못한 발전들이 견인한 것이었다. 솔직히 이 책은 일부분 나의 회고록이기도 하기 때문에 광유전학 얘기를 집중적으로 다룬다. 하지만 오늘날 생물학의 지형은 광유전학과 더불어 뜻밖의 방향에서 등장한 다른 선구적 과학 분야들에 의해서도 정의되고 있다.

그렇기에 광유전학은 뇌의 많은 비밀을 드러낼 뿐만 아니라 과학 발전 과정의 기본적 성질을 알기 쉬운 방식으로 방증한다. 우리가 다 함께 미래로 나아가려면 반드시 기억해야 한다. 과학적 진리는 우리를 인간 개개인의 약점에서 구할 수 있는 힘이며 자유로운 의사 표현과 순수한 발견으로부터 비롯된다는 것을. 그리고 때로는 별로 논리적이지 않은 생각들도 약간은 힘을 보탤 수 있다는 것을.

내가 맡은 알코올간경화증 환자가 하나 있다. 간 이식 전망이 불투명한 터라 인생 종반전으로 치닫고 있는 그는 마른 땅 위에 자신이 창조한 물속으로 가라앉는 중이다. 그의 배는 복수 ―간부전의 특징인 홍갈색 액체―로 가득 차 불룩하다. 10리터 남짓한 이 액체가 그의 배를 팽창시키고 폐와 횡경막을 짓누르고 있다. 마흔여덟 살밖에 안 됐지만 그는 호흡이 어려워 병원 침대에 누워서도 숨을 헐떡인다.

내 손에는 조악하게 생긴 뚫개trocar가 들려 있다. 묵직한 이 중세시대 유물이 우리가 가진 전부다. 복벽에 배액관을 꽂는 데 쓰이는 뚫개는 눈이 시릴 정도로 밝은 시술용 조명등 아래서도 바랜 회색을 띤다. 뭉툭한 기둥부는 살균되어 있지만 얼룩지고 녹이 슬었다. 배에서 한 번에 5~6리터의 복수를 빼내면 숨쉬기가 편해진다. 하지만 그래봐야 잠시뿐이고 이틀이나 사흘 뒤엔 물이 또 고대로 차오른다. 알코올간경화증은 완치가 안 된다. 의사는 병을 더 잘 알게 될 때까지 할 수 있는 일을 꾸준하고 신중하게 해나갈 도리밖에 없다. 고로 지금은 뚫개가 우리가 납득하는 진리다. 자유로운 토론과 창의적 발견을 허락하는 열린 대화가 있을 때에야 가장 빨리 도달할 수 있는 진리다.

과학은 노래나 이야기처럼 자유로운 인간 소통의 한 형태 역할을 한다. 그런 한편으로 완전한 의미를 음미할 줄 아는 극소수에게만 그런 소통이 가능하다는 점에서는 차별화된다. 그러나 공연예술가 조안 조너스Joan Jonas가 자신의 2018년 작품을 두고 얘기했듯[5] 과학은 "과거와 미래 그리고 대중이 나누는 대화"다. 과학자는 허공에 대고 데이터를 외치는 은둔자도, 드라이브에 비트 데이터를 채우는 자동화 기계도 아니다. 우리는 진리를 추구하지만 우리가 생각하고 소망하는 방식으로 소통되는 진리만이 우리에게 유의미할 것이다. 과학 연구의 의미는 과학자가 상상하고 과학자의 목소리가 향하는 인간 동반자로부터 생겨난다. 여기에는 이런 대화가 일방통행이 아니라는 사실을 양측 모두 잘 알고 있다는 조건이 붙는다.

혁신임이 명백한 과학적 과정을 완성하는 데에도 소통 방식에 대한 이해는 필수다. 이때 소통을 위해서는 말하는 이와 듣는 이 모두를 고려해야 하고 얼마든지 변할 수 있는 이야기의 맥락—저 넘어 세상의 역동하는 풍경과 인간사에서 세상이 차지하는 시간과 장소—을 생각해야 한다. 어떤 판단이나 입장 표명도 요구하지 않는 형태 없는 열린 공간에서 우리 앞에 놓인 길은 대화 요법을 받는 환자가 가는 길과 같다. 그런 길에서는 어떤 불이익의 부담도 없이 오직 자유롭고 솔직한 대화를 통해서만 통찰에 이른다. 이런 대화가 없다면 우리는 각자의 미성숙한 방어책 뒤로 숨을 것이다. 벽을 세우고 이해 불능을 고집하면서 자신의 감정을 고립시킨다. 인류라는 가족의 모든 구성원이 참여하는 자유롭고 솔직한 대화가 최우선시되지 않았기 때문에 만들어진 벽이다. 우리는 우리의 본모습일지 모르는 모든 존재가 되어봐야 한다. 그래야만 내가 누구인지를 스스로 발견할 수 있다.

과학이 인류를 구할 수 있을까?

표면 바로 아래에서는 우리 안에 잠재하는 여러 모습이 서로를 적대시하기도 한다. 폭력으로 이어지기까지는 많은 길이 있고—너무 많아서 탈이다—여기에는 복잡한 사회가 한몫 거든다. 사회의 복잡성은 이해하지 않으면 안 될 주제지만 다음 기회에 다른 지면에서 논하기로 한다. 다만 한 인간이 다른 인간에게 뚜렷한 이유 없이 그냥 그러고 싶다고 폭력을 휘두를 때는 인간 사상의 어느 학파보다도 먼저 정신의학(과 신경과학)이 언급된다. 정신의학에서는 이 상황을 흔히 반사회성격장애의 틀 안에서 보는데, 대중적으로 사용되는 용어인 소시오패스와 의미 면에서 크게 겹친다. 우리는 이 정신장애가 왜 존재하고 우리가 무엇을 할 수 있는가라는 자연스럽게 떠오르는 의문의 답을 아직 찾지 못했다. 그래도 이 병을 이해할 필요성이 하루가 다르게 커지는 것은 분명하다.

인간 감정에 완전히 무관심하면서 고통과 죽음을 일으킬 수 있는 사람은 인류의 몇 퍼센트나 될까? 집계는 연구나 조사 집단에 따라 1~7퍼센트까지 다양하게 나와 있다.[6] 아마 정도 차이와 기회의 편차 때문일 텐데 후자는 활동기 상태와 잠복기 상태를 구별할 유일한 기준일지 모른다.

정신의학은 반사회성격장애를 "타인의 권리를 무시하거나 침해하는 장기적 패턴"이라 정의한다. 즉 어릴 땐 동물에게 잔혹 행위를 하고 성인이 되어서는 다른 인간의 신체적 혹은 정신적 완전성을 무시하는 사람이 이 기준에 해당된다. 두 행실 모두 감추려면 감출 수 있지만 정신과 면담 한 번이면 둘 다 바로 들통난다. 숙련된 정신과 의사는 몇 마디만 나누고도 단번에 임시 진단을 내릴 것이다.

1~7퍼센트 범위로 편차가 적잖은 이 소수를 우리는 어떻게 생각해야 할까? 인간은 본디 선한 존재일까, 아니면 원죄를 짊어진 죄인일까? 어느 쪽이든 누구도 무조건적 신뢰를 받거나 절대 권력을 거머쥐어서는 안 되고 개인과 조직과 정부를 비롯해 모든 층위에서 감시와 감독이 이뤄지는 사회를 건설해야 한다는 하나의 강경한 주장으로 이어진다. 하지만 고작 몇 퍼센트라 할지라도 이 통계는 반사회성격장애가 인간 사회 깊숙이 녹아 있음을 의미한다. 이것은 인류의 역사와 현재에 대해 많은 것을 설명해주면서도 인류에게 크나큰 짐을 안긴다. 인간 행동의 결과는 점점 더 세계화되고 돌이킬 수 없어질 것이기에 우리는 훗날 이 정신장애가 지금보다 줄어들기를 바랄 뿐이다. 그렇지 않으면 우리가 어떻게 인류의 미래를 꿈꿀 수 있겠는가.

천체물리학자는 우주의 수많은 행성과 각각의 수십억 년 역사를 생각하면서 같은 맥락의 질문을 던진다. 만약 한 생물종과 세상의 전체적 기술 발전이 눈 깜짝할 사이인 고작 수백 년 만에 이루어진다면, 우주는 어째서 저렇게 고요해 보일까? 한마디로 답하면 기술 발전에는 곧바로 멸종이 뒤따르기 때문이다.[7] 이 섭리를 거스르기에는 어떤 조직적 통제도 미력하다. 생존을 독려하는 힘은 종국에는 멸종도 이끈다. 진화는 지금 세계에 과분한 지능을 탄생시키고 그 지능은 다시 새로운 세상을 창조한다.

생물학에 대한 우리의 이해가 더 깊어지면 인류를 구할 수 있을까?

반사회성격장애의 생물학은 알려진 바가 거의 없다. 다만 유전적 요소가 많게는 50퍼센트나 차지한다는 쌍둥이 연구의 보고가 있고[8] 다른 증거에 의하면 반사회성격장애 환자는 자제력과 사회성을 관장하는 부위인 앞이마엽겉질 세포의 양이 적다고 한다. 한편 소시오패스 성향이나 공격성과 관련 있다는 특정 유전자가 지목되기도 했다.[9] 시냅스에서 세로토닌 같은 신경전달물질을 처리하는 단백질의 합성 조절 유전자가 그중 하나다. 더불어, 기댐핵 같은 보상 관련 부위와 앞이마엽겉질 간 협응의 변화 등 뇌 활성 패턴이 다르다는 관찰 결과도 있다. 그러나 우리는 그런 변화가 어떻게 일어나는지 자세히는 알지 못하고 구체적인 작용 경로도 아직 찾지 못했다. 이 분야에는 모순된 정보가 여전히 많다. 예를 들어 보다 의미 있는 중심 증상이 충동적 폭력인지 아니면 그 정반대(다시 말해 상대를 조종하기 위한 계산적 폭력)인지에 대해서는 지금껏 이견이 분분하다. 이처럼 상충하는 가설들은 진단과 치료법 면에서 서로 반대되는 결론을 지지한다.

그런 가운데 현대 신경과학 연구는 동족에게 날을 세우는 인간 폭력성의 기저 신경회로가 무엇인지 갈피를 잡아가기 시작했다. 예전 기술로는 이루어낼 수 없었을 성과이기에 연구들이 내놓은 결과는 계몽적이지만 사람을 몹시 심란하게 만드는 면이 있다. 그런 발견 중 하나로, 포유류 뇌에서 공격성을 관장한다고 추측되는 특정 부위, 즉 배안쪽시상하부ventromedial hypothalamus, VMH라는 곳에 전기 자극을 준 설치류 실험이 있다. 처음에 연구진은 전극으로 이 부위를 아무리 자극해도 공격 행동을 유도할 수 없었다. 아마도 배안쪽시상하부가 너무 조그마한 데다가 얼어붙거나 도망치는 방어 반응을 유발하는 다른 구조들이 주변에 다닥다닥 붙어 있기 때문인 것 같았다. 배안쪽시상하부를 전기로 자극하는 동안 이 주변 조직들이나 거기서 나오는 신경섬유 역시 자극을 받았을 것이고, 그 결과로 실험 쥐가 연구진을 어리둥절하게 만든 반응을 보였을 게 틀림없었다. 그래서 연구진은 재도전했다. 이번엔 정밀한 광유전학을 활용해 빛에 흥분하는 미생물 옵신을 배안쪽시상하부 세포에만 심었다. 그런 다음 빛을 쏴서 배안쪽시상하부 세포를 활성화했더니 생쥐가 우리 안의 자신보다 만만해 보이는 이웃을 죽어라 공격하기 시작했다.[10] (이 동족 개체는 광유전학으로 조종된 생쥐가 레이저 빛이 켜지기 전엔 같은 우리 안에 있는지 없는지 신경도 쓰지 않던 존재였다.)

개인이 순식간에 그토록 폭력적으로 돌변할 수 있다는 사실은 도덕 철학의 심오한 난제들을 새삼 부각시킨다. 학부 강의에서 광유전학을 가르치다 보면 생쥐의 공격 행동이 광유전학으로 순식간에 제어되는 모습을 보여주는 비디오—유수의 학술논문 사이트에 올라와 있는 영상이다—를 시청한 뒤 학생들이 보이는 반응에 깜짝깜짝 놀라곤 한다. 시청이 끝나면 학생들에게 의견을 나눌 시간을 줘야 한다. 토론보다는 거의 치료 차원이다. 그래야 방금 본 영상을 소화하고 각자의 세계관 안에 받아들일 수 있기 때문이다.

뇌세포 고작 몇 개를 켜서 공격적 폭력 행동을 그렇게 정확하게 유도할 수 있다는 사실은 우리에게 무엇을 의미할까? 교수로서 답하자면 나는 이게 완전히 새로운 현상은 아니라는 조언을 하겠다. 공격성은 이미 수십 년 전부터 유전공학, 약물, 수술, 전기공학 기법을 통해 다양한 정도로 조작되어왔다. 지금까지 나온 지식은 요즘 학생들에게 아무 의미 없는 듯하다. 이전 방법들은 정확도가 떨어져 실속이 없는 데다 늘 부작용이 따랐으니까. 그런 반면 광유전학은 자기 제어 장치가 없다는 점에서 기술의 정밀성이 향상될수록 광유전학의 개입이 큰 문제가 될 수 있는데다 특정 난제들을 점점 또렷하게 드러낸다.

여기서 말하는 특정 난제는 무엇일까? 일단 광유전학은 무기가 되기에는 너무 복잡하고 그보다는 동물실험이 인간에 대해 무슨 이야기를 들려주는가에 주목해야 한다. 폭력 행동의 변화 그리고 그런 행동의 크기와 속도와 특이성의 변화는 우리 문명에서 폭력성을 퇴치하려는 인간의 노력과 결이 너무 다르거나 애초에 통합이 불가능한 듯 보인다. 다시 말해 이런 신경회로들의 작용이 도덕성 이탈을 막고자 인간이 만든 알량한 사회 구조를 압도할 만큼 강력하다는 얘기다. 이때 우리는 뭘 할 수 있을까? 거기에 어떤 희망이 있을까? 정말 뇌세포 몇 개에 전류를 잠깐 흘리는 것만으로 끔찍한 폭력성이 즉각적으로 발동한다면 인간은 진정 어떤 존재일까?

다행히 폭력은 간단한 전기 자극으로 억제되기도 한다. 만약의 경우 적어도 돌파구 하나는 있는 셈이다. 그런 까닭에 광유전학과 여타 유관 기술들을 활용해 공격성을 억누르는 세포와 신경회로를 밝히는 연구가 필요하다. 당장은 실용화하거나 치료에 쓸 수 없더라도 신경과학에 기반을 둔 이와 같은 통찰은 인류로 하여금 지난 역사를 발판 삼아 과거의 치열한 사회적 논쟁 너머로 발돋움하게 한다. 한 단계를 뛰어넘은 우리는 교차하는 유전자와 문화의 영향을 탄탄한 인과의 틀 안에서 통합하는 작업을 시작할 수 있다. 오늘날 우리는 공격적 폭력 행위 같은 복잡한 행동의 기저에 깔린 신경생리학의 요소들이 뇌라는 물리 구조에 제자리를 찾아 표시되는 인과관계를 충분히 이해한다. 우리는 그것이 한편에서는 개개인의 뇌 발달이 그리고 다른 한편에서는 살아가면서 학습한 경험들이 형태(즉 방향과 세기)를 빚은 투영의 궤적이라는 것을 안다.

인간이 자신의 뇌 발달이나 인생 경험을 완벽하게 통제하지는 못하기에 행동에 어떤 개인적 책임이 얼마나 있는지는 여전히 흥미로운 토론 주제다. 이 책에 소개된 것 같은 연구들을 바탕으로 세워진 현대 신경과학의 관점에서는 뇌가 주도하는 일부 행동(예를 들어 놀람 반응 같은 행동)에 개인의 책임 따위는 없다는 주장이 나올지 모른다. 자아의 목소리를 내는 신경회로—가령 한 사람이 세상을 헤쳐 갈 길을 정의하는 데에 관여하는 뒤뇌들보팽대겉질이나 앞이마엽겉질 같은 곳의 신경회로—는 우선순위 결정과 기억이 중시되는 상황에서 적극 나서는 것과 반대로 다른 행동에는 절대 간섭하지 않았기 때문이다. 이처럼 인과와 수치로 계측되는 개념을 설명하는 주장이 정량 불가능한 '인간 의식'이나 '자유의지' 같은 단어를 들먹이지 않고도 그럴싸하게 성립할 수 있으므로, 여태 철학의 울타리 안에서만 맴돌던[11] 이런 유의 수수께끼는 현대 신경과학이 조만간 해결할지도 모른다.

자유의지가 이끄는 행동이 뇌의 어느 한 부위만으로 설명될 가능성은 희박하다. 실제로 결정과 선택의 신경회로를 조사하는 현대 신경과학은 눈을 더욱 부릅뜨고 신경망 수색 범위를 점점 넓혀가고 있다. 여기에는 동물이 행동하는 동안 뇌 전반의 세포들과 투영회로들이 어떻게 활성화되는지를 두고 과학이 얻은 그 어느 때보다 깊은 통찰이 크게 한몫한다. 2020년 생쥐 뇌와 인간 뇌 전반의 세포 활성을 기록한 데이터[12]가 나오면서 자아 구축의 개념을 신경회로 수준에서 검토할 수 있었다. 방법은 자아와 신체감각의 경이로운 해리 과정을 추적하는 것인데 내면의 자아 감각이 신체적 감각경험과 분리되면 그 결과로 나와 내 몸이 별개라고 느끼게 된다. 이때 자아는 감각의 존재를 인식하지만 직접적으로 연결되어 있진 않다. 그렇기에 더 이상 제 몸에 소유권이나 책임감을 느끼지 않는다. 이처럼 광유전학과 기타 기법을 활용해 관찰했을 때, 뒤뇌들보팽대겉질과 투영 경로를 통해 연결된 해당 짝꿍 부위의 신경활성 패턴(섭식장애 이야기에서 등장했던 것과 일맥상통하는 개념이다)이 자아와 자아 경험의 통합을 조절하는 데 중요하다는 사실이 확인됐다. 그렇다면 행동뿐만 아니라 자아도 기원이 분산되어 있을지 모른다고 충분히 의심할 만하다. 자아가 정밀한 과학 연구의 소재로 합당한 실재하는 생물학적 주체라는 가정을 포기하지 않고도 말이다.

이런 내용들이 복잡하고 어려워도 끈기 있게 붙들고 씨름하다 보면 언젠가는 우리가 반사회적 인격을 본질적으로 이해하고 그들과 공감하며 치료할 수 있을지 모른다. 반사회성격장애 환자는 보통 사람들과 똑같은 자유의지와 개인적 책임을 갖더라도 종종 스스로에게, 자신의 자아에게 잔인해지곤 한다. 아마도 연결이 끊겨 본인과 타인 모두의 감정을 자아가 모르쇠 하는 분리 혹은 해리라는 현상 탓일 것이다. 어떤 열악한 조건에서도 이 삐딱한 우리 동족 친구들에게 돌봄의 의무를 다해야 하는 의사로서는, 생물학적으로 정의 가능한 이 마지막 특징을 이해하는 것이 무엇보다 필요하고 실제로 나도 큰 도움을 받고 있다.

광유전학이 던지는 철학적 질문

살아 움직이는 동물의 온갖 세포, 신경연결, 뇌세포 활성 패턴에 관한 이해가 점점 가속하는 현실로 미루어 확신하건대 우리의 과학적 여정은 인간이라는 난해하고 위험한 설계를 보다 잘 이해하고 치료할 미래뿐만 아니라 우주에서 가장 심오한 미스터리 중 하나에 대한 깨달음을 향해 우리를 이끌고 있다. 그런 까닭에 '우리는 왜 여기에 있는가'라고 자문할 때 우리 머릿속에는 '우리는 왜 깨어 인식하는가'라는 고민이 함께 떠오른다.

2019년 광유전학 기술은 포유류의 행동을 전에 없던 새로운 방식으로 제어하는 단계에 올랐다. 지난 15년 동안 알차게 써먹었듯 세포를 유형 별로 통제하는 것만이 아니라[13] 여러 단일세포, 나아가 특정 신경세포 하나의 활성까지 주무를 수 있게 된 것이다.[14] 이제 우리는 광유전학을 활용해 수십, 수백 개의 단일세포를 원하는 대로 통제할 수 있다.[15] 단일세포는 위치, 세포 유형, 그리고 활동 중에 자연적으로 발동하는 활성까지 꼼꼼히 따져서 이웃의 수백만 세포를 제치고 선발된다.

이 도약은 액정 기반 홀로그래피 장치 같은 새로운 현미경의 개발 덕에 가능했다. 이런 첨단 광학기구들은 빛과 뇌 사이를 잇는 인터페이스의 영역을 종전의 광섬유에서 홀로그램까지 확장했다. 덕분에 우리는 생쥐 같은 포유류 동물이 행동하는 동안 옵신 합성 신경세포들 하나하나를 제어하면서 복잡한 삼차원 빛 분포 지도를 거뜬히 그려낼 수 있다.

이 기법의 한 응용 사례로, 암흑 공간에 놓인 동물을 마치 눈앞에 자신과 똑같이 생긴 피사체가 보이는 것처럼 행동하도록 만들 수 있다. 예를 들어 원래는 시야 안의 세로 줄무늬에 반응하는 세포들(가로 줄무늬에는 반응하지 않는 세포)을 선별한다.[16] 그런 다음, 실제 시각 자극은 없이, 홀로그래피 광원을 쏘아 이 세포들을 광유전학적으로 켜서 생쥐가 진짜로 세로 줄무늬가 존재하는 것처럼 행동하는지 관찰하는 것이다. 실험을 하면 생쥐도 생쥐의 뇌도 거기에 정말 세로줄이 있는 것처럼 행동한다. 여기에 생쥐 뇌의 일차 시각겉질(망막으로 들어온 시각 정보를 처음으로 받는 대뇌겉질 부위)에 있는 신경세포 수천 개의 활성을 하나하나 측정하면, 이 신경회로의 나머지 부분들 역시―셀 수 없이 많은 세포들의 복잡한 작용을 통해―실재하는 세로 줄무늬를 맨눈으로 인식할 때 정상적으로 그러는 것과 똑같이 작동하는 것을 확인할 수 있다(단 가로 줄무늬를 봤을 때의 변화는 목격되지 않는다).

오늘날 우리는 비약적인 위치에 서 있다. 우리는 동물이 경험하는 동안 자연스럽게 활성화하는 세포들을 빛과 단일세포 광유전학 기술을 이용해 골라내고 그런 세포들의 활성 패턴을 경험 '중이 아닌' 동물의 세포에 심을 수 있다. 그러면 동물과 이 동물의 뇌 모두 진짜 자극을 인지하는 것처럼 자연스러운 행동을 나타낸다. 정확한 선별이 반영된 동물의 행동은 감각자극이 자연적인 것이든 아니면 완전히 광유전학으로 만든 인공적인 것이든 비슷하다. 게다가 선별된 감각을 뇌 전역에서 세포 수준으로 정밀하게 실시간으로 내면에 표상화하는 양상 역시 감각자극이 진짜든 광유전학 조작이든 별반 차이가 없다. 확실하게 얘기할 수 있는 것은 (인간이든 인간이 아니든 다른 개체가 진짜로 주관적 경험을 하고 있는지 나로서는 결코 알 도리가 없을지라도) 감각은 자연적 행동과 자연스러운 내적 표상에 의해 정의되고 우리는 그런 특정 감각과 닮은 무언가를 직접적으로 주입한다는 것이다.

우리는 얼마나 적은 세포를 자극해도 지각을 모방할 수 있는지 알고 싶었고 그리 많이 필요하지 않다는 사실을 확인했다. 실험동물이 얼마나 잘 훈련됐느냐에 따라 2~20개면 충분했다. 그런데 이 정도만 걸러내도 된다는 것을 알고 나자 또 새로운 궁금증이 떠올랐다. 어째서 포유류는 소수 세포 사이에 일어나 이 세포들로 하여금 비슷한 태생적 반응성을 갖게 하는 우연한 동기화 사건에 잘 안 속을까? 만약 뇌가 여기에 속으면 이 세포들이 감지했다고 믿는 대상을 표상화해야 한다는 (틀린) 결론을 내릴 텐데 말이다. 그런 일이 전혀 없는 것은 아니다. 성인이 된 후에 발병해 시력 상실과 함께 복잡한 환각을 보게 되는 샤를보네증후군Charles Bonnet syndrome 환자가 그 예다. 이런 환자들의 시각계는 세상이 지나치게 조용하니 뭔가 소란스러운 것을 직접 창조하기라도 해야겠다는 것처럼 작동한다. 나는 재향군인병원에서 이 병 환자를 맡은 적이 있다. 서글서글한 성격의 백발 참전용사는 시력을 완전히 잃었지만 그의 눈앞에는 멀찌감치 양과 염소가 한가로이 풀을 뜯는 초원 같은 풍경이 실사처럼 펼쳐졌다. 우리는 이 환각 증세를 발프로산이라는 뇌전증 치료제로 줄일 수 있다는 것을 알았지만 결국 아무 약 처방도 내리지 않고 환자를 퇴원시켰다. 고장 난 시각겉질이 그에게 대신 선물한 풍경에 환자가 큰 애착을 갖게 됐기 때문이었다.

뇌의 어느 부분에서든 몇몇 세포의 가짜 연관성 때문에 생기는 이런 비의도적 출력 현상은 더 넓은 맥락에서 수많은 정신질환을 관통하는 바탕 원리일지 모른다. 조현병의 환청에서부터 틱장애와 투렛증후군_{Tourette's syndrome}의 의지와 상관없이 나오는 몸동작과 생각, 섭식장애나 불안장애에 흔한 통제 불능의 인지 활동까지 그 범위도 다양하다. 현대 포유류의 뇌는 잡음이 어째선지 의미 있는 신호로 취급되는 수준에 아슬아슬하게 근접해 있다. 이 통찰은 포유류 행동의 정상적인 가변성에 관한 기본 신경과학에도, 임상 실례를 다루는 정신의학에도 중요하다.

과학과 의학뿐만 아니라 주관적 인간 의식을 둘러싼 철학 논제들역시 이 여러 단일세포 제어 원리로 훨씬 잘 해석될 수 있다. 심지어먼 옛날 생겨나 지금까지 언급되는 철학의 사고실험에도 새 숨결이불어넣어졌다.[17] 사고실험은 최소 갈릴레오 갈릴레이_{Galileo Galiliei} 시대로 거슬러 올라가는 전통을 따른다. 여기서는 옛 기록을 현대식으로다음과 같이 각색해보았다.

우리가 (이 새로운 형태의 단일세포 광유전학 기술처럼) 주관적 감각, 예를 들어 벅찬 기쁨과 넘치는 보상의 감정을 내면에서 느낄 줄 아는 어느 동물의 모든 뇌세포를 일정 시간 동안 특정한 활성 패턴을 나타내도록 제어할 수 있다고 가정해보자. 여기에 더해, 시각겉질의 단순한 시각 인지에 대해서는 가능하다는 게 이미 증명된 것처럼, 먼저 동물이 자연 조건에서 실제 보상 자극에 노출됐을 때 보이는 활성 패턴을 관찰하고 기록함으로써 이 동물의 뇌세포 활성 제어를 더욱 정밀하게 조율할 수 있다고도 가정해보자.

이쯤에서 언뜻 사소해 보이는 의문 하나가 떠오른다. 과연 동물이 똑같은 주관적 감각을 느낄까? 우리는 생쥐도 생쥐 뇌의 시각겉질도 마치 진짜 자극을 받은 것처럼 행동한다는 사실을 이미 알고 있다. 그런데 내적 인식도 마찬가지일까? 활성 패턴을 인위적으로 유도한다는 점만 달라진 지금, 이 동물의 내면이 자연 조건의 주관적 의식과 마찬가지로 정보 너머로 감각을 통해 느껴지는 질적 측면까지 똑같이 감지할 수 있을까? 단, 이것이 사고실험이라는 점을 유의해야 한다. 우리는 설사 상대가 같은 인간이라 할지라도 다른 개체의 객관적 경험을 완전히는 이해할 수 없을 뿐더러 여기서 계속 말하는 완벽한 통제에도 아직 이르지 못했다. 그러나 상대성 이론을 탄생시킨 아인슈타인의 사고실험처럼 이 사고실험은 우리를 개념적 위기에 빠뜨리고 다시 혼란을 정리함으로써 아주 유익한 정보를 얻어가게 한다.

문제는 위 논제에 '예'와 '아니오' 둘 중 하나로 답하는 것이 본질적으로 불가능하다는 것이다. 만약 아니라고 답한다면 뇌세포 활성 패턴 이상의 무언가가 주관적 감각에 더 있다는 얘기가 된다. 사고실험에서는 신경 활동의 자연적 결과물인 신경조절물질, 생화학반응 등 세포 활성을 표출시키는 모든 물리현상의 특정 패턴이 일치한다고 간주하기 때문이다. 그런 까닭에 현재 우리에게는 어떻게 '아니오'가 정답이 되는지 납득할 기틀이 전혀 없다. 뇌세포의 작용에 지금 기능 이상의 무언가가 어떻게 더 있을 수 있을까?

한편, 머리 복잡해지는 추가 질문이 줄 잇는 것은 그렇다고 답할 때도 마찬가지다. 만약 모든 세포가 잘 제어되고 주관적 감각이 똑같이 느껴진다면 세포가 전부 머리뼈 안에 모여 있을 이유가 없어진다. 세포들은 세계 곳곳에 퍼져 있더라도 충분히 오랜 시간 동안 동일한 상대 시점에 동일한 방식으로 제어될 수 있을 것이고, 개체는 장소를 불문하고 어떻게든 여전히 주관적 감각을 똑같이 느낄 것이다. 개체가 더 이상 뚜렷한 하나의 물리적 형태로 존재하지 않더라도 말이다. 자연 상태의 뇌에서는 신경세포들이 가까이 붙어 있거나 서로 연결되어 있다. 목적은 오로지 서로 영향을 주는 것이다. 그러나 이 사고실험에서는 신경세포들이 더 이상 가까이에서 서로에게 관여할 필요가 없다. 시간이 짧든 길든 그런 영향력이 발휘됐을 때의 효과를 이미 인위적 자극이 정확히 그대로 제공하고 있기 때문이다.

우리의 직감은 이 답이 틀렸다고 속삭이지만 어째서 그런지는 딱 꼬집어 설명하기 힘들다. 그저 어쩐지 합리적이지 않아 보일 뿐이다. 어떻게 그리고 왜 개별 신경세포들이 온 세상에 흩어져 있어도 여전히 생쥐나 인간의 내면에 감정을 일으키는 것일까? 이 질문이 우리의 흥미를 일으키는 유일한 이유는 우리가 내면의 감정에 관심이 많기 때문이다. 만약 우리 감정 말고 농구공 하나를 세포 1,000억 개쯤과 맞먹는 수많은 천 조각으로 찢어 전 세계에 뿌린 다음에 조각들이 공을 한 번 튕길 때처럼 움직이도록 하나하나 제어한다면, 이 새로운 시스템이 진짜 튕기고 있다고 느낄지 어떨지를 두고 철학적 논쟁까지 불거지지는 않을 것이다. 아마 원래의 온전한 공과 별반 다르지 않다는 한마디로 끝나지 않을까.

광유전학은 날카롭고 명료하게 재규정한 철학적 문제를 우리에게 던진다. 뇌에 관한 한, 주관적인 인간 마음의 성질처럼 현존하는 과학 체계에 들어맞지 않는 미스터리가 한둘이 아니다. 모두 심오하고 알쏭달쏭한 내용이지만 몇몇은—적어도 최근부터는—글치레를 잘해 논의 석상에 올려놓을 만하다.

이른바 감각질_{qualia} (감각을 통해 느껴지는 것 혹은 그 주관적 경험 자체—옮긴이) 혹은 감정이라 부르는 이런 주관적 내면 상태는 단순히 추상적이거나 학문적인 개념만은 아니다. 이 책의 중심 주제인 이 마음 상태는 여러 해 전 나를 처음으로 정신의학의 세계에 입문시키기도 했다. 개인 내면의 이런 주관적 상태 하나하나는 초_秒든 세대든 모든 시간 척도를 아우르는 투영 현상으로 이어진다. 책으로 읽든 모닥불 앞에서 두런두런 이야기를 나누든 모두에게 투영된 주관적 경험들은 인간 공통 정체성의 근간이 되어 우리 인류가 다 함께 나아갈 길을 정의한다.

고마운 분들이 너무 많습니다. 모두 이 책을 완성할 수 있도록 도움을 주고 고비마다 의욕과 기운을 북돋아주셨습니다. 소중한 의견을 주신 에런 앤들먼, 세라 캐딕, 퍼트리샤 처칠랜드, 루이즈 다이서로스, 스콧 델프, 리프 페노, 런지 헬러데이, 알리제 이크발, 카리나 키어스, 티나 킴, 아나톨 크라이처, 크리스 크루거, 롭 말렌카, 미셸 몬제, 로라 로버츠, 닐 슈빈, 비카스 소할, 케이 타이, 왕샤오, 모리엘 젤리코프스키에게 진심으로 감사드립니다. 감각 있고 지칠 줄 모르는 출판 대리인 제프 실버먼과 사려 깊은 편집자 앤디 워드는 이 책을 나보다도 더 믿어주었습니다. 무엇보다 이 길을 잠시나마 나와 함께하면서 그들의 이야기를 내 이야기와 하나되게 한 모든 이에게 가장 큰 감사를 전합니다.

프롤로그

1   https://en.wikipedia.org/wiki/Hopfield_network; https://en.wikipedia.org/wiki/Backpropagation.

2   https://www.ncbi.nlm.nih.gov/pmc/articles/PMC4790845/.

3   https://www.ncbi.nlm.nih.gov/pmc/articles/PMC5846712/.

4   https://www.ncbi.nlm.nih.gov/pmc/articles/PMC6359929/.

5   https://braininitiative.nih.gov/sites/default/files/pdfs/brain2025_508c.pdf; https://braininitiative.nih.gov/strategic-planning/acd-working-group/brain-research-through-advancing-innovative-neurotechnologies.

6   https://www.ncbi.nlm.nih.gov/pmc/articles/PMC4069282/; https://www.ncbi.nlm.nih.gov/pmc/articles/PMC4790845/.

7   https://www.ncbi.nlm.nih.gov/pmc/articles/PMC4780260/; https://

www.ncbi.nlm.nih.gov/pmc/articles/PMC5729206/.

제1장 눈물을 흘리지 못하는 남자

1 https://www.ncbi.nlm.nih.gov/pmc/articles/PMC5426843/.

2 https://www.ncbi.nlm.nih.gov/pmc/articles/PMC5723383/.

3 https://www.ncbi.nlm.nih.gov/pmc/articles/PMC5100745/.

4 https://en.wikipedia.org/wiki/Gorham%27s_Cave; https://www.ncbi.
   nlm.nih.gov/pmc/articles/PMC6485383/; https://www.ncbi.nlm.nih.
   gov/pmc/articles/PMC5935692/.

5 https://www.ncbi.nlm.nih.gov/pmc/articles/PMC6690364/.

6 https://www.ncbi.nlm.nih.gov/pmc/articles/PMC4069282/; https://
   www.ncbi.nlm.nih.gov/pmc/articles/PMC3154022/; https://www.
   ncbi.nlm.nih.gov/pmc/articles/PMC3775282/.

7 https://www.ncbi.nlm.nih.gov/pmc/articles/PMC5262197/; https://
   www.ncbi.nlm.nih.gov/pmc/articles/PMC4743797/.

8 https://www.ncbi.nlm.nih.gov/pmc/articles/PMC6690364/.

9 https://www.ncbi.nlm.nih.gov/pmc/articles/PMC5908752/.

10 https://www.ncbi.nlm.nih.gov/pmc/articles/PMC4882350/; https://
    www.ncbi.nlm.nih.gov/pmc/articles/PMC5363367/.

11 https://www.ncbi.nlm.nih.gov/pmc/articles/PMC4934120/; https://
    www.ncbi.nlm.nih.gov/pmc/articles/PMC6402489/.

12 https://en.wikipedia.org/wiki/Cranial_nerves.

13 https://www.ncbi.nlm.nih.gov/pmc/articles/PMC6726130/.

14 https://www.ncbi.nlm.nih.gov/pmc/articles/PMC5929119/.

15 https://www.ncbi.nlm.nih.gov/pmc/articles/PMC3942133/.

16 https://en.wikipedia.org/wiki/Background_extinction_rate.

17 https://www.ncbi.nlm.nih.gov/pmc/articles/PMC5161557/; https://
    www.ncbi.nlm.nih.gov/pmc/articles/PMC4381518/.

제2장 어느 정년퇴직자의 변신

1   https://en.wikipedia.org/wiki/United_Airlines_Flight_175.

2   https://www.ncbi.nlm.nih.gov/pmc/articles/PMC3137243/; https://
www.ncbi.nlm.nih.gov/pmc/articles/PMC2847485/.

3   https://www.ncbi.nlm.nih.gov/pmc/articles/PMC2796427/.

4   https://www.ncbi.nlm.nih.gov/pmc/articles/PMC4421900/.

5   https://www.ncbi.nlm.nih.gov/pmc/articles/PMC2267819/; https://
www.ncbi.nlm.nih.gov/pmc/articles/PMC5474779/.

6   https://www.ncbi.nlm.nih.gov/pmc/articles/PMC5182419/.

7   https://www.ncbi.nlm.nih.gov/pmc/articles/PMC4160519/; https://
www.ncbi.nlm.nih.gov/pmc/articles/PMC4188722/.

8   https://www.ncbi.nlm.nih.gov/pmc/articles/PMC4492925/.

9   https://www.ncbi.nlm.nih.gov/pmc/articles/PMC6362095/.

10   https://www.ncbi.nlm.nih.gov/pmc/articles/PMC3856665/; https://
www.ncbi.nlm.nih.gov/pmc/articles/PMC2703780/.

11   https://www.ncbi.nlm.nih.gov/pmc/articles/PMC5625892/.

제3장 외향인 그 여자, 내향인 그 남자

1   https://www.ncbi.nlm.nih.gov/pmc/articles/PMC166261/; https://
www.ncbi.nlm.nih.gov/pmc/articles/PMC4467230/.

2   https://www.ncbi.nlm.nih.gov/pmc/articles/PMC4896837/; https://
www.ncbi.nlm.nih.gov/pmc/articles/PMC3378107/.

3   https://www.ncbi.nlm.nih.gov/pmc/articles/PMC3016887/.

4   https://www.sciencedirect.com/science/article/pii/S0960982217-
300593?via%3Dihub; https://www.sciencedirect.com/science/article/
pii/S0960982213010567?via%3Dihub.

5   https://www.ncbi.nlm.nih.gov/pmc/articles/PMC5908752/.

6   https://www.ncbi.nlm.nih.gov/pmc/articles/PMC4402723/; https://
www.ncbi.nlm.nih.gov/pmc/articles/PMC4624267/; https://www.

biorxiv.org/content/10.1101/484113v3.

7   https://www.ncbi.nlm.nih.gov/pmc/articles/PMC4105225/.

8   https://www.ncbi.nlm.nih.gov/pmc/articles/PMC6748642/; https://www.ncbi.nlm.nih.gov/pmc/articles/PMC6742424/.

9   https://www.ncbi.nlm.nih.gov/pmc/articles/PMC4155501/.

10   https://www.ncbi.nlm.nih.gov/pmc/articles/PMC3390029/.

11   https://www.ncbi.nlm.nih.gov/pmc/articles/PMC5723386/.

12   https://www.ncbi.nlm.nih.gov/pmc/articles/PMC4155501/.

13   https://www.ncbi.nlm.nih.gov/pmc/articles/PMC5570027/; https://www.ncbi.nlm.nih.gov/pmc/articles/PMC4836421/.

14   https://www.ncbi.nlm.nih.gov/pmc/articles/PMC5126802/.

제4장 상처가 건네는 이야기

1   https://en.wikipedia.org/wiki/Germ_layer.

2   https://www.youtube.com/watch?v=tRPu5u_Pizk.

3   https://www.ncbi.nlm.nih.gov/pmc/articles/PMC4245816/.

4   https://www.ncbi.nlm.nih.gov/pmc/articles/PMC6481907/.

5   https://www.ncbi.nlm.nih.gov/pmc/articles/PMC4102288/.

6   https://www.ncbi.nlm.nih.gov/pmc/articles/PMC3402130/.

7   https://www.ncbi.nlm.nih.gov/pmc/articles/PMC5201161/.

8   https://www.sciencedirect.com/science/article/pii/S0092867414012987?via%3Dihub.

9   https://www.ncbi.nlm.nih.gov/pmc/articles/PMC5723384/.

10   https://www.ncbi.nlm.nih.gov/pmc/articles/PMC5708544/; https://www.ncbi.nlm.nih.gov/pmc/articles/PMC4790845/.

11   https://www.ncbi.nlm.nih.gov/pmc/articles/PMC5472065/.

12   https://www.ncbi.nlm.nih.gov/pmc/articles/PMC4743797/.

13   https://www.ncbi.nlm.nih.gov/pmc/articles/PMC3493743/.

14   https://www.ncbi.nlm.nih.gov/pmc/articles/PMC6726130/.

15   https://www.ncbi.nlm.nih.gov/pmc/articles/PMC6584278/.

제5장 그들이 내 머리를 해킹해요

1   https://en.wikipedia.org/wiki/Faraday_cage.

2   https://en.wikipedia.org/wiki/Kalman_filter.

3   https://en.wikipedia.org/wiki/Chebyshev_filter; https://en.wikipedia.
     org/wiki/Butterworth_filter.

4   https://en.wikipedia.org/wiki/James_Tilly_Matthews.

5   https://www.ncbi.nlm.nih.gov/pmc/articles/PMC4112379/; https://
     www.ncbi.nlm.nih.gov/pmc/articles/PMC4912829/.

6   https://www.ncbi.nlm.nih.gov/pmc/articles/PMC3494055/.

제6장 많이 먹거나 많이 굶거나

1   https://www.ncbi.nlm.nih.gov/pmc/articles/PMC6181276/.

2   https://www.ncbi.nlm.nih.gov/pmc/articles/PMC4418625/.

3   https://www.ncbi.nlm.nih.gov/pmc/articles/PMC2907776/.

4   https://www.ncbi.nlm.nih.gov/pmc/articles/PMC5581217/; https://
     www.ncbi.nlm.nih.gov/pmc/articles/PMC6097237/.

5   https://www.ncbi.nlm.nih.gov/pmc/articles/PMC5937258/; https://
     www.ncbi.nlm.nih.gov/pmc/articles/PMC4844028/.

6   https://www.ncbi.nlm.nih.gov/pmc/articles/PMC6744371/.

7   https://www.ncbi.nlm.nih.gov/pmc/articles/PMC5723384/.

8   https://www.ncbi.nlm.nih.gov/pmc/articles/PMC6447429/.

9   https://www.ncbi.nlm.nih.gov/pmc/articles/PMC6711472.

10   https://escholarship.org/uc/item/4w36z6rj.

11   https://www.ncbi.nlm.nih.gov/pmc/articles/PMC1157105/.

제7장 우리는 시작한 곳에서 종말을 맞는다

1   https://en.wikipedia.org/wiki/Vascular_dementia.

2   https://www.ncbi.nlm.nih.gov/pmc/articles/PMC3405254/.

3   https://www.ncbi.nlm.nih.gov/pmc/articles/PMC3903263/.

4   https://www.ncbi.nlm.nih.gov/pmc/articles/PMC5161557/; https://
    www.ncbi.nlm.nih.gov/pmc/articles/PMC4381518/.

5   https://www.ncbi.nlm.nih.gov/pmc/articles/PMC6309083/.

6   https://www.ncbi.nlm.nih.gov/pmc/articles/PMC2575050; https://
    www.ncbi.nlm.nih.gov/pmc/articles/PMC4326597/.

7   https://www.ncbi.nlm.nih.gov/pmc/articles/PMC2575050/.

8   https://www.ncbi.nlm.nih.gov/pmc/articles/PMC6690364/.

9   https://www.ncbi.nlm.nih.gov/pmc/articles/PMC3331914/; https://
    www.ncbi.nlm.nih.gov/pmc/articles/PMC6737336/; https://www.
    ncbi.nlm.nih.gov/pmc/articles/PMC4825678/.

10 https://en.wikipedia.org/wiki/Hopfield_network; https://en.wikipedia.
    org/wiki/Backpropagation.

11 https://www.ncbi.nlm.nih.gov/pmc/articles/PMC1693150/; https://
    www.sciencedirect.com/science/article/pii/S00928674008048
    45?via%3Dihub; https://www.ncbi.nlm.nih.gov/pmc/articles/
    PMC1693149/.

12 https://www.ncbi.nlm.nih.gov/pmc/articles/PMC5318375/.

13 https://www.ncbi.nlm.nih.gov/pmc/articles/PMC3154022/; https://
    www.ncbi.nlm.nih.gov/pmc/articles/PMC3775282/; https://www.
    ncbi.nlm.nih.gov/pmc/articles/PMC6744370/.

14 https://archive-ouverte.unige.ch/unige:38251; https://archive-
    ouverte.unige.ch/unige:26937; https://www.ncbi.nlm.nih.gov/pmc/
    articles/PMC4210354/.

15 https://www.ncbi.nlm.nih.gov/pmc/articles/PMC4069282/.

16 https://www.biorxiv.org/content/10.1101/422477v2.

17 https://www.ncbi.nlm.nih.gov/pmc/articles/PMC5135354/.

18 https://www.nature.com/articles/s41467-020-16489-x/.

19 https://www.ncbi.nlm.nih.gov/pmc/articles/PMC6086934/; https://
www.ncbi.nlm.nih.gov/pmc/articles/PMC6447408/; https://www.
biorxiv.org/content/10.1101/2020.03.31.016972v2; https://www.
biorxiv.org/content/10.1101/2020.07.02.184051v1; https://www.
ncbi.nlm.nih.gov/pmc/articles/PMC5292032/.

20 https://en.wikipedia.org/wiki/Moro_reflex.

에필로그

1 https://www.ncbi.nlm.nih.gov/pmc/articles/PMC5891832; https://
www.ncbi.nlm.nih.gov/pmc/articles/PMC5462626; https://www.
ncbi.nlm.nih.gov/pmc/articles/PMC6214371.

2 https://www.ncbi.nlm.nih.gov/pmc/articles/PMC4933530/; https://
www.biorxiv.org/content/10.1101/687368v1.

3 https://www.ncbi.nlm.nih.gov/pmc/articles/PMC5723383/; https://
www.ncbi.nlm.nih.gov/pmc/articles/PMC6340299/; https://www.
ncbi.nlm.nih.gov/pmc/articles/PMC6317992/; https://www.ncbi.
nlm.nih.gov/pmc/articles/PMC4160518/.

4 https://www.ncbi.nlm.nih.gov/pmc/articles/PMC5723383/.

5 https://twitter.com/KyotoPrize/status/1064378354168606721.

6 https://www.ncbi.nlm.nih.gov/books/NBK55333/.

7 https://en.wikipedia.org/wiki/Fermi_paradox.

8 https://www.ncbi.nlm.nih.gov/pmc/articles/PMC6309228/; https://
www.ncbi.nlm.nih.gov/pmc/articles/PMC5048197/.

9 https://www.ncbi.nlm.nih.gov/pmc/articles/PMC2430409/; https://
www.ncbi.nlm.nih.gov/pmc/articles/PMC6274606/; https://www.
ncbi.nlm.nih.gov/pmc/articles/PMC6433972/; https://www.ncbi.
nlm.nih.gov/pmc/articles/PMC5796650/.

10 https://www.ncbi.nlm.nih.gov/pmc/articles/PMC3075820/.

11 https://www.sciencedirect.com/science/article/pii/S0896627313

011355?via%3Dihub.

12 https://www.ncbi.nlm.nih.gov/pmc/articles/PMC7553818/.

13 https://www.ncbi.nlm.nih.gov/pmc/articles/PMC5296409/.

14 https://www.ncbi.nlm.nih.gov/pmc/articles/PMC5734860/; https://
www.ncbi.nlm.nih.gov/pmc/articles/PMC3518588/.

15 https://www.ncbi.nlm.nih.gov/pmc/articles/PMC6447429/; https://
www.ncbi.nlm.nih.gov/pmc/articles/PMC6711485; https://www.
biorxiv.org/content/10.1101/394999v1.

16 https://www.ncbi.nlm.nih.gov/pmc/articles/PMC6711485.

17 https://en.wikipedia.org/wiki/Einstein%27s_thought_experiments.